Web
前端技术
丛书

jQuery
前端开发实战

（视频教学版）

刘 鑫 编著

清华大学出版社

北京

内 容 简 介

使用 jQuery 能使网页开发更高效，网页更绚丽多彩，用户体验更具现代感和易用性。本书用于 jQuery 入门，书中每一个知识点都给出实际应用示例，帮助读者快速掌握 jQuery。

本书内容包括 jQuery 基础语法，jQuery 开发与调试工具，选择器的使用，DOM 操作，事件，AJAX 技术，动画效果，jQuery 插件，jQuery UI，jQuery Mobile，以及 jQuery 在实际开发中的 4 个具体实例。

本书既适合 jQuery 初学者、jQuery 前端开发人员、jQuery Mobile 开发人员使用，也适合作为高等院校和培训学校相关专业的师生教学参考。

图书在版编目（CIP）数据

jQuery 前端开发实战：视频教学版/刘鑫编著.—北京：清华大学出版社，2019（2020.8重印）
（Web 前端技术丛书）
ISBN 978-7-302-52577-6

Ⅰ．①j… Ⅱ．①刘… Ⅲ．①JAVA 语言—程序设计 Ⅳ．①TP312.8

中国版本图书馆 CIP 数据核字（2019）第 043841 号

责任编辑： 夏毓彦
封面设计： 王　翔
责任校对： 闫秀华
责任印制： 杨　艳

出版发行： 清华大学出版社
　　　　网　　址：http://www.tup.com.cn, http://www.wqbook.com
　　　　地　　址：北京清华大学学研大厦 A 座　　　　邮　　编：100084
　　　　社 总 机：010-62770175　　　　邮　　购：010-62786544
　　　　投稿与读者服务：010-62776969, c-service@tup.tsinghua.edu.cn
　　　　质量反馈：010-62772015, zhiliang@tup.tsinghua.edu.cn
印 装 者： 三河市国英印务有限公司
经　　销： 全国新华书店
开　　本： 190mm×260mm　　　　**印　　张：** 19　　　　**字　　数：** 499 千字
版　　次： 2019 年 4 月第 1 版　　　　**印　　次：** 2020 年 8 月第 3 次印刷
定　　价： 59.00 元

产品编号：081954-01

前　言

　　jQuery 是常用的 JavaScript 方法的一堆封装，它在一定程度上加快了前端开发的速度，同时会缩短项目的开发周期，而且会减少项目中的冗余代码。使用 jQuery 最大的优点是，jQuery 开源而且跨平台，它兼容 CSS3，还兼容各种浏览器。

　　本书的目的是带领读者打开 jQuery 的学习之门，读者不仅仅可以了解 jQuery 的语法，还可以熟悉 jQuery 在现实网页开发中的应用方法和技巧。

本书改版说明

　　最早 jQuery 的优势在于更好的浏览器兼容性和更快的 JavaScript 书写速度，而从 jQuery 3.0 开始，放弃了 IE6/7 等旧版本浏览器的支持，所以为方便读者的使用，本书在 jQuery 3.x 版本的基础上进行了全面修订，并使用 Chrome 和 Firefox 较新版进行测试，以保证在更多的生产环境中可以使用。

　　jQuery 3.X 支持 ECMAScript 6 的很多写法，也采用新的 requestAnimationFrame() API 来执行动画，这些都提高了它的生产效率，也保证了使用者可以在不改变代码或改动更少的情况下更新应用。

本书特点

　　本书力求让读者没有任何难度地学习 jQuery，写作时利用以下特点降低难度：

- 一个语法一个应用示例：每个语法都配备一个动手示例，读者看完语法后，可通过动手实验来融会贯通。
- 一个技术一个大型项目：不管是 jQuery UI，还是 jQuery Mobile，本书都给出了一个大型项目供读者在实际开发中了解框架的使用。
- 完善的代码、技巧和说明：每一个难点本书都给出了比较完整的说明和技巧演示，让读者在学习的时候还能举一反三，加深印象。

本书内容

　　本书提供了完整的 jQuery 学习路线，主要内容包括：jQuery 环境搭建，jQuery 选择器，用 jQuery 来操作 DOM，jQuery 的事件与事件对象，jQuery 与 AJAX 的交互，jQuery 动画效果，jQuery 插件，jQuery 的 UI 插件，jQuery Mobile 移动开发， QQ 邮箱附件的拖放上传实例，利用 jQuery Mobile 开发手机博客实例，在线播放器实例以及股票实时走势图实例。

源码、课件与教学视频下载

本书示例源码、课件与教学视频下载，请扫描右侧二维码获取。

如果下载有问题，请发送电子邮件到 booksaga@126.com，邮件主题为"jQuery 前端开发实战"。

本书读者和作者

本书是一本 jQuery 前端实战书，主要适合以下人群：

- jQuery 初学者，网页开发培训班的学员
- 富客户端网站开发人员，自学网站开发的个人站长
- 跨平台 HTML 5 前端移动开发人员
- 使用微信 jssdk 的入门级开发人员

本书由刘鑫编著，其他参与创作的还有吴贵文、薛淑英、董山海。

编 者
2019 年 2 月

目　　录

第 1 章
◀ jQuery 入门 ▶

当前的网页开发,几乎所有的项目都依赖于 jQuery 框架,它是一个开源的 JavaScript 库。jQuery 的创始人是美国的 John Resig,它于 2006 年 1 月创建了 jQuery 项目。jQuery 库的目的是使网站开发人员用较少的代码完成更多的功能(即 Write less,do more)。它具有极其简洁的语法,并且克服了不同浏览器平台之间的兼容性,极大地提高了程序员编写网站代码的效率。随着人们对 jQuery 的了解以及其开源特性,越来越多的人开始用 jQuery 创建项目,并且对 jQuery 进行完善和优化。

本章主要内容:

- 认识 jQuery 与 JavaScript 的关系
- 学习利用浏览器的开发工具调试 jQuery
- 了解 jQuery 库的核心方法$()
- 学习创建一个带 jQuery 库的网页

1.1 什么是 jQuery

JavaScript 发展了这么多年,却因为很多浏览器有自己的标准而让人使用起来非常头疼。随着技术进步,jQuery 横空出世了,它到底有什么优势,又为什么在当前会这么流行呢?本节来揭开 jQuery 流行的真相。

1.1.1 下载并配置 jQuery 运行环境

为了使用 jQuery,首先必须从 jQuery 官网下载最新的 jQuery 库,jQuery 的官方网站网址如下:

```
http://jquery.com
```

进入官网后,位于右上角的位置可以看到"Download jQuery"按钮,如图 1.1 所示。单击这个下载按钮后,官方提供了 3 个下载文件,如图 1.2 所示。

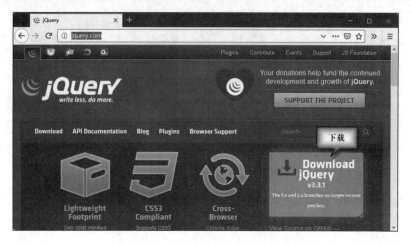

图 1.1 下载 jQuery 库

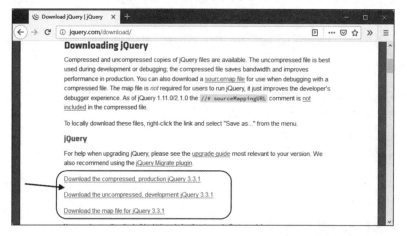

图 1.2 jQuery 不同的版本下载页面

有 3 个可供下载的文件，分别是：

- Production jQuery 版：优化压缩后的版本，具有较小的体积，主要用于部署网站时使用。
- Development jQuery 版：未压缩版本，有 266KB 的大小，一般用于在网站建设时使用这个版本以便调试。
- jQuery map 文件：map 文件能够被用来在源代码感知的浏览器上调试压缩后的 jQuery 文件，比如 Google Chrome，它可以增强调试的体验，对于使用 jQuery 的用户来说，一般不需要下载该文件。

建议同时下载这 3 个文件，放在一个统一的位置，这样可以在需要时进行切换，将鼠标悬停在要下载的链接上，右击鼠标从弹出的菜单中选择"从链接另存文件为"（Firefox），即可将选中的 jQuery 文件保存起来，保存文件名自动为 jquery-3.3.1.js。

 如果是 Chrome 浏览，右击菜单后选择"链接另存为"，保存后的文件名都是一致的。

从下载的 jQuery 库名字可以看出，其扩展名为.js，与自行编写的其他 js 文件一样，jQuery

库实际上就是一个扩展 JavaScript 功能的外部 js 文件。因此，引用 jQuery 库的方式与引用其他的外部 js 文件相似，在网页上引用 jQuery 库的代码如下所示：

```
<!--引用 jQuery 脚本库-->
<script src="jQuery/jquery-3.3.1.js" ></script>
```

在网站开发阶段，可以直接引用开发版，即 jquery-3.3.1.js 版本，当网站要部署到正式环境时，可以引用压缩后的 jquery-3.3.1.min.js 版本，这个压缩版本只有 84.8KB 大小，可以减少网页代码大小，并提高页面加载速度。

1.1.2　jQuery1.x、2.x 和 3.x 的区别

虽然目前官方主页已经只支持 3.x 的下载，但是因为一些旧代码的维护或公司的要求，很多读者可能依然使用的是 3.x 以下的版本。这里我们就简单说明一下三者的区别：

- 1.x：兼容 IE6、7、8（原来是国内首选），是使用最为广泛的，目前官方只做 BUG 维护，功能不再新增。因此一般项目来说，使用 1.x 版本就可以了，最终版本为 1.12.4（2016 年 5 月 20 日截止）。
- 2.x：不兼容 IE6、7、8，很少有人使用，目前官方只做 BUG 维护，功能不再新增。如果不考虑兼容低版本的浏览器可以使用 2.x，毕竟很多网站已经公开说不再支持 IE6，最终版本为 2.2.4（2016 年 5 月 20 日截止）。
- 3.x：不兼容 IE6、7、8，只支持最新的浏览器，目前该版本是官方主要更新维护的版本。最新版本为 3.3.1（2018 年 1 月 20 日更新）。

具体的使用上差别不是特别大，读者可通过 https://api.jquery.com/官方文档来了解。不同版本所支持的浏览器也可以通过 https://jquery.com/browser-support/来了解。

1.1.3　jQuery 与 JavaScript 的区别

由于 JavaScript 属于一门动态编程语言，因此在学习与使用时极容易引起错误，并且目前也没有特别好的代码检查工具，而且编码时最重要的是要兼顾各种不同浏览器之间的代码兼容性，比如同样的代码在 IE 中可以运行，在 Firefox 中却无法显示，这常常令程序员们抱怨不已。jQuery 的出现恰恰解决了这些问题。

为了了解 jQuery 代码的简洁易用性，我们编写一个网页，对比用 JavaScript 和用 jQuery 实现同样的功能需要几行代码。新建一个名为 JavaScript01.html 的网页，实现表单颜色的更改，页面的效果如图 1.3 所示。

这个页面包含了一个 HTML 的表单，在表单外面有两个按钮，用来更改表单中的 input 元素和 textarea 元素的背景色，HTML 的定义如下：

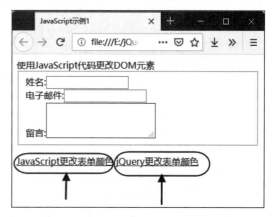

图 1.3　JavaScript 代码和 jQuery 库代码的示例页面

```
01  <body>
02  使用 JavaScript 代码更改 DOM 元素
03  <!--表单元素-->
04   <form action="" id="contacts-form">
05     <fieldset>
06       <label><span>姓名:</span><input type="text" /></label></br>
07       <label><span>电子邮件:</span><input type="text" /></label></br>
08       <div class="wrapper"><span>留言:</span><textarea></textarea></div>
09     </fieldset>
10  </form>
11  <!--操作按钮-->
12  <div class="wrapper">
13  <a href="#" class="button" onClick="javascript:setColorByJs();">
JavaScript 更改表单颜色</a>
14  <a href="#" class="button" onClick="javascript:setColorByjQuery();">
jQuery 更改表单颜色
15    </a>
16  </div>
17  </body>
```

HTML 页面上放置了一个表单标签 form，在 form 内部有两个 input 元素和一个 textarea 元素，在 form 元素的外面放置了两个按钮，分别为这两个按钮定义了 onClick 事件，"JavaScript 更改表单颜色"按钮将调用 setColorByJs 函数，而"jQuery 更改表单颜色"将调用 setColorByjQuery 函数，这两个函数在 HTML 的 head 部分实现，如下所示。

```
01  <head>
02  <meta charset=utf-8">
03  <!--添加对 jQuery 库的引用-->
04  <script src="../jquery-3.3.1.js"></script>
05  <title>JavaScript 示例1</title>
06  <script type="text/javascript">
07    //使用 javaScript 更改表单背景色
08    function setColorByJs(){
09        //获取 input 元素集合
10        var inputs=document.getElementsByTagName("input");
11        //循环元素集合，为每一个元素设置背景色
12        for(var i=0;i<inputs.length;i++){
13            inputs[i].style.background="#efefef";
14        }
15        //获取 textarea 元素集合
16        var textareas=document.getElementsByTagName("textarea");
17        //循环元素集合，为每一个元素设置背景色
18        for(var i=0;i<textareas.length;i++){
19            textareas[i].style.background="#efefef";
```

4

```
20          }
21      }
22      //使用 jQuery 更改表单背景色
23      function setColorByjQuery(){
24          $(":input").css("background","#efefef");    //更改 input 元素的背景色
25          $(":textarea").css("background","#efefef");
                                                        //更改 textarea 元素的背景色
26      }
27  </script>
28  </head>
```

通过比较 JavaScript 代码和 jQuery 的代码（jQuery 的语法后面会解释），会发现使用 jQuery 只需要极其精简的代码（第 23~26 行）来完成。用 JavaScript 需要数行代码（第 8~21 行）完成的工作，JavaScript 代码使用了 getElementsByTagName 函数，返回了一个数组，然后通过循环这个数组从而得到每个元素，在得到了元素之后，为其 style 属性指定背景色。而 jQuery 通过其表单选择器，可以用非常简单的语句来实现 getElementsByTagName 实现的类似功能，其 css 方法可以针对一个选中的集合进行操作，这大大简化了需要循环执行的操作。

 第 4 行代码 src="../jquery-3.3.1.js"中的../表示是当前目录的上一级目录,因为 jquery-3.3.1.js 没有在当前目录。

jQuery 使用了 CSS 的选择器，并且具有隐式迭代功能，这就简化了原本需要循环执行的相关代码。从功能性上来说，jQuery 提供了如下特色来完成对网页的操作：

- 快速获取文档元素：jQuery 的选择机制构建于 CSS 的选择器，它提供了快速查询 DOM 文档中元素的能力，而且大大强化了 JavaScript 中获取页面元素的方式。
- 提供漂亮的页面动态效果：jQuery 中内置了一系列的动画效果，可以开发出非常漂亮的网页，目前许多知名的网站都使用了 jQuery 内置的效果，比如淡入淡出、元素移除等动态特效。
- 创建 AJAX 无刷新网页：AJAX 是异步的 JavaScript 和 XML 的简称，可以开发出非常灵敏无刷新的网页，特别是开发服务器端网页时，比如 PHP 网站，需要往返地与服务器沟通，如果不使用 AJAX，每次数据更新不得不重新刷新网页，而使用了 AJAX 特效后，可以对页面进行局部刷新，提供更好的页面交互效果。
- 提供对 JavaScript 语言的增强：jQuery 提供了对基本 JavaScript 结构的增强，比如元素迭代和数组处理等操作。
- 增强的事件处理：jQuery 提供了各种页面事件，它可以避免程序员在 HTML 中添加太多事件处理代码，最重要的是，它的事件处理器消除了各种浏览器兼容性问题。
- 更改网页内容：jQuery 可以修改网页中的内容，比如更改网页的文本、插入或者是翻转网页图像，简化了原本需要编写大量 JavaScript 代码的工作。

jQuery 之所以如此优秀，是因为它整合了非常多优秀的特征，其中主要有如下几个方面：

- 利用 CSS 的选择器提供高速的页面元素查找行为。

- 提供了一个抽象层来标准化各种常见的任务，可以解决各种浏览器的兼容性问题。
- 将复杂的代码精简化，提供连缀编程模式，大大简化了代码的操作。

 连缀编程模式（Chaining Pattern），允许我们在相同的元素上运行多条 jQuery 命令，一条接着另一条。这样的话，浏览器就不必多次查找相同的元素。

以上列出的只是 jQuery 的主要功能，此外它还为 JavaScript 语言增加了不少完善的特性，读者可以通过 jQuery 完善的文档获取 jQuery 更多的功能信息。

1.1.4　编写第一个 jQuery 网页

为方便读者学习，这里我们先简单用记事本来写一个 HTML 5 网页。

```
01  <!DOCTYPE html>
02  <html lang="zh-CN">
03  <head>
04      <meta charset="UTF-8">
05      <title>HELLO</title>
06  <body>
07    <div id="hi">Hello jQuery, 我来了</div>
08  </body>
09  </html>
```

这个网页代码结构比较简单，估计学习过 HTML 的人都能一眼看懂，网页中只有一个 div，会在网页中显示一行文字 "Hello jQuery, 我来了"。

此时我们要为 div 增加一个单击事件，首先要获取 div，使用 JavaScript 代码应该是：

```
document.getElementById("hi")
```

如果使用 jQuery，代码是：

```
$("# hi")
```

这样一比较，是不是 jQuery 书写更简单？下面使用 jQuery 为 div 增加事件。

（1）首先在第 05 行后面添加对 jQuery 库的引用。这里要注意 js 文件存放的位置，如果在当前目录中，则不需要../，这个是指 js 文件在上一级目录中。

```
<script src="../jquery-3.3.1.js" type="text/javascript" ></script>
```

（2）在文档的加载事件中，为 div 增加事件。

```
<script type="text/javascript">
$(document).ready(function(e) {
   $("#hi").click(function(){
   alert("hello");
   });
```

```
});
</script>
```

首先使用$("#hi")获取到 div，然后添加 click 事件。本例效果如图 1.4 所示。

图 1.4　第一个 jQuery 网页

1.2　jQuery 3 的特色

本节介绍一下 jQuery 3 的一些特色，这是 jQuery 更新的主要原因。

1.2.1　jQuery 3 的 Strict Mode

现在 jQuery 3 支持的大多数浏览器都有 "use strict"（严格模式），顾名思义，这种模式使得 Javascript 在更严格的条件下运行。

严格模式的优点是：

- 消除 Javascript 语法的一些不合理、不严谨之处，减少一些怪异行为；
- 消除代码运行的一些不安全之处，保证代码运行的安全；
- 提高编译器效率，增加运行速度；
- 为未来新版本的 Javascript 做好铺垫。

如果使用 JavaScript，我们的代码可能要根据严格模式做很多修订，而 jQuery 新版本是用这个指令构建的，所以我们的代码不需要再设计严格模式，因此大多数现有代码不会做任何更改。

1.2.2　支持 for...of 遍历

jQuery 3 支持 for...of 语句，这是由 ECMAScript 6 中引进的一种 for 循环语句，为 Arrays、Maps 和 Sets 这样的可迭代对象提供了一种更直接的遍历方法。

在 jQuery 中，for...of 循环可以取代以前的$.each(...) 语法，并且更容易通过 jQuery 的元素集合进行循环。对比代码如下所示：

```
var elems = $(".someclass");
// 传统的 jQuery 方式
$.each(function(i, elem) {


});
// ECMAScript 6 方式
for ( let elem of elems ) {


}
```

1.2.3 动画方面使用 requestAnimationFrame API

jQuery 3 使用 requestAnimationFrame() API 来执行动画，使动画运行得更加顺畅、快速。requestAnimationFrame API 只用于支持它的浏览器，对于那些很老的浏览器（如 IE9）jQuery 使用先前的 API 来作为显示动画的后备方案。

requestAnimationFrame 是 HTML5 中新增的 API，有点类似 setTimeout 和 setInterval，就是俗称的计时器。但与这两个计时器不同的是，requestAnimationFrame 不需要设置时间间隔，它采用系统时间间隔，保持最佳绘制效率，不会因为间隔时间过短造成过度绘制，增加开销；也不会因为间隔时间太长使动画卡顿不流畅，让各种网页动画效果能够有一个统一的刷新机制，从而节省系统资源，提高系统性能，改善视觉效果。

1.2.4 支持 SVG

SVG（Scalable Vector Graphics，可缩放矢量图形）是用于描述二维矢量图形的一种图形格式。它由万维网联盟制定，是一个开放标准。jQuery 对 SVG 的支持还不算完善，但从 jQuery 3 开始，操作类名的方法（例如.addClass()和.hasClass()）将会支持 SVG。

也就是说，我们可以修改（添加、删除、切换）或者查找 SVG（可缩放矢量图形）下的 jQuery 类，然后使用 CSS 的类样式，这样就变相支持了 SVG。

1.2.5 :visible 和:hidden 新改变

jQuery 3 还修改了一些:visible 和:hidden 的代码。只要元素具有任何布局盒，哪怕宽高为零，也会被认为是:visible。比如，br 元素和不包含内容的行内元素现在都会被:visible 这个过滤器选中。

因此，如果页面中包含如下的结构：

```
<div></div>
<br />
```

然后运行以下语句:

```
console.log($('body :visible').length);
```

在 jQuery 1.x 和 2.x 中得到的结果就会是 0,但在 jQuery 3 中会得到 2。

1.3 选择 jQuery 的开发工具

网站开发的工具多种多样,比如可以直接使用记事本或者是 Notepad++等工具来编写网页,但是这些工具没有代码提示功能,比如在编写 jQuery 代码时,如果能够有一款具有 jQuery 代码提示功能的工具,会使得网站开发人员的开发效率得到大幅提升,特别是对于网站开发的初学者来说,使用具有代码提示功能的编辑器,可以让初学者快速添加 jQuery API 的使用。Dreamweaver 是 Adobe 公司的一款可视化网页设计工具,它原生就附带了对 jQuery 的代码提示功能,因此笔者将在本书中选用 Dreamweaver 作为代码编写环境。

笔者使用的 Dreamweaver 版本为 CS 6,通过如下网址可以获取到关于 Dreamweaver 工具的更多详细信息:

```
http://www.adobe.com/cn/products/dreamweaver.html
```

接下来将通过一个使用 jQuery 的网站示例来演示如何在 Dreamweaver 中创建一个使用 jQuery 库的网页,步骤如下所示。

步骤 01 打开 Dreamweaver,单击主菜单中的“站点|新建站点”菜单项,Dreamweaver 将弹出如图 1.5 所示的新建站点对话框。

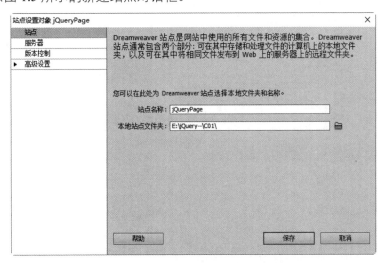

图 1.5 新建 Dreamweaver 网站

在“站点名称”文本框中,输入 jQueryPage 作为网站的名称,在本地站点文件夹文本框中,使用右侧的 📁 按钮选择一个本地文件夹。然后单击“保存”按钮。

步骤 02　将下载的jQuery库复制到本地站点文件夹中，现在的站点管理器树状视图如图 1.6 所示。其中，JavaScript01.html是前面的例子。站点管理器在Dreamweaver的"文件|资源"视图中。

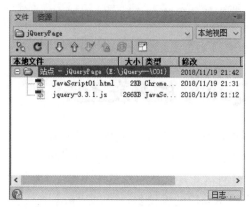

图 1.6　站点管理器视图

　　右击树状视图的根节点，即"站点"节点，从弹出的菜单中选择"新建文件"菜单项，在站点管理器中将新添加文件"untitled.html"，将其重命名为"index.html"，双击该文件，在Dreamweaver 文档视图中将显示该文件的设计视图（此时是一个空白页）。

步骤 03　切换设计视图到源代码视图 代码 拆分 设计 实时视图 ，将光标停在源代码的<head>和</head>之间的位置，从站点管理器中拖动jquery-3.3.1.js到源代码视图，Dreamweaver 会自动添加对jQuery的引用，如图 1.7 所示。

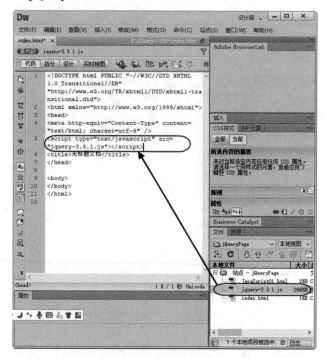

图 1.7　添加对 jQuery 库的引用

步骤 04 接下来通过一段jQuery的代码来看一看如何在页面上使用jQuery进行网页元素的控制。首先在页面的<body>和</body>之间放一个div元素，如下所示：

```
<body>
  <div id="msg">欢迎阅读 jQuery 从零开始学</div>
</body>
```

在<head>和</head>之间，添加如下代码来使用 jQuery 操纵这个 div 元素：

```
01  <head>
02  <meta http-equiv="Content-Type" content="text/html; charset=utf-8">
03  <title>第1个 jQuery 文档</title>
04  <script type="text/javascript" src="jQuery/jquery-3.3.1.js"></script>
05  <script type="text/javascript">
06    //jQuery 的页面加载事件
07    $(document).ready(function(e) {
08      $("#msg").css("font-size","9pt");      //更改 div 元素的字体
09      //向 div 中添加一个单击事件
10      $("#msg").click(function(e) {
11        alert($(this).html());
12      });
13      //向页面上添加一个新的 div 元素
14      $("<div>", {
15        style:"font-size:9pt",               //设置 div 的样式
16        text: "单击这里更改颜色",             //设置 div 的文本内容
17        //为文本添加单击事件
18        click: function(){
19          $(this).css("background","#9F3");
20        }
21      }).appendTo("body");                   //将 div 添加到 body 中
22
23    });
24  </script>
25  </head>
```

$表示当前使用的是 jQuery 对象来操纵网页，在<script>区域，$(document).ready 是 jQuery 的页面加载事件，这个事件是传统 JavaScript 中的 window.load 事件的替代方法，当 DOM 载入就绪时，就会执行在括号中定义的代码，在页面加载事件中，完成了如下几个工作：

- 使用 jQuery 的选择器选择 div 元素，使用 jQuery 的函数 css 更改 div 的字体大小为 9pt。
- 为页面上的 div 元素添加 click 事件，当用户单击 div 元素时，就会弹出一个消息框。
- 向 HTML 页面上添加一个新的 div 元素，并关联了 click 事件。

至此这个示例就编写完了，在 Dreamweaver 中单击 ，会弹出一个菜单来选择浏览器，可根据自己熟悉的浏览器运行当前网页，运行效果如图 1.8 所示。

11

图 1.8　jQuery 网页示例运行效果

在编写 jQuery 代码时，可以发现 Dreamweaver 提供了方便的代码提醒功能，例如在创建了一个选择器之后，Dreamweaver 将自动跳出一系列可供操作的方法，如图 1.9 所示。

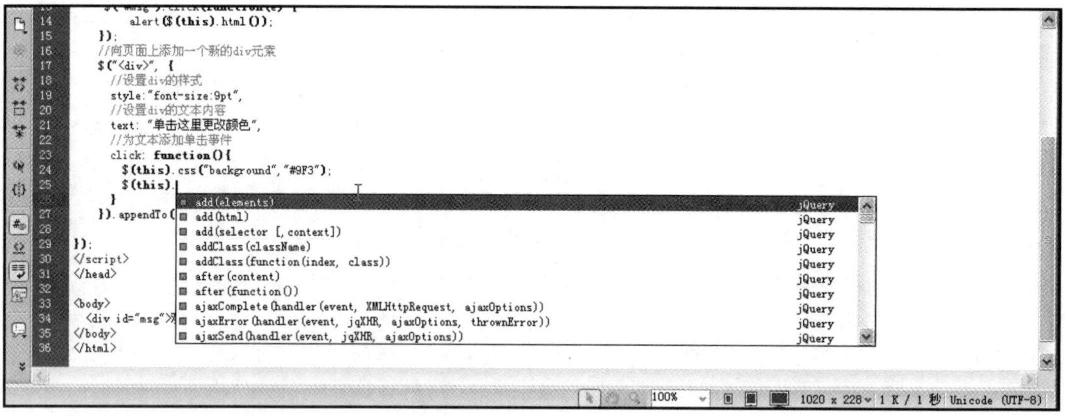

图 1.9　Dreamweaver 的代码提示功能

可以看到，像很多标准的代码编辑器一样，Dreamweaver 提供了 jQuery 的函数列表，这大大方便了对于 jQuery 不是特别熟悉的用户。

1.4　认识 jQuery 库的基础知识

由于 jQuery 的代码语法非常简洁，而实现的功能及其强大，因此在网页的代码中经常见到对该库的引用。为了便于开发人员能够快速应用 jQuery 库，本节将简要介绍 jQuery 库的基础知识。

1.4.1　jQuery 库的核心方法—— $()

在 jQuery 程序代码中，不管是页面元素的选择，还是内置的功能方法，都是以一个美元符号 "$" 和一对圆括号开始的。其实 "$()" 方法是 jQuery 库中最重要、最核心的方法 jQuery() 的简写，主要用来选择页面元素或执行功能方法。因此如下代码：

```
$(function() {});                          //执行一个匿名方法
$('#box');                                 //进行执行的 ID 元素选择
$('#box').css('color', 'red');             //执行功能方法
```

也可以写成如下形式：

```
jQuery(function () {});
jQuery('#box');
jQuery('#box').css('color', 'red');
```

查看 jQuery 的相关 API 资料，可以发现 jQuery()方法有 9 个重载，分别如下：

（1）jQuery()

该方法返回一个空的 jQuery 对象，不接受任何参数。

（2）jQuery(element)

该方法实现将一个 DOM 元素转化为 jQuery 对象。

（3）jQuery(elementArray)

该方法实现将多个 DOM 元素组成的数组转化为 jQuery 对象。

（4）jQuery(callback)

该方法等价于 jQuery(document).ready(callback)，主要用来实现绑定在 DOM 文档载入完成后执行的方法。

（5）jQuery(selector,[context])

该方法接收一个包含 jQuery 选择器的字符串，在具体执行时，会使用传入的字符串去匹配一个或多个元素。

（6）jQuery(object)

该方法将一个普通的对象包装成 jQuery 对象。

（7）jQuery(selection)

一个用于克隆的 jQuery 对象。

（8）jQuery(html,attributes)

该方法具体执行时,不仅会根据传入的 html 标志代码动态创建由 jQuery 对象封装的 DOM 元素，还会设置该 DOM 元素的属性、事件等。

（9）jQuery(html,[ownerDocument])

该方法具体执行时,不仅会根据传入的 html 标志代码动态创建由 jQuery 对象封装的 DOM 元素，还会指定该 DOM 元素所在的文档。

1.4.2　jQuery 代码的风格

了解了 jQuery 库的核心方法，接着需要熟悉 jQuery 代码的风格，例如：

```
$('#box').css('color','red');                          //执行功能方法
```

在执行功能方法的时候要注意，其实 css()这个功能方法并不是直接被 jQuery 对象调用执行，而是先获取元素，然后返回某个具体的对象，再调用 css()这个功能方法。

不过值得注意的是，执行了 css()这个功能方法后，最终返回的还是 jQuery 对象。这就是前面我们提到过的连缀方式，可以不停地连续调用功能方法，例如下面的代码：

```
$('#box').css('color','red').css('font-size','50px');          //连缀
```

最后要说明一下，jQuery 中的代码注释与 JavaScript 语言中的注释风格保持一致，即有两种最常用的注释，分别为：

- 单行注释："//..."
- 多行注释："/*...*/"

1.4.3　jQuery 库延迟等待加载模式

在 jQuery 程序代码中，为了让方法在浏览器加载完网页后执行，一般会使用"$()"将方法进行首尾包裹，即$(function(){})。为什么必须包裹所要执行的方法呢？

这是因为 jQuery 代码文件是在<body>标签元素之前加载，而 jQuery 代码文件里的方法一般需要操作 DOM 元素。为了让上述方法能够正常执行，必须等待所有的 DOM 元素加载后才能进行元素操作，于是就需要通过"$()"包裹方法来实现延迟等待加载功能。

在 JavaScript 原生代码里，原本是通过 load 事件来实现延迟等待加载，具体代码如下：

```
window.onload=function(){};                    //JavaScript 等待加载
```

在 jQuery 代码里，为了实现上述功能，则需要通过如下代码：

```
$(document).ready(function(){});               //jQuery 等待加载
```

上述代码可以简写为：

```
$(function(){})                                //jQuery 等待加载
```

那么上述两种等待加载方式有什么区别呢？具体区别请见表 1.1。

表 1.1　延迟等待加载区别

选　　项	window.onload	$(document).ready()
执行时机	必须等待网页全部加载完毕，然后再执行包裹代码	加载完毕，就能执行包裹代码
执行次数	只能执行一次，如果是第二次，那么第一次的执行会被覆盖	可以执行多次，第 N 次都不会被上一次覆盖
简写方案	无	$(function(){})

在实际应用中，很少直接去使用 window.onload 事件来实现延迟等待加载，这是因为该事件所关联的方法需要等待图片之类的大型元素加载完毕后才能执行。最头疼的就是网速较慢的情况下，页面已经全面展开，图片还在缓慢加载，这时页面上任何的 JavaScript 交互功能全部处在假死状态，并且只能执行单次，在多次开发和团队开发中会带来困难。

1.5　调试 jQuery 程序

大部分复杂的工具都带有调试功能，如 Dreamweaver、Visual Studio 和 Eclipse，如果我们用这些工具来开发 jQuery 代码，调试起来难度不是很大，但很多人习惯用文本工具直接写代码，这就增加了调试的难度，目前 Chrome 和 Firefox 浏览器都支持在浏览器中直接调试和修订。下面我们来看看这两个浏览器的调试手法。

1.5.1　在 Chrome 中调试

由于 jQuery 库始终是脚本语言，因此没有一个开发工具提供调试功能。不过值得庆幸，Firefox 和 Chrome 浏览器都提供了程序调试的功能，本节先讲解 Chrome 浏览器下的 jQuery 调试。

找到任意一个引用了 jQuery 的 HTML 文件，或者找到我们上一节使用的 index.html 文件，右击文件，在弹出的快捷菜单中选择"打开方式|Google Chrome"，这个时候在 Chrome 浏览器中显示的是文件效果。单击 Chrome 右侧菜单中的"更多工具|开发者工具"命令，默认效果如图 1.10 所示。

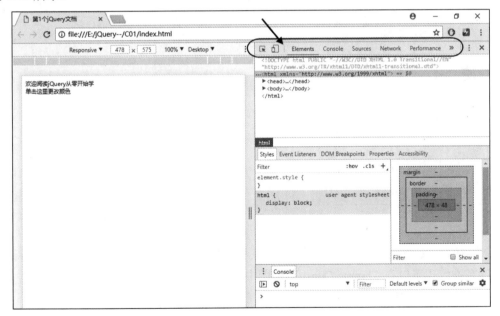

图 1.10　Chrome 中的开发者工具界面

右侧第一栏是 Chrome 的功能栏，其中 Sources 会显示本页面的源文件，包括所引用的 js 文件，单击 Sources 标签，可以看到左侧列出了本页面的源文件和 jQuery 库文件，如图 1.11 所示。双击 index.html 文件，就能看到该文件的所有代码。这里我们在第 21 行添加一个断点（单击该行的行号）。

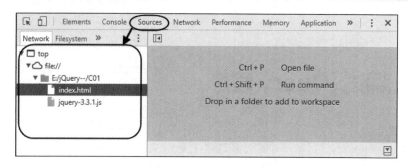

图 1.11　当前页面的源文件

断点，简单来说就是程序运行到这里的时候就会停下来。

单击浏览器的刷新按钮，因为我们将断点添加在"文本的单击事件"中，所以当我们单击第 2 行文本时，就会中断程序的执行，出现如图 1.12 所示的效果。

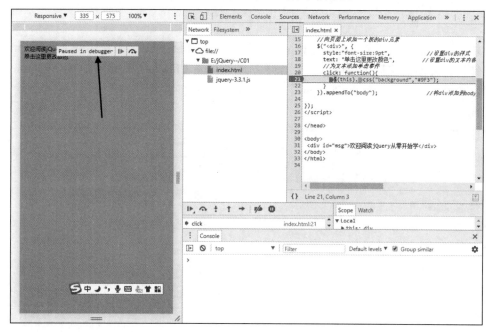

图 1.12　Chrome 中的断点

此时我们可以选中代码中的"$(this)"，鼠标滑过时会显示它的一些特性。如果你还不知道$(this)是谁，也可以在 Chrome Console 视图中输出$(this)的内容，如图 1.13 所示。

图 1.13　在程序中断时输出当前内容

Chrome 开发者工具非常强大，这里我们只认识了一个简单的设置断点，一些调试经验和技巧需要我们在反复的代码测试中持续总结和汲取。

1.5.2　在 Firefox 中调试

Firefox 浏览器也可以进行 jQuery 库的程序调试。打开 Firefox 浏览器，单击菜单栏中的"Web 开发者"|"切换工具箱"，或者使用快捷键 F12 都可以打开调试工具，如图 1.14 所示。

图 1.14　脚本调试界面

为了演示调试工具，通过浏览器打开 index.html。在该浏览器上按快捷键 F12，可以打开脚本调试界面，如图 1.15 所示。

图 1.15　脚本调试界面

在脚本调试界面中，选择"脚本"选项卡，在内容区域单击"启用"超级链接，即可启动对 jQuery 库程序的调试功能，如图 1.16 所示。

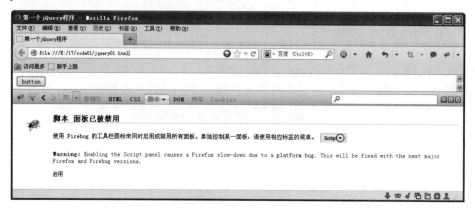

图 1.16　启用 jQuery 代码调试

启动 jQuery 代码调试后，选择功能栏中的"调试器"，单击第 21 行代码的行号"21"，在该行添加一个"断点"，如图 1.17 所示。如果行号变为蓝底白字，就说明断点添加成功。

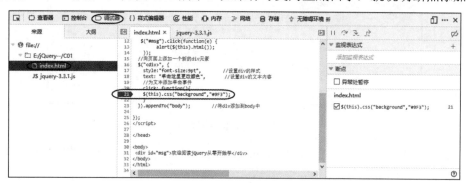

图 1.17　添加断点

单击第 2 行文本，在调试窗口最右侧可以很方便地获取当前状态里一些变量或对象属性的信息，如图 1.18 所示。此时也可以单击功能栏中的"控制台"选项，输入$(this)来查看效果是否和 Chrome 测试的效果一致。

单击代码右上角工具栏  中的第 1 个按钮或者使用快捷键 F8，继续执行程序，第 2 行底色变绿，如图 1.19 所示。

图 1.18　监控视图

图 1.19　单步执行

从上面的执行结果可以发现，Firebug 调试工具也可以方便开发人员调试 jQuery 代码。

1.6　常见问题

1.6.1　为什么要使用一些著名公司的 CDN

　　jQuery 库文件既可以放在本地，也可以直接使用知名公司的 CDN（内容分发网络）。使用 CDN 的好处是这些大公司的 CDN 比较流行，用户访问你的网站之前很可能在访问别的网站时已经将库文件缓存在浏览器中了，所以能加快网站的打开速度。另外一个好处是显而易见的，就是节省了网站的流量带宽。

　　百度、新浪、谷歌和微软的服务器都存有 jQuery。如果要使用 CDN 上的 jQuery 库，只需要把引入代码：

```
<script type="text/javascript" src="../jquery-3.3.1.js"></script>
```

替换为：

```
<script src="http://libs.baidu.com/jquery/2.2.0/jquery.js"></script>
```

目前国内的 jQuery CDN 都比较落后，还没有发现 3.0 以上版本。所以如果要使用 CDN，推荐一个比较新的版本：https://cdn.jsdelivr.net/npm/jquery@3.2/dist/jquery.min.js。

为了提高 jQuery 库的加载速度，这些 CDN 一般会提供未压缩和压缩两个 jQuery 库版本，如果要使用压缩的 jQuery 库版本，则代码为：

```
<script src="http://libs.baidu.com/jquery/2.2.0/jquery.min.js"></script>
```

1.6.2 写 jQuery 和直接写 JavaScript 的区别

在第 1.1.2 节就举例演示过 jQuery 代码和 JavaScript 代码的区别，其中十几行的 JavaScript 代码用 2 行 jQuery 代码就可以替代了。本节详细地讲解一下两者的区别。

1. 定位元素

如果用 JavaScript 定位网页中 ID 为 div1 的元素，代码为：

```
document.getElementById("div1")
```

如果用 jQuery，则代码为：

```
$("# div1")
```

 JavaScript 返回的结果是这个元素，而 jQuery 返回的结果是一个对象。

2. 改变元素的内容

改变页面中 div1 的内容时，JavaScript 代码为：

```
div1.innerHTML = "love";
```

jQuery 代码为：

```
div1.html("love ");
```

3. 显示/隐藏元素

显示/隐藏 div1 元素时，JavaScript 代码为：

```
div1.style.display = "none";
div1.style.display = "block";
```

jQuery 代码为：

```
div1.hide();
div1.show();
```

或

```
abc.toggle();  //在显示和隐藏之间切换
```

4. 为表单赋值

JavaScript 代码为：

```
div1.value = "love";
```

jQuery 代码为：

```
div1.val("love");
```

5. 设置元素不可用

JavaScript 代码为：

```
div1.disabled = true;
```

jQuery 代码为：

```
div1.attr("disabled", true);
```

1.6.3　jQuery 与其他 JavaScript 库的区别

目前流行的一些 JavaScript 库主要有 jQuery、Node.js、Vue.js、React.js。很多初学者会犹豫，我到底要怎么学，先学什么再学什么，或者说，是不是都要学。其实这些框架都有各自的功能，这里我们简单来了解一下。

jQuery 是一个运行在客户端的 JavaScript 库，专注于操纵 DOM，就是简化 JavaScript 对 DOM 的一些操作方式。

Node.js 是运行在服务器端的一个服务器程序。可以用 JavaScript 语言操作服务器层面的事务，比如创建 HTTP 链接、信息的 I/O 等。这些和 jQuery 一样都是用 JavaScript 语言进行操作执行。

Vue.js 偏重于前端的 UI，也就是前端页面，只关注视图层。

React.js 也是偏重于 UI，而且要熟悉 JSX，听起来会觉得复杂一些，它实现了单向响应的数据流，从而减少了重复代码。

简单来说也可以这么理解，jQuery 专注于操纵 DOM，Vue 和 React 偏重于 UI，而 Node.js 则偏重于后台的服务器端。

第 2 章
◀ jQuery选择器 ▶

jQuery 的选择器是其核心功能,可以说是使用 jQuery 的重中之重,只有灵活地掌握了选择器,才能游刃有余地操纵 jQuery。在 jQuery 中,选择器按照选择的元素类别可以分为如下 4 种:

- 基本选择器:基于元素的 id、CSS 样式类、元素名称等使用基于 CSS 的选择器机制查找页面元素。
- 层次选择器:通过 DOM 元素间的层次关系获取页面元素。
- 过滤选择器:根据某类过滤规则进行元素的匹配。它又可以细分为简单过滤选择器、内容过滤选择器、可见性过滤选择器、属性过滤选择器、子元素过滤选择器,以及表单对象属性过滤选择器。
- 表单选择器:可以在页面上快速定位某类表单对象。

2.1 基本选择器

jQuery 的基本选择器与 CSS 的选择器相似,它可以有如下 3 种:

- 标签选择器:按 HTML 元素的标签名称进行选择。
- id 选择器:取得文档中指定 id 的元素。
- 类选择器:根据 CSS 类来进行选择。

jQuery 还包含一个使用*的通配符选择器,用于选择所有的页面元素,几个元素之间还可以进行组合,jQuery 的基本选择器的描述参见表 2.1。

表 2.1　jQuery基本选择器说明

名　　称	说　　明	举　　例
id 选择器	根据元素 id 选择	$("divId") 选择 id 为 divId 的元素
标签选择器	根据元素的名称选择	$("a") 选择所有\<a\>元素
CSS 样式类选择器	根据应用到 DOM 元素的 CSS 类进行选择	$(".bgRed") 选择所用 CSS 类为 bgRed 的元素
*通配符选择器 selector1, selector2, selectorN	选择所有元素,使用通配符*可以将几个选择器用 ", " 分隔开,然后再拼成一个选择器字符串,会同时选中这几个选择器匹配的内容	$("*")选择页面所有元素 $("#divId, a, .bgRed")

现在创建一个新的页面，名为 base_selector.html，添加对 jQuery 库的引用，接下来通过示例来查看 jQuery 基本选择器的作用，HTML 元素定义如下：

```
01  <html>
02  <head>
03  <meta http-equiv="Content-Type" content="text/html; charset=utf-8">
04  <title>基本选择器</title>
05  <script type="text/javascript" src="../jquery-3.3.1.js"></script>
06  <style type="text/css">
07    body{
08        font-size:9pt;
09    }
10    .divclass{
11        font-style:italic;
12    }
13    .spanclass{
14        font-weight:bold;
15    }
16  </style>
17  </head>
18  <body>
19  <div id="div1">我是第1个 div</div>
20  <div id="div2">我是第2个 div</div>
21  <div class="divclass">我是第3个 div</div>
22  <span id="span1">我是第1个 span</span>
23  <span id="span2">我是第2个 span</span>
24  <span class="spanclass">我是第3个 span</span>
25  </body>
26  </html>
```

HTML 代码定义了 3 个 div 和 3 个 span，并且定义了两个 CSS 样式，接下来看一看如何通过 jQuery 基本选择器来实现选择效果。

2.1.1　标签选择器

首先必须在页面的 head 区添加对 jQuery 库的引用，也就是上面的代码第 5 行，后面的代码不再单独说明。

接下来使用 jQuery 的标签选择器，选中所有的 div 标签，并更改其字体大小为 18px。实现这个功能的代码如下：

```
//使用标签选择器更改字体大小
$("div").css("font-size","18px");
```

这里的$("div")就是选择元素名称为 div 的标签选择器，上述代码会同时更改 3 个 div（也就是当前页面中所有的 div）的字体大小，因此运行时可以看到 3 个 div 的字体变成了 18px 的大小。

2.1.2　id 选择器

id 一般用来表示某个事物的唯一性，这里的 id 选择器也就是只选择某一个具体的元素。使用 id 选择器选择示例中 id 为 div2 的 div，将其背景色更改为红色，代码如下所示：

```
//使用 id 选择器更改背景色
$("#div2").css("background","red");
```

可以看到，运行之后果然第 2 个 div 已经更改了背景色，如图 2.1 所示。

图 2.1　使用 id 选择器更改背景色

 在 id 选择器中，id 前面必须跟一个 "#"，以表明这是一个 jQuery 的 id 选择器。

2.1.3　类选择器

在 CSS 样式中，可以为某一类元素设计统一的样式，设计的代码如下：

```
.center {text-align: center}
```

上面是 CSS 的类选择器的代码。在 HTML 页面中，可以用以下代码应用这个类：

```
<p class="center">
用了这个样式我就居中了。
</p>
```

如果要选中所有应用了 center 样式的元素，在 jQuery 中需要使用$(".center ")形式。

这里还是使用前面的示例代码，选择 CSS 类为 spanclass 的所有元素，将其字体样式更改为斜体，实现如下：

```
//使用类选择器设置字体样式
$(".spanclass").css("font-style","italic");
```

类选择器与 id 选择器之间的不同在于使用前缀 "." 表示这是一个类选择器，无论是类选择器还是 id 选择器，都与 CSS 选择器具有相同的语法。

2.1.4　使用选择器组合

通过使用多个选择器的组合，可以同时更改选中标签的样式或内容，比如要更改 id 为 div2 和 span2 的元素，可以使用如下组合选择器：

```
//使用选择器组合
$("#div2,#span2").css("background","#9F0");
```

通过在括号内包含两个不同的选择器，就可以同时选中两个不同的元素进行样式设置，效果如图 2.2 所示。

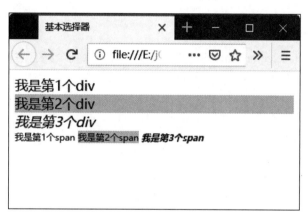

图 2.2　使用选择器组合效果

2.1.5　使用*通配符选择器

"*" 通配符选择器表示一次性选中页面上的所有元素，比如可以通过通配符选择器选中所有的元素，将其字体颜色更改为红色，代码如下：

```
//通配符选择器
$("*").css("color","red");
```

使用了通配符选择器后，果然所有的元素字体都变成了红色，读者可以亲自尝试下。

2.2　层次选择器

网页的 DOM 结构表现为树状结构，在选择元素时，通过 DOM 元素之间的层次关系，可以获取到需要的元素，比如当前节点的后代节点、父子关系的节点、兄弟关系的节点等，层次选择器的选择规则如表 2.2 所示。

表 2.2　层次关系的选择规则

名　称	说　明	举　例
ancestor descendant 后代选择器	使用"form input"的形式选中 form 中的所有 input 元素。即 ancestor(祖先)为 from、descendant（子孙）为 input	$(".bgRed div") 选择 CSS 类为 bgRed 的元素中的所有\<div\>元素
parent > child 父子选择器	选择 parent 的直接子节点 child。child 必须包含在 parent 中并且父类是 parent 元素	$(".myList>li") 选择 CSS 类为 myList 元素中的直接子节点\<li\>对象
prev + next 相邻选择器	prev 和 next 是两个同级别的元素。选中在 prev 元素后面的 next 元素	$("#hibiscus+img")选择 id 为 hibiscus 元素后面的 img 对象
prev ~ siblings 平级选择器	选择 prev 后面的根据 siblings 过滤的元素	$("#someDiv~[title]")选择 id 为 someDiv 的对象后面所有带有 title 属性的元素

注：siblings 是过滤器。

新建一个名为 level_selector.html 的网页，在该页面添加几个具有层次关系的 HTML 元素，如下所示。

```
01  <body>
02  <ul id="nav">
03  <li><a href="#">产品介绍</a>
04      <ul id="product">
05      <li><a href="#">产品一</a></li>
06      <li><a href="#">产品二</a></li>
07      <li><a href="#">产品三</a></li>
08      <li><a href="#">产品四</a></li>
09      <li><a href="#">产品五</a></li>
10      <li><a href="#">产品六</a></li>
11      </ul>
12  </li>
13  <li><a href="#">服务介绍</a>
14      <ul id="services">
15      <li><a href="#">服务一</a></li>
16      <li><a href="#">服务二</a></li>
17      <li><a href="#">服务三</a></li>
18      <li><a href="#">服务四服务五</a></li>
19      <li><a href="#">服务四服务五服务六</a></li>
20      <li><a href="#">服务七</a></li>
21      </ul>
22  </li>
23  </ul>
24  </body>
```

在 HTML 中使用 ul、li 和 CSS 构建了一个下拉菜单，下拉菜单的 CSS 代码可以参考本书配套源代码，菜单效果如图 2.3 所示。

图 2.3 HTML+CSS 菜单效果

在示例 HTML 中，使用 ul 和 li 构建了层次结构的菜单项，接下来演示层次选择器的用法。

2.2.1 后代选择器

使用后代选择器，可以选择祖先下面的所有子元素，比如示例中构建了一个 2 层嵌套的 ul 和 li 菜单结构，如果要使得所有的 li 字体都变为粗体，无论是嵌套在哪一个层次，都可以使用后代选择器，如下所示：

```
<script type="text/javascript" src="../jquery-3.3.1.js"></script>
<script type="text/javascript">
$(document).ready(function(e) {
    //根据 ul 元素匹配所有的 li 元素，设置所有 li 元素的字体为粗体
    $("ul li").css("font-weight","bold");
        $("#services li").css("background","#9F9");  //让服务介绍的背景 li 为绿色
});
</script>
```

示例中使用了后代选择器，第 1 个 jQuery 选择器选中所有的 li 元素，更改 CSS 使其字体为粗，第 2 个后代选择器祖先使用了 id 选择器，后代指定为 li，祖先可以指定不同的选择器选择元素，而后代只能指定要选择的标签。

2.2.2 父子选择器

后代选择器会匹配所有的后代元素，而父子选择器只会匹配当前父元素下的所有子元素，比如要使菜单的主菜单项显示 14px 的字体，可以使用如下父子选择器：

```
//为了避免设置父元素的 CSS 继承到子元素，这里先单独设置了子元素的字体
$("#product,#services").css("font-size","9pt");
//根据父子元素规则设置子元素
$("#nav>li").css("font-size","14px");
```

第 1 行是为了避免设置了父类的 li 之后，CSS 会继承到子元素，因此为子元素单独指定了 CSS，这样在设置了 id 为 nav 的子元素 li 之后，就可以看到顶层菜单果然已经变成了 14 号字体，如图 2.4 所示。

图 2.4　父子选择器的效果

 与后代选择器不同的是，父选择器只会选择其父子关联的元素，而后代选择器会选择所有的子元素。

2.2.3　相邻选择器

相邻选择器允许选择相邻的元素，它匹配指定元素后面的元素，比如图 2.5 中"产品三"后面紧跟的是"产品四"，要选中"产品四"，可以用"产品三"的相邻选择器来进行选择，代码如下：

```
$("#prod1+li").css("font-style","italic"); //使用相邻选择器选择元素
```

示例将相邻的元素字体样式设置为斜体，结果如图 2.5 所示。

与相邻元素选择器相似的是 next 函数，它用来选中当前元素的下一个元素，因此可以使用 next 函数进行替换，如下所示：

```
$("#prod1").next().css("font-style","italic");
```

图 2.5　使用相邻选择器

2.2.4　平级选择器

与相邻选择器不同的是，平级选择器会选择当前元素的平级元素，下面通过一个例子来说明。要选择 id 为 srv2 的所有平级元素，可以使用如下语句：

```
$("#srv2~li").css("font-style","italic");        //使用平级选择器选择元素
```

通过将 id 为 srv2 的所有元素进行平级选择，可以看到所有出现在"服务二"后面的菜单项都变成了斜体，如图 2.6 所示。

图 2.6　使用平级选择器选择元素

使用~的平级选择器类似 nextAll 函数的效果，因此上面示例的替代语法如下：

```
$("#srv2").nextAll().css("font-style","italic");
```

如果要选择所有的相邻元素，包含前面的和后面的，可以使用 siblings 函数，如下所示：

```
//选择所有的相邻元素
$("#srv2").siblings("li").css("font-style","italic");
```

这一次，除了服务 2 没有变成斜体之外，可以看到所有的菜单项都变成了斜体，如图 2.7 所示。

图 2.7　所有相邻元素选择器

2.3　过滤选择器

除了基本选择器和层次选择器之外，jQuery 的强大之处还包括可以通过特定的过滤规则来筛选出所需的 DOM 元素，这种选择器称为过滤选择器，类似于 CSS 中的伪类选择器的语法。过滤选择器以冒号开头，过滤选择器根据其过滤规则的种类，又可以分为基本过滤选择器、内容过滤选择器、可见性过滤选择器、属性过滤选择器、子元素过滤选择器以及表单对象属性过滤器。下面分别对这几种不同的过滤选择器进行介绍。

2.3.1　基本过滤选择器

基本过滤选择器也可以称为简单过滤选择器，它是过滤选择器中使用最为广泛的一种，主要用来选择首、尾、指定索引、奇数或偶数位的元素等。表 2.3 所示为基本过滤器的规则列表。

表 2.3 基本过滤选择器规则列表

名　　称	说　　明	举　　例
:first	匹配找到的第一个元素	查找表格的第一行：$("tr:first")
:last	匹配找到的最后一个元素	查找表格的最后一行：$("tr:last")
:not(selector)	去除所有与给定选择器匹配的元素	查找所有未选中的 input 元素：$("input:not(:checked)")
:odd	匹配所有索引值为奇数的元素，从 0 开始计数	查找表格的 1、3、5 等奇数行：$("tr:odd ")
:even	匹配所有索引值为偶数的元素，从 0 开始计数	查找表格的 2、4、6 等偶数行：$("tr:even ")
:eq(index)	匹配一个给定索引值的元素，index 从 0 开始计数	查找第二行：$("tr:eq(1)")
:gt(index)	匹配所有大于给定索引值的元素，index 从 0 开始计数	查找第二、第三行，即索引值是 1 和 2，也就是比 0 大：$("tr:gt(0)")
:lt(index)	选择结果集中索引小于 N 的 elements，index 从 0 开始计数	查找第一、第二行，即索引值是 0 和 1，也就是比 2 小：$("tr:lt(2)")
:header	选择所有 h1、h2、h3 一类的 header 标签	给页面内所有标题加上背景色：$(":header").css("background", "#EEE");
:animated	匹配所有正在执行动画效果的元素	只有对不在执行动画效果的元素执行一个动画特效： $("#run").click(function(){$("div:not(:animated)") .animate({ left: "+=20" }, 1000); });

在日常工作中，基本过滤选择器比较常用在表格类型的选择上，创建一个名为 simple_filter_selector.html 的网页，在网页上添加一个 6 行 2 列的表格，初始效果如图 2.8 所示。

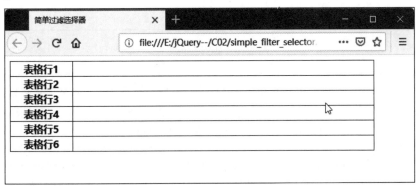

图 2.8 在应用 jQuery 选择器之前的效果

先使用 first 和 last 选中表格行的首尾，并设置不同的颜色，代码如下：

```
$("tr:first").css("background","#FF0");      //表格第一行显示黄色
$("tr:last").css("background","#FCF");       //表格的最后一行显示暖红
```

通过 first 和 last 设置了首尾行不同的颜色后，运行效果如图 2.9 所示。

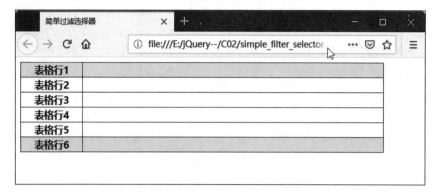

图 2.9　设置首尾行的颜色

在设置表格隔行颜色效果时，even 和 odd 是另外两个非常有用的过滤器，可以过滤出偶数行和奇数行的元素，比如要对表格的奇数行和偶数行显示不同的颜色，则可以使用如下代码：

```
$("tr:odd ").css("background","#BBBBFF");              //表格的奇数行显示蓝色
$('tr:even ').css('background', '#DADADA');            //表格的偶数行显示灰色
```

运行效果如图 2.10 所示。

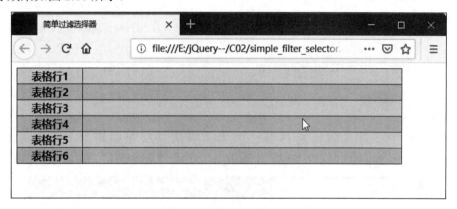

图 2.10　隔行颜色效果

因为表格的索引 index 是从 0 开始，所以索引为偶数的实际上在表格中是奇数行。也就是索引 0 表示表格的第 1 行，索引 1 表示表格的第 2 行。所以看上去表格的显示效果与设计效果相反。如果表格添加一个表头可能看起来会更舒服一些。

在应用了 even 和 odd 选择器之后，发现它们将前面使用 first 和 last 过滤器设置的颜色也覆盖了，为了保留首尾行的颜色，可以使用 not 过滤器，它可以过滤指定的行，首尾行过滤的示例如下：

```
$("tr:even:not(:first)").css("background","#BBBBFF");  //偶数行，但滤除第一行
$("tr:odd:not(:last)").css("background","#DADADA");    //奇数行，但滤除最后一行
```

使用了 not 选择器后，可以看到现在运行时首尾行的颜色被忽略掉了，如图 2.11 所示。

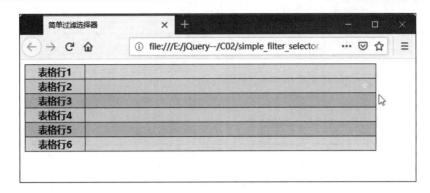

图 2.11　not 过滤器的效果

除了 first、last、even 和 odd 这类相对比较固定的过滤规则之外，还可以使用 eq 等于规则，选择特定索引位置的元素，gt 和 lt 分别返回大于或小于指定索引值的元素。

举例来说，想让表格中的第 5 行背景为红色、小于第 2 行的显示黄色、大于第 5 行的显示黑色，可以使用如下语句：

```
$("tr:eq(5)").css("background","#F00");        //让第5行的背景为红色
$("tr:gt(5)").css("background","#000");        //大于第5行的显示黑色
$("tr:lt(2)").css("background","#FFC");        //小于第2行显示黄色
```

示例运行效果如图 2.12 所示。

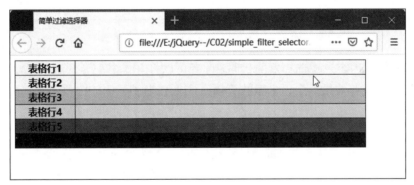

图 2.12　eq、gt 和 lt 运行效果

2.3.2　内容过滤选择器

内容过滤选择器可以根据 HTML 文本内容进行过滤选择，包含的过滤规则如表 2.4 所示。

表 2.4　内容过滤器规则列表

名　　称	说　　明	举　　例
:contains(text)	匹配包含给定文本的元素	查找所有包含"John"的 div 元素： $("div:contains('John')")
:empty	匹配所有不包含子元素或者文本的空元素	查找所有不包含子元素或者文本的空元素： $("td:empty")

（续表）

名 称	说 明	举 例
:has(selector)	匹配含有选择器所匹配的元素的元素	给所有包含 p 元素的 div 元素添加一个 text 类： $("div:has(p)").addClass("test");
:parent	匹配含有子元素或者文本的元素	查找所有含有子元素或者文本的 td 元素： $("td:parent")

为了演示内容过滤选择器，新建一个名为 content_filter_selector.html 的网页，在该 HTML 网页中添加一个 6 行 3 列的表格，并且加入一些内容，初始效果如图 2.13 所示。

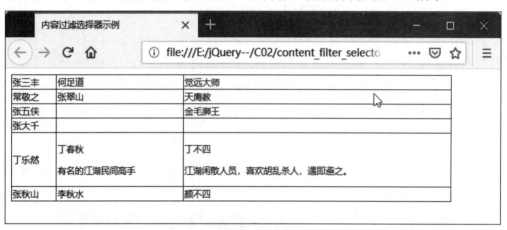

图 2.13　内容过滤选择器的初始网页

接下来添加如下内容过滤选择器的代码，读者可以打开本书配套的源代码，用注释的方式一次保留一行来查看其效果，限于本章的篇幅，这里列出了示例的主要代码：

```
<script type="text/javascript">
  $(document).ready(function(e) {
  $("td:contains('张')").css("background","#FFC");
                                //将文字中含"张"的背景设置为淡黄
  $("td:empty").css("background","#060");
                   //单元格中不包含内容的颜色，也不包含 （空格）的空单元格
  $("td:has(p)").css("background","#9F0");      //单元格中包含子元素<p>的颜色
  $("td:parent").css("color","#060");      //单元格中包含文本的前景色
  });
</script>
```

第 1 行使用 contains 查找表格中张姓的人，设置背景为淡黄，第 2 行设置单元格中为空的单元格的颜色，第 3 行设置单元格中包含段落标记 p 的颜色，第 4 行中设置单元格中包含文本的前景色，运行效果如图 2.14 所示。

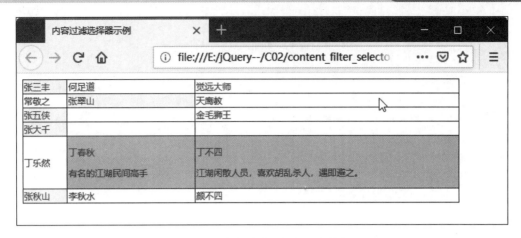

图 2.14　内容过滤选择器运行效果

2.3.3　可见性过滤选择器

可见性过滤器根据元素是否可见来查找元素，主要是用 hidden 查找隐藏的元素和 visible 查找可见的元素，其选择规则如表 2.5 所示。

表 2.5　可见性选择器规则列表

名　称	说　明	举　例
:hidden	匹配所有的不可见元素	查找所有不可见的 tr 元素:$("tr:hidden")
:visible	匹配所有的可见元素	查找所有可见的 tr 元素:$("tr:visible")

:hidden 会匹配如下几种格式的元素：

- 具有 CSS 属性 display 属性值为 none 的元素。
- HTML 表单元素中的隐藏域，即 type="hidden"的元素。
- 宽度和高度被显式设置为 0 的元素。
- 由于祖先元素为隐藏而导致无法显示在页面上的元素。

:visible 是指在屏幕上占用布局空间的元素，可见性元素的宽度和高度大于 0 时显示。

　CSS 属性 visibility:hidden 或者是 opacity:0 被认为可见，这是由于它们仍然会占用布局空间。如果在动画期间隐藏一个元素，元素会被考虑为可见，直到动画终止，在动画期间显示一个元素，元素在动画开始时被认为可见。

新建一个名为 hidden_filter_selector.html 的网页，然后添加几个隐藏和显示的元素，HTML 代码如下：

```
01  <body>
02  <span></span>
03  <div></div>
04  <div style="display:none;">隐藏的元素</div>
```

35

```
05    <div></div>
06    <div class="starthidden">隐藏的页面元素</div>
07    <div></div>
08    <form>
09        <input type="hidden" />
10        <input type="hidden" />
11        <input type="hidden" />
12    </form>
13    <span>    </span>
14    <button>显示隐藏元素</button>
15    </body>
```

其中，starthidden 类指定了 div 的 display 属性为 none，表示一个隐藏的 div，接下来添加如下所示的可见性过滤选择器代码：

```
01    <script type="text/javascript">
02    $(document).ready(function(e) {
03        //在一些浏览器中，隐藏元素也包含 <head>、<title>、<script>等元素
04        //获取隐藏元素但排除<script>
05        var hiddenEls = $("body").find(":hidden").not("script");
06        $("span:first").text("找到" + hiddenEls.length + "个隐藏元素");
07        //$("div:hidden").show(3000);  //动态地显示隐藏元素
08        $("span:last").text("找到" + $("input:hidden").length + "个表单隐藏域");
09        //为可见的按钮元素关联事件处理代码
10        $("div:visible").click(function () {
11            $(this).css("background", "yellow");
12        });
13        //为按钮关联事件处理代码，显示隐藏页面元素
14        $("button").click(function () {
15            $("div:hidden").show("fast");
16        });
17    });
18    </script>
```

代码中的实现步骤如下：

步骤 01 第 5~6 行代码选中了页面上所有的隐藏元素，但是不包含script元素，这样就可以选取页面上所有非页面元素的隐藏元素，然后在第 1 个span中显示找到的隐藏元素，这里使用了:first基本过滤选择器。

步骤 02 第 7 行代码选取隐藏的div元素，调用jQuery的show方法动态地显示隐藏元素。

步骤 03 第 8 行代码显示隐藏的表单元素个数。

步骤 04 第 10~11 行代码为当前显示出来的div元素关联单击事件，在单击时将背景色设为黄色。

步骤 05 第 14~15 行代码为按钮关联事件，在事件处理代码中，将隐藏的div元素调用show函数动态地显示出来。

示例的运行效果如图 2.15 所示。

图 2.15　可见性过滤器示例效果

2.3.4　属性过滤选择器

属性过滤选择器是 jQuery 中非常有用的一种选择器，可以基于 HTML 元素的属性来选择特定的元素，除了根据不同的属性来选择元素，还可以根据不同的属性值来选择元素，属性过滤选择器的选择规则如表 2.6 所示。

表 2.6　属性过滤选择器规则列表

名　　称	说　　明	举　　例
[attribute]	匹配包含给定属性的元素	查找所有含有 id 属性的 div 元素：$("div[id]")
[attribute=value]	匹配给定的属性是某个特定值的元素	查找所有 name 属性是 newsletter 的 input 元素：$("input[name='newsletter']").attr("checked", true);
[attribute!=value]	匹配给定的属性是不包含某个特定值的元素	查找所有 name 属性不是 newsletter 的 input 元素：$("input[name!='newsletter']").attr("checked", true);
[attribute^=value]	匹配给定的属性是以某些值开始的元素	查找所有 name 以 news 开始的 input 元素：$("input[name^='news']")
[attribute$=value]	匹配给定的属性是以某些值结尾的元素	查找所有 name 以'letter'结尾的 input 元素：$("input[name$='letter']")
[attribute*=value]	匹配给定的属性是包含某些值的元素	查找所有 name 包含'man'的 input 元素：$("input[name*='man']")
[attributeFilter1] [attributeFilter2] [attributeFilterN]	复合属性选择器，需要同时满足多个条件时使用	找到所有含有 id 属性并且它的 name 属性是以 man 结尾的元素：$("input[id][name$='man']")

从表 2.6 中可以知道，不仅可以根据属性名称进行选择，还可以根据属性与属性值的匹配规则来选择元素。接下来创建一个页面 attribute_filter_selector.html，在该页面上添加几个HTML 元素，然后在 JavaScript 代码块中使用属性过滤器来选择元素，如下所示。

```
01  <html>
02  <head>
```

```
03  <meta http-equiv="Content-Type" content="text/html; charset=utf-8">
04  <title>属性过滤选择器</title>
05  <script type="text/javascript" src="../jquery-3.3.1.js"></script>
06  <script type="text/javascript">
07   $(document).ready(function(e) {
08      $("div[id]").css("background","#0F0");        //具有 id 属性的元素的背景色
09      $('div[id="hey"]').css("font-size","14px");   //id 属性为 hey 元素的字体
10      $('div[id!="hey"]').css("font-size","16px");
                                                       //id 属性不为 hey 元素的字体
11      $('div[id^="the"]').css("color","#090");      //id 属性以 the 开头的前景色
12      $('div[id$="be"]').css("color","#C00");       //id 属性以 be 结束的前景色
13      $('div[id*="er"]').css("color","#360");   //id 属性值中包含 er 的前景色
14   });
15  </script>
16  </head>
17
18  <body>
19   <div id="hey">具有 id 属性 hey 的元素</div>
20   <div id="there">具有 id 属性 there 的元素</div>
21   <div id="adobe">具有 id 属性 adobe 的元素</div>
22   <div>无 id 属性</div>
23  </body>
24  </html>
```

在 HTML 的 body 区，定义了 4 个 div 元素，分别为前 3 个 div 指定了不同的 id，并且具有一个无任何属性的 div 元素，在 JavaScript 代码部分，分别使用了属性过滤选择器的不同设置来选择元素并且设置其颜色或字体，运行时的效果如图 2.16 所示。

图 2.16　属性选择器运行效果

2.3.5　子元素过滤选择器

这个过滤器是指根据父元素中的某些过滤规则来选择子元素，例如可以选择父元素的第 1 个子元素（:first-child）或者是最后 1 个子元素（:last-child），或者是父元素中特定位置的子元素，其规则如表 2.7 所示。

表 2.7　子元素过滤器规则列表

名　称	说　明	举　例
:nth-child(index/ even/odd/equation)	匹配其父元素下的第 N 个子元素或奇偶元素 ':eq(index)' 只匹配一个元素，将为每一个父元素匹配子元素： nth-child 是从 1 开始的，而:eq()是从 0 算起的 可以使用以下几项： • :nth-child(even) • :nth-child(odd) • :nth-child(3n) • :nth-child(2) • :nth-child(3n+1) • :nth-child(3n+2)	在每个 ul 中查找第 2 个 li： $("ul li:nth-child(2)")
:first-child	匹配第一个子元素 ':first' 只匹配一个元素，为每个父元素匹配一个子元素	在每个 ul 中查找第一个 li： $("ul li:first-child")
:last-child	匹配最后一个子元素 ':last'只匹配一个元素，为每个父元素匹配一个子元素	在每个 ul 中查找最后一个 li： $("ul li:last-child")
:only-child	如果某个元素是父元素中唯一的子元素，就将会被匹配；如果父元素中含有其他元素，就不会被匹配	在 ul 中查找是唯一子元素的 li： $("ul li:only-child")

　　nth_child 可以根据指定的索引位置、奇数位、偶数位等来匹配元素，这个选择规则常用来选择某些特定集合性质的元素中的子元素，接下来创建一个名为 child_filter_selector.html 的网页，在其中添加一个 5 行 4 列的 HTML 表格。然后看一下 jQuery 的子元素过滤器如何选择其中的元素：

```
01  <script type="text/javascript">
02    $(document).ready(function(e) {
03    $("tr td:nth-child(2)").css("background","#090");
                                //让表格单元格第2列显示绿色背景
04    $("tr td:nth-child(even)").css("background","#CCC");
                                //偶数单元格显示灰色
05    $("tr td:nth-child(odd)").css("background","#9F0");
                                //奇数单元格显示淡绿
06    $("table tr:first-child").css("background","#F00");
                                //让表格第一行显示红色背景
07    $("table tr:last-child").css("background","#99F");
                                //让表格最后一行显示紫色背景
08    $("td p:only-child").css("background","#0F0");
                                //单元格中含有唯一元素<p>的背景设置
09    });
10  </script>
```

第 1 个选择器使用的是索引选择器，这将使得它选择表格行的第 2 个单元格，也就是第 2 列显示为绿色；第 2 个和第 3 个使用偶数和奇数选择器选择偶数和奇数单元格设置颜色；第 4 个和第 5 个选择器选择表格的第 1 行和最后一行设置背景色；最后一个选择器选择具有 p 元素的单元格，运行效果如图 2.17 所示。

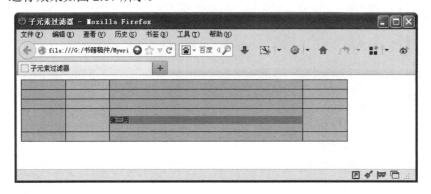

图 2.17　子元素过滤器的示例效果

如果注释掉奇数和偶数选择器，则可以看到第 4 个和第 5 个选择器的效果，如图 2.18 所示。

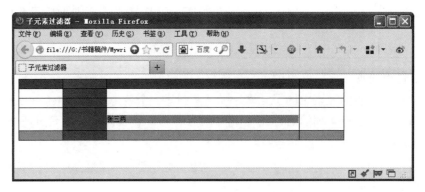

图 2.18　首尾行的选择效果

2.3.6　表单对象属性过滤器

这种类型的过滤器可以根据表单中某对象的属性特征来获取表单元素，比如表单元素的 enabled、disabled、selected 以及 checked 属性，其过滤规则如表 2.8 所示。

表 2.8　表单对象属性过滤器规则列表

名　　称	说　　明	解　　释
:enabled	匹配所有可用元素	查找所有可用的 input 元素：$("input:enabled")
:disabled	匹配所有不可用元素	查找所有不可用的 input 元素：$("input:disabled")
:checked	匹配所有被选中元素（复选框、单选按钮等，不包括 select 中的 option）	查找所有选中的复选框、单选按钮元素：$("input:checked")
:selected	匹配所有选中的 option 元素	查找所有选中的选项元素：$("select option:selected")

可以看到，使用表单对象属性过滤器，可以对表单中的控件元素的可用（enabled）、不可用（disabled），Checkbox 控件的选择（checked）与 select 控件的选中（selected）这些属性进行选择，这样使得在开发表单时可以快速地选中所需要的控件。

新建一个名为 form_filter_selector.html 的网页，然后在该网页中构建一个表单，效果如图 2.19 所示。

图 2.19　表单界面

由图 2.19 可以看到，这个表单包含了两个单选按钮，用来供用户选择性别；一个 select 下拉列表框，供用户选择学历；两个禁用掉的 input 控件，接下来看一看如何使用表单属性过滤器来选择元素，如下所示。

```
01  <script type="text/javascript">
02  $(document).ready(function(e) {
03    $("input:enabled").css("background","#FFF");  //已启用控件的背景色设置
04    $("input:disabled").css("background","#CFF"); //已禁用控件的背景色设置
05    $("input:disabled").attr("disabled",false);
                                            //将禁用的文本框更改为 enabled
06    $("input:checked").click(             //选中的单选按钮的事件关联
07      function(){
08          alert("我被选中了");
09      }
10    );
11    $("select option:selected").css("background","#FF0");
                                            //选中的列表框背景变色
12  });
13  </script>
```

在 ready 事件主体中，代码完成的功能分别如下所示：

（1）第 3 行和第 4 行代码，分别使用 enabled 和 disabled 来选中禁用和启用的 input 控件，然后使用 css 函数来设置其背景色。

（2）第 5 行代码使用 attr 将已经被禁用掉的 input 控件设置为 enabled，即将 disabled 属性设置为 false。

（3）第 6 行代码为具有 checked 属性的控件关联了 click 事件。

（4）第 11 行代码将 select 控件中 option 集合具有 selected 属性的元素的背景色更改为黄色。

应用了表单属性过滤选择器的效果如图 2.20 所示。

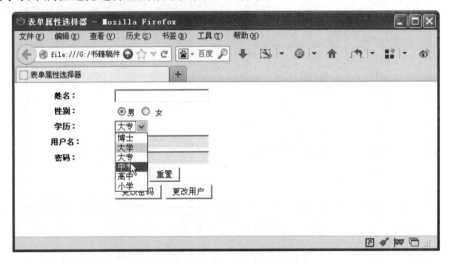

图 2.20   表单属性过滤器应用效果

可以看到表单属性在根据表单的属性设置来选择表单方面确实比较强大。

2.4   表单选择器

在学过了表单属性过滤器之后，接下来看一看 jQuery 的表单选择器，表单选择器提供了灵活的方法来选择表单中的元素。举例来说，如果要统一为表单中的 input 控件设置样式或者属性，使用表单选择器可以快速一次到位地进行设置，jQuery 中可供使用的表单选择器如表 2.9 所示。

表 2.9   表单选择器规则列表

名 称	说 明	解 释
:input	匹配所有 input、textarea、select 和 button 元素	查找所有的 input 元素：$(":input")
:text	匹配所有的文本框	查找所有文本框：$(":text")
:password	匹配所有密码框	查找所有密码框：$(":password")
:radio	匹配所有单选按钮	查找所有单选按钮：$(":radio")
:checkbox	匹配所有复选框	查找所有复选框：$(":checkbox")

（续表）

名　　称	说　　明	解　　释
:submit	匹配所有提交按钮	查找所有提交按钮：$(":submit")
:image	匹配所有图像域	匹配所有图像域：$(":image")
:reset	匹配所有重置按钮	查找所有重置按钮：$(":reset")
:button	匹配所有按钮	查找所有按钮：$(":button")
:file	匹配所有文件域	查找所有文件域：$(":file")

可以看到，表单选择器可以匹配当前文档或者是某一个表单内部的所有表单元素，比如可以同时选中所有的按钮或者是输入框。下面以上一小节中创建的表单为例，演示一下表单选择器的使用效果。新建一个名为 form_selector.html 的网页，然后复制在上一小节中创建的表单 HTML 代码，接下来添加如下代码，使用表单选择器来选择表单中的元素。

```
01  <script type="text/javascript" src="../jquery-3.3.1.js"></script>
02  <script type="text/javascript">
03    $(document).ready(function(e) {
04      $(":input").css("background","#FFC");        //设置所有 input 元素的背景色
05      $(":text").hide(3000);                        //隐藏所有文本框对象
06      $(":text").show(3000);                        //显示所有文本框对象
07      $(":password").hide(3000);                    //隐藏所有密码框对象
08      $(":password").show(3000);                    //显示所有密码框对象
09      $(":button").css("font-weight","bold");       //显示按钮对象的字体
10      $(":radio").css("background","#0F0");         //设置单选按钮的背景色
11    });
12  </script>
```

整个代码由如下几个选择器组成：

（1）选中文档界面中的所有 input 元素，设置其背景色为黄色。

（2）用了两个 text 选择器，选中所有的文本框对象，先使用 hide 函数让其动态地隐藏，然后使用 show 函数让其慢慢地显示。

（3）使用两个 password 选择器，先隐藏所有的密码文本框元素，然后显示所有的密码框元素。

（4）为网页上所有的按钮指定字体为加粗显示。

（5）为网页上所有的单选按钮设置背景色。

使用了表单选择器的页面效果如图 2.21 所示。

在运行时可以看到，文本框会慢慢地隐藏和显示，这是 jQuery 的 hide 和 show 这两个函数的效果，这两个函数可以动态地显示和隐藏页面上的元素，在实际的工作中非常有用。

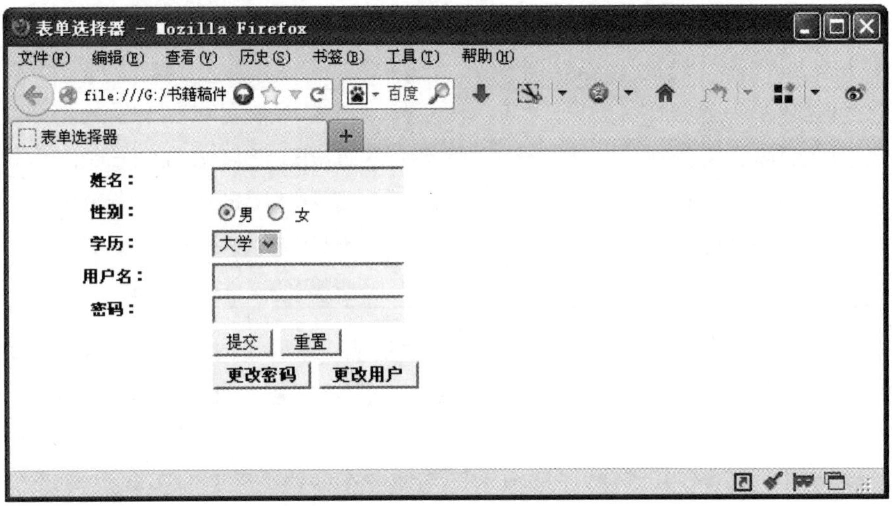

图 2.21　表单选择器效果

2.5　常见问题

2.5.1　$("input")和$(":input")两个选择器的区别

$("input")是标签选择器，选择页面中所有的 input 元素。

$(":input")是表单选择器，选择表单中的 input、select、textarea、button 元素。

比如以下代码中，$("input")会包含两个元素，而$(":input")会包含 4 个元素。

```
01 <form id="form1" action="#" method="post">
02   <label for="userName">用户名：</label>
03   <input type="text" id="userName"/>
04   <label for="pwd">密码：</label>
05   <input type="password" id="pwd"/>
06   <select><option>第一行</option>
07 <option>第二行</option>
08 <option>第三行</option></select>
09   <textarea cols="13" rows="20"></textarea>
10 </form>
```

2.5.2　子选择器和后代选择器的区别

在层次选择器中，我们介绍了子选择器和后代选择器，因为两个比较像，所以很多人表示看不懂。

比如$("#div1 > p")和$("#div1 p")，请读者先思考下这两个分别代表什么意思。

- 前者表示查找到 id 为 div1 的元素中子标签为 p 的元素，这里只需要查找一个就不再查找了。
- 后者表示查找 id 为 div1 中所有标签为 p 后代的元素，即子元素、孙子元素、曾孙子元素等都可以。

2.5.3　获得 class 为 sub 的元素的子节点下的所有<a>标签

这里出了一个动手题，主要是考察读者对本节的理解，答案是很简单的一句代码：

```
$(".sub > a");
```

这里用到了类选择器和父子选择器。

第 3 章

◀ 用jQuery来操作DOM ▶

在使用 JavaScript 编写网页代码的过程中，多数时间都在操纵 DOM，比如 Ajax 返回的 Json 数据、动态向 DOM 添加显示节点，或者是动态更改页面上元素的 CSS、属性等。DOM 的全称是 "Document Object Model"，即文档对象模型，是一种与浏览器、平台和语言无关的接口，它可以让用户代码访问任何浏览器中呈现的元素，可以将 DOM 看作是网页呈现的一种标准。

本章主要内容：

- 修改元素属性
- 修改元素内容
- 动态创建内容
- 动态插入节点
- 动态删除节点

3.1 修改元素属性

要使用 jQuery 操纵 DOM，必须先使用选择器选中一个或多个元素，由于 jQuery 是对结果集进行隐式迭代的操作，因此一个 jQuery 对象可以同时对多个元素进行属性更改。

3.1.1 获取元素的属性

获取和设置属性使用 jQuery 的 attr 方法，而移除属性使用 removeAttr 方法，其中获取元素属性的 attr 语法如下所示：

```
$(selector).attr(attribute)
```

其中，selector 是 jQuery 的选择器，attr 中的参数 attribute 是指定要获取的元素的属性名称。举个简单的例子，要想获取图像的地址，可以使用如下语句：

```
$("img").attr("src");
```

下面新建一个 get_set_attributes.html 的网页，在这个网页中来演示如何获取 DOM 元素的属性值，HTML 元素如下所示。

```
01  <body>
02  <ul id="nav">
03  <li><a href="http://www.xxx.com/companyinfo" id="company_info" title="
介绍公司的相关资讯
04  ">
05  公司信息</a></li>
06  <li><a href="http://www.xxx.com/productinfo" id="product_info" title="
公司的产品信息">
07  产品简介</a></li>
08  <li><a href="http://www.xxx.com/companyculture" id="culture_info"
title="公司的文化信息">
09  公司文化</a></li>
10  <li><a href="http://www.xxx.com/contactus" id="contactus" title="联系方
式">联系我们</a>
11  </li></ul>
12  <div id="content"></div>
13  <!--属性的信息显示如下-->
14  <div id="attr_info">
15  <input id="btn_getAttr" type="button" value="显示属性信息">
16  </div>
17  </body>
```

在这里构建了一个菜单，用作网站的导航栏，id 为 btn_getAttr 的按钮将获取页面上的 DOM
不同的属性值，代码如下所示：

```
<script type="text/javascript">
    $(document).ready(function(e) {
      $("#btn_getAttr").click(function(e) {
        var str="<br\>"+$("#company_info").attr("title");
                            //显示 id 为 company_info 的 title 属性值
        str+="<br\>"+$("#product_info").attr("href");
                            //显示 id 为 product_info 的 href 属性值
        str+="<br\>"+$("#culture_info").attr("id");
                            //显示 id 为 culture_info 的 id 属性值
        str+="<br\>"+$("#btn_getAttr").attr("value");
                            //显示 id 为 btn_getAttr 的 value 属性值
        $("#attr_info").append(str);          //在 div 中显示属性的值
      });
    });
</script>
```

在示例代码中，使用 attr 分别获取了 4 个 HTML 元素的属性值，保存到 str 字符串中，通
过运行可以看到不同的属性值已经成功地显示到了页面上，如图 3.1 所示。

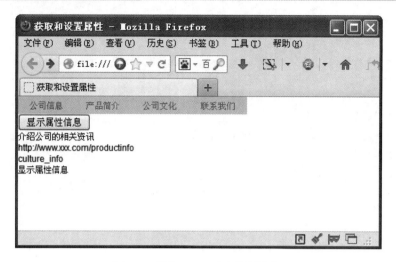

图 3.1　获取 DOM 元素的属性值

3.1.2　设置元素的属性

要设置元素的属性，同样使用 attr 函数，语法如下：

```
$(selector).attr(attribute,value)
```

其中 attribute 用来指定属性的名称，value 用来指定属性的值。下面在 3.1.1 小节的 get_set_attributes.html 页面中添加一个新的按钮，在 jQuery 的页加载事件中通过如下代码来设置 DOM 元素的属性：

```
$("#btn_setAttr").click(function(e) {
$("company_info").attr("title","公司的发展历程和发展经验");
                                        //设置 title 属性
    $("#product_info").attr("href","http://www.microsoft.com");
                                        //设置 href 属性
    $("#culture_info").attr("id","btn_culture_info");  //设置 id 属性
    $("#contactus").attr("title","欢迎联系我们来获取更多信息");
                                        //设置联系人的 title 属性
});
```

可以看到，使用 attr 设置属性是使用"属性名称：属性值"匹配的语句，attr 还可以同时设置两个以上的属性值，如下代码所示：

```
//同时设置两个属性的值
$("#company_info").attr({
    "href":"http://www.microsoft.com/",
    "title":"欢迎进入微软公司网站"
});
```

可以看到，通过属性名/值对的方式，同时为 href 和 title 这两个属性设置了属性值。

3.2　修改元素内容

有 3 个方法可以用于获取 HTML 元素的内容，分别是：

- text()：设置或返回所选元素的文本内容。
- html()：设置或返回所选元素的内容（包括 HTML 标记）。
- val()：设置或返回表单字段的值。

text 和 html 的明显区别是，text 只返回元素的文本内容，而 html 返回的是将 HTML 解析后的内容。val 返回的是表单的内容。新建一个名为 get_set_content.html 的网页，在该网页中添加如下 HTML 代码：

```
01  <body>
02  <p id="test">
03      有3个方法可以用于获取<strong>HTML 元素</strong>的内容，分别是：<br/>
04      <strong>text()：设置或返回所选元素的文本内容</strong><br/>
05      <strong>html()：设置或返回所选元素的内容（包括 HTML 标记）</strong><br/>
06      <strong>val()：设置或返回表单字段的值</strong><br/>
07  </p>
08  <textarea name="textvalue" cols="80" rows="5"></textarea>
09  <div>
10  <button id="btn1">显示文本</button>
11  <button id="btn2">显示 HTML</button>
12  </div>
13  </body>
```

在页面中放置了一个 id 为 test 的 p 元素，在段落内部设置了一些 HTML 代码，在段落下面添加一个 textarea 元素，用于显示文本的 btn1 和显示 HTML 的 btn2。接下来对 btn1 编写代码，使其获取 p 元素内部的文本内容，并显示到 textarea 中。btn2 将显示 HTML 内容到 textarea 元素，这两个按钮的事件处理实现如下：

```
01  <script type="text/javascript">
02    $(document).ready(function(e) {
03     $("#btn1").click(function(e) {
04        var textStr=$("p").text();        //获取段落的文本内容
05        $("#textvalue").text(textStr);    //在 textarea 中显示文本内容
06     });
07     $("#btn2").click(function(e) {
08        var htmlStr=$("#test").html();    //获取段落的 HTML 内容
```

```
09          $("#textvalue").text(htmlStr);   //在 textarea 中显示 HTML 内容
10      });
11  });
```

按钮 btn1 使用 text 获取了段落的文本内容，并显示到 textarea 中，显示效果如图 3.2 所示。

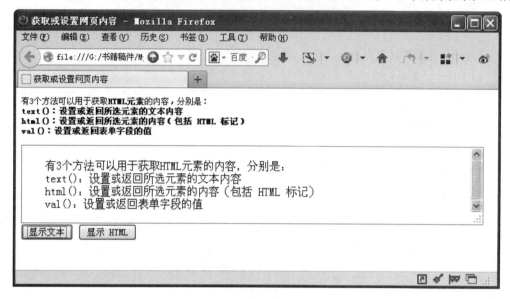

图 3.2　显示文本内容

可以看到，即便段落标记内部包含了 HTML 字符串，但是 text()仅仅只是取出其中的文本内容，在为 textarea 赋值时也使用了带参数的 text 函数，这个参数将作为文本内容设置给 textarea，因此在 textarea 中显示了 HTML 文本内容。

btn2 按钮使用了 html()方法，用来获取 HTML 格式的内容，其输出结果如图 3.3 所示。

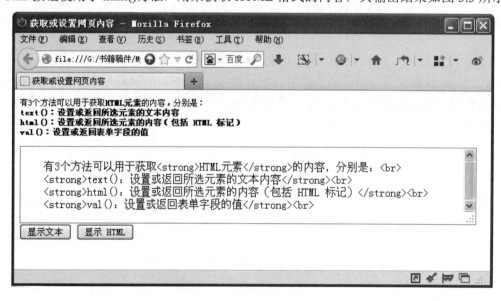

图 3.3　显示 HTML 内容

html()方法显示了段落标签中的 HTML 元素，可以看到它包含了 HTML 标记。同样的，如果为 html()方法带了一个参数，就表示将为指定的目标元素设置 HTML 内容，比如可以编写如下代码：

```
$("#test2").html(htmlStr);        //将 HTML 内容设置到 id 为 test2 的 div 中
```

这就使得 HTML 代码的内容设置给了名为 test2 的 div，这样就可以动态地为 div 添加新的 HTML 内容了。

3.3 动态创建内容

jQuery 还允许开发人员动态地为页面添加内容，类似于 JavaScript 语言中的 CreateElement，jQuery 动态创建 HTML 元素使用工厂函数$()实现，语法如下：

```
$(html)
```

其中参数 html 是要动态创建的 HTML 标记，它会动态创建一个 DOM 对象，但是这个 DOM 对象并没有添加到 DOM 对象树中，可以使用如下几个 jQuery 函数来将其添加到 DOM 对象树：

- append()：在被选元素的结尾插入内容。
- prepend()：在被选元素的开头插入内容。
- after()：在被选元素之后插入内容。
- before()：在被选元素之前插入内容。

在下一节会介绍这些方法的具体使用方式，本节主要关注如何使用工厂方法$()来动态创建页面元素。举个例子，要向页面上插入一个新的 div 元素，可以使用如下语句：

```
$("<div>", {
  text: "这是动态创建的页面元素",
  click: function(){
    $(this).toggleClass("test");          //设置其 toggleClass 为 test
  }
}).appendTo("body");                      //将其添加到 body 元素中其他元素的后面
```

可以看到，在工厂函数$()中不仅可以指定要创建的标签，还可以为其设置各种不同的属性，最后的 appendTo 将这个新创建的 div 元素添加到页面上。

3.4 动态插入节点

动态创建的节点如果不插入到 DOM 对象树中，那么是不会在页面上呈现的。想要动态插入节点，可以使用表 3.1 所示的几种方法。

表 3.1　动态插入方法列表

方法名称	方法描述
append()	方法在被选元素的结尾（仍然在内部）插入指定内容
appendTo()	方法在被选元素的结尾（仍然在内部）插入指定内容
prepend()	方法在被选元素的开头（仍位于内部）插入指定内容
prependTo()	方法在被选元素的开头（仍位于内部）插入指定内容
after()	在被选元素后插入指定的内容
before()	在被选元素前插入指定的内容
insertAfter()	把匹配的元素插入到一个指定的元素集合的后面
insertBefore()	把匹配的元素插入到一个指定的元素集合的前面

 append 和 appendTo、prepend 和 prependTo 的不同之处在于内容和选择器的位置。

接下来新建一个名为 insert_elements.html 的页面，在其中添加如下 HTML 代码：

```
01  <style type="text/css">
02  body,td,th,input {
03      font-size: 9pt;
04  }
05  </style>
06  </head>
07  <body>
08  <div id="idbtn">
09  <input type="button" name="idAppend" id="idAppend" value="append 方法" />
10   
11  <input type="button" name="idappendTo" id="idappendTo" value="appendTo
方法" />
12   
13  <input type="button" name="idprepend" id="idprepend" value="prepend 方
法" />
14   
15  <input type="button" name="idprependTo" id="idprependTo"
value="prependTo 方法" />
16   
17  <input type="button" name="idbefore" id="idbefore" value="before 方法" />
18   
19  <input type="button" name="idafter" id="idafter" value="after 方法" />
20   
21  <input type="button" name="idinsbefore" id="idinsbefore"
value="insertBefore 方法" />
22   
```

```
23  <input type="button" name="idinsafter" id="idinsafter"
value="insertAfter 方法" />
24  </div>
25  <div id="idcontent">使用不同的按钮，用不同的方法插入页面<br/></div>
26  </body>
```

代码中构建了多个不同的按钮，其中每个按钮将对应到一种不同的插入方法。为每个按钮关联的事件处理语句如下所示。

```
01  <script type="text/javascript">
02   $(document).ready(function(e) {
03    $("#idAppend").click(
04      function(){
05          //追加内容
06          $("#idcontent").append("<b>使用 append 添加元素</b><br/>");
07      }
08    );
09    $("#idappendTo").click(
10      function(){
11          //追加内容，语法与 append 颠倒
12          $("<b>使用 appendTo 添加元素</b><br/>").appendTo("#idcontent");
13      }
14    );
15    $("#idprepend").click(
16      function(){
17          //插入前置内容
18          $("#idcontent").prepend("<b>使用 prepend 插入前置内容</b><br/>");
19      }
20    );
21    $("#idprependTo").click(
22      function(){
23          //在元素中插入前缀元素，与 prepend 的操作语法颠倒
24          $("<b>使用 prependTo 添加元素</b><br/>").prependTo ("#idcontent");
25      }
26    );
27    $("#idbefore").click(
28      function(){
29          //在指定元素的前面插入内容
30          $("#idcontent").before("<b>使用 before 添加元素</b><br/>");
31      }
32    );
33    $("#idafter").click(
34      function(){
35          //在指定元素的后面插入内容
```

```
36              $("#idcontent").after("<b>使用 after 添加元素</b><br/>");
37          }
38      );
39      $("#idinsbefore").click(
40          function(){
41              //在指定元素前面插入内容，与 before 语法颠倒
42              $("<b>使用 insertBefore 添加元素</b><br/>").insertBefore
("#idcontent");
43          }
44      );
45      $("#idinsafter").click(
46          function(){
47              //在指定元素的后面插入内容，与 after 的语法颠倒
48              $("<b>使用 insertAfter 添加元素</b><br/>").insertAfter
("#idcontent");
49          }
50      );
51  });
52  </script>
```

可以看到，在每个按钮的事件处理代码中，分别调用了不同的插入方法。通过这个示例可以看到各种不同的插入语句的使用方式和语法结构，比如 append 和 appendTo、prepend 和 prependTo 就只是选择器的不同。这个示例的运行效果如图 3.4 所示。

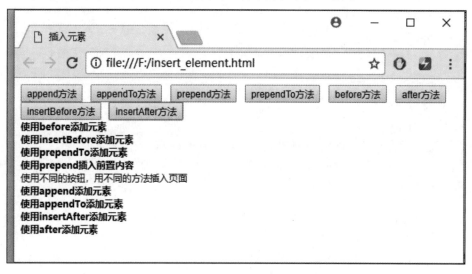

图 3.4　不同的插入语句的示例效果

3.5　动态删除节点

从网页上删除节点也是日常工作中经常遇到的一种操作，jQuery 提供了两个可以用来从 DOM 元素树中移除节点的方法，分别是：

- remove()方法：用来删除指定的 DOM 元素，它会将节点从 DOM 元素树中移除，但是会返回一个指向 DOM 元素的引用，因此它并不是真正地将 jQuery 引用到的元素对象删除，而是可以通过这个引用来继续操作元素。
- empty()方法：该方法也不会删除节点，只是清空节点中的内容，DOM 元素依然保持在 DOM 元素树中。

remove()方法会把元素从 DOM 对象树中移除，但是不会把引用了这些对象的 jQuery 对象删除，因此还是可以使用 jQuery 对象来进行一些操作。而 empty 只是将元素中的内容进行清空。接下来，我们创建一个名为 dynamic_remove.html 的网页，向其中插入一些 HTML 元素，然后分别演示使用 remove 和 empty 的效果，HTML 定义如下所示。

```
01   <body>
02   <div id="idwelcome">演示使用 remove 和 empty 方法<br/></div>
03   <div id="idtip"><b>remove 方法会从 DOM 树中移除节点</b><br/></div>
04   <div id="idsenc"><b>empty 方法只是清除元素的内容</b><br/></div>
05   <div><input name="btnremove" type="button" id="btnremove" value="remove
方法" />
06    
07   <input name="btnempty" type="button" id="btnempty" value="empty 方法" />
08   </div>
09   </body>
```

在 body 区，可以看到放了 3 个用来显示消息的 div，另外两个 div 中放置了两个按钮，分别用来调用 remove 方法和 empty 方法，这两个按钮的事件处理代码如下所示。

```
01   <script type="text/javascript" src="../jquery-3.3.1.js"></script>
02   <script type="text/javascript">
03     $(document).ready(function(e) {
04     $("#btnremove").click(
05         function(){
06         var id1=$("#idtip").remove();          //移除 DOM 对象
07         $("body").append(id1);                 //重新添加已被移除的 DOM 对象
08     });
09     $("#btnempty").click(
10         function(){
11         var id1=$("#idsenc").empty();          //清除 DOM 对象
12         //重新添加 DOM 对象的内容
```

```
13          id1.append("这是重新添加的内容哦，原来的内容已被清除了！");
14      });
15 });
16 </script>
```

remove 按钮内部调用了 remove 方法，尽管这个元素已经从 DOM 中移除了，但是 jQuery 仍然引用着这个对象，因此仍然可以将其添加到 body 中，使之经历了删除后又重新添加的过程。empty 方法只是清除了 DOM 中的内容，之后又重新向 div 中添加了元素。单击两个按钮后的效果如图 3.5 所示。

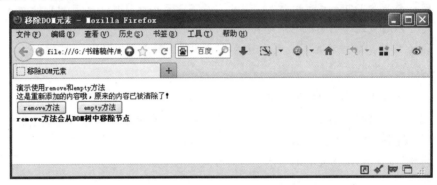

图 3.5　移除元素后的效果

3.6　实例 1：超链接提示效果

在项目的所有页面中，经常会看到超级链接的影子。如果要让超级链接自带提示，只需要在超级链接标签里设置 title 属性就可以了，具体语法如下：

```
<a href="#" title="超级链接提示信息">提示</a>
```

上述代码虽然可以实现提示效果，但是提示效果的响应速度非常缓慢。为了实现良好的人机交互，需要手动实现提示效果。

具体要求：当鼠标移动到超级链接上时，快速地出现提示。设计一个包含两个超级链接对象的页面 two_a.html，代码如下：

```
<body>
<!--超级链接-->
<p><a href="#" class="tooltip" title="超链接提示1">提示1.</a></p>
<p><a href="#" class="tooltip" title="超链接提示2">提示2.</a></p>
</body>
```

设置关于超级链接的类样式 tooltip，修改超级链接的相关样式，具体代码如下：

```
#tooltip{
    position:absolute;
```

```
    border:1px solid #333;
    background:#f7f5d1;
    padding:1px;
    color:#333;
    display:none;
}
```

编写 jQuery 代码，实现超级链接提示功能，具体代码如下：

```
01  $(function(){
02      var x = 10;
03      var y = 20;
04      $("a.tooltip").mouseover(function(e){
05          this.myTitle = this.title;
06          this.title = "";
07          var tooltip = "<div id='tooltip'>"+ this.myTitle +"<\/div>";
                                                    //创建 div 元素
08          $("body").append(tooltip);              //把它追加到文档中
09          $("#tooltip")
10              .css({
11                  "top": (e.pageY+y) + "px",
12                  "left": (e.pageX+x)  + "px"
13              }).show("fast");                    //设置 x 坐标和 y 坐标，并且显示
14      }).mouseout(function(){
15          this.title = this.myTitle;
16          $("#tooltip").remove();                 //移除
17      }).mousemove(function(e){
18          $("#tooltip")
19              .css({
20                  "top": (e.pageY+y) + "px",
21                  "left": (e.pageX+x)  + "px"
22              });
23      });
24  })
```

在上述代码中，第 4~13 行设置鼠标滑入超级链接时的处理方法，其中第 7 行创建一个包含 title 属性值的提示框（<div>标签元素对象），第 8 行将所创建的提示框对象追加到文档中，剩下的代码主要用来设置 x 和 y 坐标，使得提示框显示在鼠标位置的旁边。第 14~16 行设置鼠标滑出超级链接时的处理方法，即主要是移除提示框。第 17~23 行设置鼠标在超级链接上移动时的处理方法，即通过 css()方法设置提示效果的坐标，以达到提示效果跟随鼠标一起移动的效果。

在浏览器中运行页面，效果如图 3.6 所示；当鼠标滑入超级链接时，就会快速出现提示，效果如图 3.7 所示；当鼠标滑出超级链接时，提示效果就会消失。

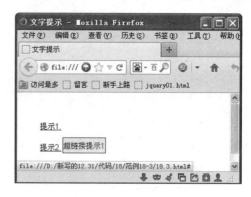

图 3.6 浏览页面 图 3.7 鼠标滑入时效果

3.7 实例2：图片预览效果

为了让项目中的页面更漂亮，我们经常会用到图片。对于页面中的图片来说，一个常见的功能就是图片的预览效果。

这个具体要求是：如果将鼠标移动到图片上，将在该图片的右下角出现一张与之相对应的大图片，以达到图片预览的效果。设计一个包含 4 张图片对象的页面 picture_CTP.html，代码如下：

```html
<body>
<ul>
  <!--插入4张图片-->
  <li><a href="images/apple_1_bigger.jpg" class="tooltip" title="苹果 iPod">
<img src="images/apple_1.jpg" alt="苹果 iPod" /></a></li>
    <li><a href="images/apple_2_bigger.jpg" class="tooltip" title="苹果 iPod
nano"><img src="images/apple_2.jpg" alt="苹果 iPod nano"/></a></li>
    <li><a href="images/apple_3_bigger.jpg" class="tooltip" title="苹果
iPhone"><img src="images/apple_3.jpg" alt="苹果 iPhone"/></a></li>
    <li><a href="images/apple_4_bigger.jpg" class="tooltip" title="苹果
Mac"><img src="images/apple_4.jpg" alt="苹果 Mac"/></a></li>
</ul>
</body>
```

在上述代码中，用超级链接标签包含 4 张图片。

接下来，设置列表和图片的相关样式，以达到预期的排列顺序，具体代码如下：

```css
ul,li{
    margin:0;
    padding:0;
}
li{
```

```
    list-style:none;
    float:left;
    display:inline;
    margin-right:10px;
    border:1px solid #AAAAAA;
}
img{border:none;
}
```

继续编写 jQuery 代码，实现图片预览功能，具体代码如下：

```
01  $(function(){
02      var x = 10;
03      var y = 20;
04      $("a.tooltip").mouseover(function(e){
05          this.myTitle = this.title;
06          this.title = "";
07          var imgTitle = this.myTitle? "<br/>" + this.myTitle : "";
08          //创建 div 元素
09          var tooltip = "<div id='tooltip'><img src='"+ this.href +"'
alt='产品预览图'/>"+imgTitle+"<\/div>";
10          $("body").append(tooltip);              //把它追加到文档中
11          $("#tooltip")
12              .css({
13                  "top": (e.pageY+y) + "px",
14                  "left": (e.pageX+x)  + "px"
15              }).show("fast");                    //设置 x 坐标和 y 坐标，并且显示
16      }).mouseout(function(){
17          this.title = this.myTitle;
18          $("#tooltip").remove();                 //移除
19      }).mousemove(function(e){
20          $("#tooltip")
21              .css({
22                  "top": (e.pageY+y) + "px",
23                  "left": (e.pageX+x)  + "px"
24              });
25      });
26  })
```

在上述代码中，第 4~15 行设置鼠标滑入图片时的处理方法，其中第 9 行创建一个包含大图片的提示框（<div>标签元素对象），第 10 行将所创建的提示框对象追加到文档中，剩下的代码主要用来设置 x 和 y 坐标，使得提示框显示在鼠标位置的旁边。第 16~18 行设置鼠标滑出图片时的处理方法，即主要是移除提示框。第 19~25 行设置鼠标在图片上移动时的处理方法，即通过 css()方法设置提示效果的坐标，以达到提示效果跟随鼠标一起移动的效果。

在浏览器中运行页面，效果如图 3.8 所示。当鼠标滑过小图片时，就会快速出现图片的预览提示效果，如图 3.9 所示。当鼠标离开小图片时，图片预览提示效果就会消失。

图 3.8 浏览页面

图 3.9 鼠标滑入图片时效果

3.8 常见问题

3.8.1 tagName 和 attribute 的区别

在第 3.1 节曾经讲到，jQuery 中使用 attr 方法来获取或设置元素的属性，而这里的属性指的是 attribute，不是 tagName，tagName 是标签的名称，不是标签的属性。

例如：

```
<a href="http://www.xxx.com/contactus" id="contactus" title="联系方式">
```

其中，a 就是 tagName，href 和 id 则是标签 a 的 attribute。

3.8.2　attr 方法和 prop 方法都用于获取元素的属性吗

本章讲解了使用 attr 方法来获取或修改元素的属性，但是针对 Boolean 值的元素，在获取属性时，有一些区别，建议使用 prop 方法，尤其是没有为单元按钮或复选框设置初始值的情况下。这里做一个实验，创建一个 check_prop.html 文件。代码如下：

```
01  <html>
02  <head>
03    <title>prop 示例</title>
04  <script type="text/javascript" src="../jquery-3.3.1.js"></script>
05  <script type="text/javascript">
06  function check()
07  {
08  var s=$("#check1").attr("checked");
09  //var s=$("#check1").prop("checked");
10  alert(s);
11  }
12  </script>
13  </head>
14
15  <body>
16   <input id="check1" type="checkbox" onclick="check()">来选我吧
17  <p></p>
18  </body>
19  </html>
```

在第 16 行我们没有为 checkbox 设置初始值。分别用第 8 行的 attr 方法和第 9 行的 prop 方法来调用复选框的 checked 属性值，会得出不一样的结果。读者可以亲自测试一下。

61

第 4 章

◀ jQuery的事件与事件对象 ▶

jQuery 也扩展了 JavaScript 的事件处理机制,不仅提供了更加简洁的处理语法,同时也具有更好的兼容性,这使得开发人员使用 jQuery 的事件处理后就不用担心不同浏览器之间的兼容性了。

本章主要内容:

- 了解事件的冒泡机制
- 掌握 jQuery 都有哪些事件
- 学习绑定和移除事件
- 学习表单中的一些常见事件

4.1 jQuery 中的事件

如果读者已经了解 JavaScript,那么事件很好理解,jQuery 的事件运行机制和 JavaScript 一样,只是使用起来更简单了,为了方便初学者,本节首先介绍一下事件的概念和 jQuery 中的事件都有哪些。

4.1.1 什么是事件

所谓事件,就是被对象识别的操作,即操作对象对环境变化的感知和反应,例如单击按钮或者敲击键盘上的按键。所谓事件流,是指由于 HTML 文档使用的是 DOM 模型,而该模型是从上到下一级一级的结构,因此就会触发一连串的对象。例如,在单击 HTML 页面上的某个按钮时,不仅会触发该按钮的单击事件,还将触发安装所属容器(div)的单击事件,同时还将触发父级别容器的单击事件,直到 body、html 和 document。

一个操作若会造成一连串的事件触发,则会形成一个事件流。所谓冒泡型事件流,就是事件激活顺序是从出发点元素开始向上层逐级冒泡直到 document 为止。在上面单击按钮的例子中,首先会触发按钮的单击事件,接着触发容器 div 的单击事件,再触发 body 的单击事件,再触发 html 的单击事件,最后触发 document 的单击事件。jQuery 库对事件的支持,也采用这种冒泡型事件流的方式。

4.1.2　jQuery 所支持的事件和事件类型

JavaScript 虽然提供了非常强大的事件机制，但是由于浏览器处理事件机制的差异，在编写 JavaScript 程序时不得不编写很多代码以满足各种浏览器之间的兼容性需求。万幸的是，jQuery 库对 JavaScript 中的事件进行封装不必再考虑各种浏览器的差异。

为了使开发者更加方便地绑定事件，jQuery 库封装了 JavaScript 常用的事件，以便省略更多的代码，这些事件被称为简单事件。关于简单事件的绑定方法如表 4.1 所示。

表 4.1　简单事件绑定方法

方　法　名	触发条件	描　述
click(fn)	鼠标	触发每一个匹配元素的 click（单击）事件
dblclick(fn)	鼠标	触发每一个匹配元素的 dblclick（双击）事件
mousedown(fn)	鼠标	触发每一个匹配元素的 mousedown（单击后）事件
mouseup(fn)	鼠标	触发每一个匹配元素的 mouseup（单击弹起）事件
mouseover(fn)	鼠标	触发每一个匹配元素的 mouseover（鼠标移入）事件
mouseout(fn)	鼠标	触发每一个匹配元素的 mouseout（鼠标移出）事件
mousemove(fn)	鼠标	触发每一个匹配元素的 mousemove（鼠标移动）事件
mouseenter(fn)	鼠标	触发每一个匹配元素的 mouseenter（鼠标穿过）事件
mouseleave(fn)	鼠标	触发每一个匹配元素的 mouseleave（鼠标穿出）事件
keydown(fn)	键盘	触发每一个匹配元素的 keydown（键盘按下）事件
keyup(fn)	键盘	触发每一个匹配元素的 keyup（键盘弹起）事件
keypress(fn)	键盘	触发每一个匹配元素的 keypress（键盘按下）事件，发生在当前获得焦点的元素上
unload(fn)	文档	当卸载本页面时绑定一个要执行的方法
resize(fn)	文档	触发每一个匹配元素的 resize（文档改变大小）事件
scroll(fn)	文档	触发每一个匹配元素的 scroll（滚动条拖动）事件
focus(fn)	表单	触发每一个匹配元素的 focus（焦点激活）事件
blur(fn)	表单	触发每一个匹配元素的 blur（焦点丢失）事件
focusin(fn)	表单	触发每一个匹配元素的 focusin（焦点激活）事件，支持冒泡
focusout(fn)	表单	触发每一个匹配元素的 focusout（焦点丢失）事件，支持冒泡
select(fn)	表单	触发每一个匹配元素的 select（文本选定）事件
change(fn)	表单	触发每一个匹配元素的 change（值改变）事件
submit(fn)	表单	触发每一个匹配元素的 submit（表单提交）事件

除了上述简单事件外，jQuery 库还组合一些简单事件合成复合事件，比如移入移出等。jQuery 库所支持的复合事件如表 4.2 所示。

表 4.2　复合事件

方 法 名	描 述
ready(fn)	当 DOM 加载完毕触发事件
hover([fn1,]fn2)	鼠标移入触发 fn1、鼠标移出触发 fn2

　　在具体使用事件时，如果想要在事件处理程序里获取关于事件的信息，就需要使用事件对象。在 JavaScript 中，因为不同浏览器对事件对象的获取以及事件对象的属性有差异，所以开发人员很难使用事件对象实现跨浏览器的操作。不过 jQuery 库在遵循 W3C 标准的同时，对事件对象又进行了一次封装，使得事件对象的使用具有更好的兼容性。

　　关于事件对象的属性如表 4.3 所示。

表 4.3　事件对象的属性

属性名称	描 述
type	事件类型，如果使用一个事件处理方法来处理多个事件，可以使用此属性获得事件类型
target	获取事件触发者 DOM 对象
data	事件调用时传入额外参数
relatedTarget	对于鼠标事件，表示触发事件时离开或者进入的 DOM 元素
currentTarget	冒泡前的当前触发事件的 DOM 对象，等同于 this
pageX/Y	鼠标事件中，事件相对于页面原点的水平/垂直坐标
result	上一个事件处理方法返回的值
timeStamp	事件发生时的时间戳
altKey	Alt 键是否被按下，如果按下就返回 true
ctrlKey	Ctrl 键是否被按下，如果按下就返回 true
metaKey	Meta 键是否被按下，如果按下就返回 true。Meta 键就是 PC 的 Ctrl 键或者 Mac 的 Command 键
shiftKey	Shift 键是否被按下，如果按下就返回 true
keyCode	对于 keyup 和 keydown 事件返回被按下的键，不区分大小写，例如 a 和 A 都返回 65。对于 keypress 事件请使用 which 属性，因为 which 属性跨浏览器时依然可靠
which	对于键盘事件，返回触发事件的键的数字编码。对于鼠标事件，返回鼠标按键号（1 左键，2 中键，3 右键）
screenX/Y	对于鼠标事件，获取事件相对于屏幕原点的水平/垂直坐标

　　关于事件对象的方法如表 4.4 所示。

表 4.4　事件对象所拥有的方法

方法名称	说 明
preventDefault()	取消可能引起任何语意操作的事件，比如<a>标签元素的 href 链接加载、表单提交以及 click 引起复选框的状态切换
isDefaultPrevented()	是否调用过 preventDefault()方法

（续表）

方法名称	说　　明
stopPropagation()	取消事件冒泡
isPropagationStopped()	是否调用过 stopPropagation()方法
stopImmediatePropagation()	取消执行其他的事件处理方法，并取消事件冒泡。如果同一个事件绑定了多个事件处理方法，在其中一个事件处理方法中调用此方法后，将不会继续调用其他的事件处理方法
isImmediatePropagationStopped()	是否调用过 stopImmediatePropagation()方法

4.2　页面初始化事件

基本上本章的大多数示例都使用了页面加载事件来演示 jQuery 的功能，也就是 $(document).ready 这个事件。页面加载事件是 jQuery 提供的事件处理模块中最重要的一个函数，可以极大地提高 Web 应用程序的响应速度。简而言之，该方法就是对 window.load 事件的替代，通过使用该方法，可以在 DOM 载入就绪且能够读取并操纵时就调用在 ready 事件中定义的函数代码，页面加载事件的语法如下所示：

```
$(document).ready(function(){
  // 在这里写页面加载事件的代码
});
```

 为了能正确使用 ready 事件，必须确保<body>标签中没有定义 onload 事件，否则不会触发 ready 事件。而且 onload 事件必须要等到所有元素下载完成后才会执行，这会影响到执行的效率。

还可以使用比较简洁的语法：

```
$().ready(function)
```

还可以直接书写为：

```
$(function)
```

其中 function 表示在页面加载时要执行的函数，在一个页面内可以同时定义多个 ready() 事件处理代码，它们会在页面加载时依照定义的先后次序统一得到执行，就好像是在一个函数体内执行了多段代码一样。

为了理解页面初始化事件的编写方式和执行方式，下面新建一个名为 document_ready.html 的页面，在页面上编写页面加载事件语句，如下所示。

```
01  <script type="text/javascript" src="../jquery-3.3.1.js"></script>
02  <script type="text/javascript">
03      //使用最简单的加载事件语法
04      $(function(){
05          alert("你好，这个提示框最先弹出！");
06      });
07      //完整的页面加载事件语法
08      $(document).ready(function(e) {
09          alert("这个对话框会按定义的次序在前一个对话框之后弹出！");
10      });
11      //第3种页面加载事件语法
12      $().ready(function(e) {
13          alert("简单的页面加载事件的写法");
14      });
15      //第4种页面加载事件语法
16      jQuery().ready(function(e) {
17          alert("这个对话框会在最后被弹出！");
18      });
19  </script>
```

这个示例分别演示了 4 种不同页面加载事件的写法，它们分别用于弹出对话框，运行时会看到，所有的页面加载事件都得到了执行，如果是多次关联 window.load 事件，那么只有最后一个会被执行。

4.3 绑定事件

一般会在页面加载事件中为 DOM 中的元素关联事件，jQuery 封装了 DOM 元素的事件处理方法，jQuery 提供了一些绑定标准事件的简单方式，比如本章多次使用的$("#button1").click()绑定方式，jQuery 还提供了一个名为 on（jQuery1.X 版本为 bind）的方法，专门用于事件的绑定，其语法如下所示：

```
$(selector).on(event,data,function)
```

参数的作用如下：

- event 参数可以是所有的 JavaScript 事件对象，有如下事件处理类型：blur, focus, focusin, focusout, load, resize, scroll, unload, click, dblclick, mousedown, mouseup, mousemove, mouseover, mouseout, mouseenter, mouseleave, change, select, submit, keydown, keypress, keyup。error 可以作为 event 参数传入。
- 可选的 data 参数作为 event.data 属性值传递给事件对象的额外数据对象。
- function 是用来绑定的处理函数，一般事件处理代码就写在这个函数的函数体内。

与 JavaScript 的事件处理类型相比，jQuery 的事件处理类型少了 on 前缀，比如在 JavaScript 中的 onclick，在 jQuery 中为 click。

举个例子，为按钮关联 click 事件处理代码，可以使用简单的事件关联语句：

```
$("#button").click(function(){
    //在这里编写代码
});
```

也可以使用 on 方法来编写事件处理代码，接下来新建一个名为 bind_event.html 的网页，在该网页内部添加两个按钮，并且使用 on 方法绑定事件，绑定事件的 HTML 页面如下所示。

```
01  <style type="text/css">
02  body,td,th,input {
03      font-size: 9pt;
04  }
05  #content {
06      /*jQuery 的 show 方法仅对 display:none 有效果*/
07      display: none;
08      /*设置 DIV 边框*/
09      border: 1px solid #060;
10  }
11  </style>
12  <body>
13  <input type="button" name="btn1" id="btn1" value="显示消息" /><br />
14  <input name="btn2" type="button" id="btn2" value="特效动画" />
15  <div id="content">
16  <pre>
17  $(selector).on(event,data,function)
```
参数的作用如下所示：

　　event 参数可以是所有的 JavaScript 事件对象，有如下事件处理类型：blur, focus, focusin, focusout, load, resize, scroll, unload, click, dblclick, mousedown, mouseup, mousemove, mouseover, mouseout, mouseenter, mouseleave, change, select, submit, keydown, keypress, keyup。error 可以作为 event 参数传入。

　　可选的 data 参数作为 event.data 属性值传递给事件对象的额外数据对象。

　　function 则是用来绑定的处理函数，一般事件处理代码就写在这个函数的函数体内。

```
18  </pre>
19  </div>
20  </body>
```

在示例的 HTML 代码中，放置了两个按钮，分别是 btn1 和 btn2，将用来显示消息以及动态显示或隐藏消息。而消息是定义在 div 中的一段用 pre 元素包裹的描述文本，接下来使用 on 方法来给这两个按钮添加事件处理代码，实现代码如下所示。

```
01  <script type="text/javascript" src="../jquery-3.3.1.js"></script>
02  <script type="text/javascript">
03    $(document).ready(function(e) {
04       //绑定到按钮的 click 事件，动态显示 DIV 内容
05       $("#btn1").on("click",function(){
06            $("#content").show(3000);
07       });
08       //绑定到按钮的 click 事件，动画显示或隐藏 DIV 内容
09       $("#btn2").on("click",function(){
10            //如果 DIV 当前已经显示
11            if ($("#content").is(":visible")){
12                $("#content").hide(1000,showColor);       //则隐藏 DIV 的显示
13            }
14
15            else
16            {
17                //否则动画显示 DIV 元素
18                $("#content").show(3000,showColor);
19                //设置显示时的颜色为黄色，动画显示完成使用回调函数设置为绿色
20                $("#content").css("background-color","yellow");
21            }
22       });
23    });
24    //动画显示时的回调函数
25    function showColor()
26    {
27      $("#content").css("background-color","green");
28    }
29  </script>
```

示例中使用 on 语句分别为 btn1 和 btn2 关联了事件处理代码。在第 1 个 on 事件中调用 div 元素 content 的 show 方法，让其渐渐显示。第 2 个按钮 btn2 将判断 content 是否显示，如果显示就让其隐藏，否则让其慢慢显示。运行效果如图 4.1 所示。

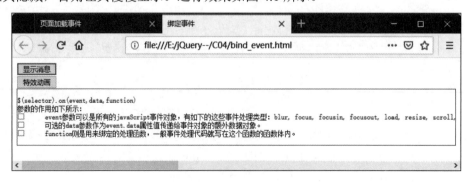

图 4.1　bind 事件处理效果

on 方法还可以同时关联多个事件处理代码，这样可以一次性为同一个元素关联多种不同的事件处理程序。例如可以对 btn1 按钮既绑定 click 事件，又绑定 mouseover 和 mouseout 事件，如下代码所示：

```
$("#btn1").on({
    click:function(){$("#content").show(3000);},         //绑定按钮单击事件
    mouseover:function(){$("#content").css("background-color","red");},
                                                          //绑定鼠标移入事件
    mouseout:function(){$("#content").css("background-color","#FFFFFF");}
                                                          //绑定鼠标移出事件
});
```

4.4 移除事件绑定

移除事件关联使用于 on 方法对象的 off 方法，该方法会从指定的元素上删除一个或多个事件和处理程序。其语法如下所示：

```
$(selector).off(event,function)
```

如果不指定 off 的任何参数，将移除选定元素上所有的事件处理程序，参数 event 指定要删除的事件，多个事件之间用空格分隔，function 用来指定取消绑定的函数名。

下面新建一个名为 unbind_event.html 的网页，将上一小节的示例 bind_event.html 的内容复制到该网页上，然后添加两个新的按钮，用来移除事件的绑定，新添加的按钮 HTML 代码如下：

```
<input type="button" name="btn3" id="btn3" value="移除按钮1的事件" /><br />
<input name="btn4" type="button" id="btn4" value="移除按钮2的事件" />
```

接下来在页面加载事件中添加如下代码来移除按钮1和按钮2的事件绑定，如下代码所示：

```
01    $("#btn3").click(
02        function(){
03        $("#btn1").off("click");           //移除btn1的click事件处理
04        });
05    $("#btn4").click(
06        function(){
07        $("#btn2").off();                  //移除btn2的所有事件处理
08
09        });
```

在 btn3 的单击事件处理代码中，off 指定了 click 参数，表示仅移除 click 事件处理器；而 btn4 的 unbind 没有指定任何参数，则表示移除 btn2 的所有事件处理代码。

4.5 切换事件

当两个以上的事件绑定到一个元素上时，可以定义根据元素的不同动作行为在不同的动作间进行切换。比如超级链接<a>标签，当鼠标悬停时可以触发一个事件，鼠标移出时触发另一个事件。jQuery 提供了 hover 方法用来定义事件的切换，元素在鼠标悬停与鼠标移出的事件中进行切换，这个方法实际上是对 mouseenter 和 mouseleave 事件的合并，用来模仿一种鼠标悬停的效果。

hover 方法模拟鼠标悬停效果，其声明语法如下所示：

```
hover([over,]out)
```

可选的 over 表示鼠标经过时要执行的事件处理代码，out 表示鼠标移出时要执行的事件处理代码。为了演示 hover 方法的效果，新建一个名为 hover_event.html 的网页：

```
<body>
<div id="container">
<h2 style="margin:0px">关于 hover 方法的作用</h2>
<div id="content">
    hover 方法：当鼠标移动到元素上或者是移出元素时执行事件处理代码，hover 方法实际上是对
mouseenter 和 mouseleave 事件的合并，用来模仿一种鼠标悬停的效果。
</div>
</div>
</body>
```

接下来使用 hover 来定义事件切换效果，hover 方法的使用方法如下所示。

```
01  <script type="text/javascript" src="../jquery-3.3.1.js"></script>
02  <script type="text/javascript">
03    $(document).ready(function(e) {
04       //为 h2 元素定义切换事件
05      $("h2").hover(
06        //当鼠标移动到 h2 里面时，调用 show 方法
07        function(){
08            $("#content").show("fast");
09        },
10        //当鼠标移出 h2 元素时，调用 hide 方法
11        function(){
12            $("#content").hide("fast");
13        }
14      );
15  });
16  </script>
```

可以看到 hover 方法内部定义了两个函数代码，分别表示悬停和移出的事件处理代码，悬停时会快速显示 id 为 content 的 div 内容，移出时会隐藏 div 中的内容，因此运行时可以发现 hover 实际上就是 mouseenter 和 mouseleave 事件的合并。

4.6　表单中的常见事件

在项目的所有页面中，经常会看到表单的影子。为了让表单实现动态效果，jQuery 库封装了许多关于表单的事件。本节将介绍关于表单事件的一些经典应用。

4.6.1　表单元素焦点的获取和失去

在表单中一般都会拥有文本框、密码框和文本域等标签元素，在实际开发中通常使用焦点事件改变标签的样式，让控件突出显示。该种效果可以极大地提升用户体验，使用户的操作可以得到及时反馈。

在具体实现时，设计一个包含文本框和密码框的页面 form_focus.html，关于 HTML 的代码如下：

```
01    <form >
02       <fieldset>
03          <legend>登录页面</legend>
04             <div>                                      <!--用户文本框-->
05                <label  for="username">用户:</label>
06                <input id="username" type="text" />
07             </div>
08             <div>                                      <!--密码文本框-->
09                <label for="pass">密码:</label>
10                <input id="pass" type="password" />
11             </div>
12       </fieldset>
13    </form>
```

设置一个类样式，作为标签突出显示的样式，具体代码如下：

```
.focus {
    border: 1px solid #f00;
    background: #fcc;
}
```

编写 jQuery 代码，实现在标签触发焦点事件时使用上述样式，具体代码如下：

```
01  $(function(){
02     $(":input").focus(function(){                              //获取焦点
```

```
03                 $(this).addClass("focus");
04         })
05         .blur(function(){                                        //失去焦点
06                 $(this).removeClass("focus");
07         });
08   })
```

在上述代码中，为<input>标签绑定了获取焦点事件 focus 和失去焦点事件 blur，当获取焦点后，则添加 focus 类样式，如果失去焦点，则移除 focus 类样式。

在浏览器中运行页面，效果如图 4.2 所示。单击用户文本框，获取焦点，效果如图 4.3 所示。单击页面空白处，使文本框失去焦点后，效果就变回图 4.2 所示的那样。

图 4.2　加载页面

图 4.3　标签突出显示

4.6.2　文本域高度的动态变化

在许多网站中，特别是论坛、评论类型项目，都会存在一个在线文本编辑器，在该组件里一般都会存在两个功能（"+"和"-"）按钮，用来控制内容输入区域的高度。内容输入区域的动态变化是一个非常经典的效果。下面通过应用 jQuery 库实现这个效果。

创建一个页面 dy_textarea.html，假设在页面表单中通过文本域来代替在线文本编辑器，然后添加两个按钮实现文本域高度的动态变化。关于 HTML 的代码如下：

```
01   <form action="" method="post">
02     <div class="msg">
03       <div class="msg_caption">
04       <span class="bigger" >向下(+)</span>
05       <!--增加高度-->
06       <span class="smaller" >向上(-)</span> </div>
07         <!--减少高度-->
08     <div>                                                    <!--文本域-->
09       <textarea id="comment" rows="8" cols="25">
10           在线文本编辑器.在线文本编辑器.在线文本编辑器.
11           在线文本编辑器.在线文本编辑器.在线文本编辑器.
12           在线文本编辑器.在线文本编辑器.在线文本编辑器.
13           在线文本编辑器.在线文本编辑器.在线文本编辑器.
14           </textarea>
```

```
15        </div>
16      </div>
17    </form>
```

编写 jQuery 代码，当单击"向下(+)"按钮后，如果文本域的高度小于 500px，则在原来高度的基础上增加 50px；当单击"向上(-)"按钮后，如果文本域的高度大于 50px，则在原来的基础上减去 50px，具体代码如下：

```
01    $(function(){
02      var $comment = $('#comment');                    //获取文本域
03      $('.bigger').click(function(){                   //向下按钮绑定单击事件
04        if(!$comment.is(":animated")){                 //判断是否处于动画
05          if( $comment.height() < 500 ){
06            $comment.animate({ height : "+=50" },400);
                                             //重新设置高度，在原有的基础上加50
07          }
08        }
09      })
10      $('.smaller').click(function(){                  //向上按钮绑定单击事件
11        if(!$comment.is(":animated")){                 //判断是否处于动画
12          if( $comment.height() > 50 ){
13            $comment.animate({ height : "-=50" },400);
                                             //重新设置高度，在原有的基础上减50
14          }
15        }
16      });
17    });
```

在上述代码中，第 2 行代码实现获取文本域对象$comment。第 3~9 行获取向下按钮然后绑定单击事件，在处理单击事件时，首先在第 4 行判断是否处于动画状态，然后在第 5 行判断文本域对象的高度是否小于 500。如果小于则需要重新设置高度，即在原来高度的基础上增加 50。第 10~16 行获取向上按钮，然后绑定单击事件，在处理单击事件时，首先在第 11 行判断是否处于动画状态，然后在第 12 行判断文本域对象的高度是否大于 50，如果大于则需要重新设置高度，即在原来高度的基础上减少 50。

在浏览器中运行页面，效果如图 4.4 所示。单击"向下(+)"按钮后，效果如图 4.5 所示。单击"向上(-)"按钮后，效果如图 4.6 所示。

图 4.4　加载页面

图 4.5　增加高度效果　　　　　　　　　　图 4.6　降低高度效果

4.6.3　表单的验证

在项目开发中，不仅需要进行前台验证，还需要进行后台验证。所谓前台验证，有时也叫表单验证或者页面验证。表单验证的作用非常重要，它能使表单更加灵活、美观和丰富。

创建一个页面 form_ve.html，设计一个包含邮箱地址验证文本框的页面，代码如下：

```
<form id="form1" action="#">
    <div id="email" class="divInit">邮箱:
        <span id="spnTip" class="spnInit"></span>
        <input id="txtEmail" type="text" class="txtInit" />
        <!--邮箱输入框-->
    </div>
</form>
```

在上述代码中，包含 3 个元素，分别为文本框类型的邮箱输入框、提示信息的 span 元素和外层的 div 元素。

为页面中的 3 个元素设置各种状态下的样式，具体代码如下：

```
body{font-size:13px}
    /* 元素初始状态样式 */
    .divInit{width:390px;height:55px;line-height:55px;padding-left:20px}
    .txtInit{border:#666 1px solid;padding:3px
;background-image:url('Images/bg_email_input.gif')}
    .spnInit{width:179px;height:40px;line-height:40px;float:right;margin
-top:8px;padding-left:10px;background-repeat:no-repeat}
    /* 元素丢失焦点样式 */
    .divBlur{background-color:#FEEEC2}
    .txtBlur{border:#666 1px solid;padding:3px;background-image:url
('Images/bg_email_input2.gif')}
```

```
.spnBlur{background-image:url('Images/bg_email_wrong.gif')}
/* div 获取焦点样式 */
.divFocu{background-color:#EDFFD5}
/* 验证成功时 span 样式 */
.spnSucc{background-image:url('Images/pic_Email_ok.gif');margin-top
:20px}
```

在上述代码中，设置了页面中 3 个元素处于初始状态、丢失焦点和获取焦点的样式。
编写 jQuery 代码，实现邮箱地址验证功能，具体代码如下：

```
01   $(function() {
02       $("#txtEmail").trigger("focus");                  //默认时文本框获取焦点
03       $("#txtEmail").focus(function() {                 //文本框获取焦点事件
04          $(this).removeClass("txtBlur").addClass("txtInit");
05          $("#email").removeClass("divBlur").addClass("divFocu");
06          $("#spnTip").removeClass("spnBlur")
07          .removeClass("spnSucc").html("请输入您常用邮箱地址！");
08       })
09       $("#txtEmail").blur(function() {                  //文本框丢失焦点事件
10          var vtxt = $("#txtEmail").val();               //获取文本框对象
11          if (vtxt.length == 0) {                        //检测邮箱内容是否为空
12             $(this).removeClass("txtInit").addClass("txtBlur");
13             $("#email").removeClass("divFocu").addClass("divBlur");
14             $("#spnTip").addClass("spnBlur").html("邮箱地址不能为空！");
15          }
16          else {
17             if (!chkEmail(vtxt)) {                       //检测邮箱格式是否正确
18                $(this).removeClass("txtInit").addClass("txtBlur");
19                $("#email").removeClass("divFocu").addClass("divBlur");
20                $("#spnTip").addClass("spnBlur").html("邮箱格式不正确！");
21             }
22             else {                                       //如果正确
23                $(this).removeClass("txtBlur").addClass("txtInit");
24                $("#email").removeClass("divFocu");
25                $("#spnTip").removeClass("spnBlur").addClass
("spnSucc").html("");
26             }
27          }
28       })
29   })
```

在上述代码中，第 2 行代码实现文本框默认获取焦点。第 3~8 行设置文本框获取焦点时的
处理方法，主要涉及 3 个元素的样式变化。其中第 4 行代码表示文本框对象获取焦点时的样式
变化，由于该对象获取焦点时有可能来源于丢失焦点，因此需要先通过 removeClass()方法删

除失去焦点的样式 txtBlur，然后通过 addClass()方法添加获取焦点的样式 txtInit。其中第 5 行代码实现外层 DIV 区域获取焦点时的样式变化。第 6~7 行实现提示信息<span>对象获取焦点时的样式变化。第 9~28 行设置文本框失去焦点时的处理方法，与获取焦点时的处理方法非常类似，即先删除原先加载过的页面样式，然后增加本身事件中的样式。不过第 11 行对邮箱内容是否为空进行判断，第 17 行对邮箱格式进行判断，通过调用判断邮箱格式的方法 chkEmail()来实现。

自定义方法 chkEmail()实现判断邮箱地址的格式，具体内容如下：

```
    /*
     *验证邮箱格式是否正确
     *参数 strEmail，需要验证的邮箱
     */
01    function chkEmail(strEmail) {
02        if (!/^\w+([-+.]\w+)*@\w+([-.]\w+)*\.\w+([-.]\w+)*$/.test
(strEmail)) {
03            return false;
04        }
05        else {
06            return true;
07        }
08    }
```

当加载页面时，邮箱输入框默认获取焦点。当文本框元素获取焦点时，不仅样式发生变化，同时提示用户输入邮箱的方法，运行效果见图4.7。

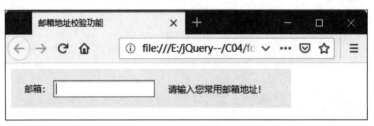

图 4.7　加载页面

当用户输入邮箱地址丢失焦点后，将检查邮箱输入框中的内容是否为空。如果不为空或者邮箱地址格式不正确，样式将再次发生变化，同时提示出错信息。运行效果分别如图4.8、图4.9 所示。

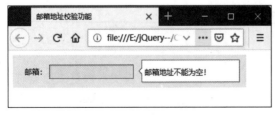
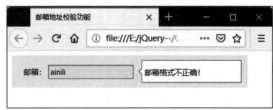

图 4.8　邮箱地址内容为空效果　　　　图 4.9　邮箱格式不正确效果

如果邮箱地址格式正确，样式将返回初始状态，并显示一个打勾的图片，运行效果如图 4.10 所示。

图 4.10　邮箱格式正确效果

4.7　常见问题

4.7.1　ready 与 load 谁先执行

答案是 ready 先执行，load 后执行。下面给出 DOM 文档的加载步骤来详细解答这个问题。

（1）解析 HTML 结构。
（2）加载外部脚本和样式表文件。
（3）解析并执行脚本代码。
（4）构造 HTML DOM 模型。　　　//ready 事件
（5）加载图片等外部文件。
（6）页面加载完毕。　　　　　　//load 事件

ready 事件在 DOM 结构绘制完成之后就会执行。这样能确保就算有大量的图像文件没加载出来，JavaScript 代码一样可以执行。

4.7.2　绑定事件是不是只有 on 方法

看到很多代码中用 bind、live 等来绑定事件，但本书只介绍了 on 方法，为什么呢？

在 jQuery 1.8 版本之前，有 bind 和 live 两种绑定方式。在 bind 中，jQuery 所有 JavaScript 事件对象，比如 focus、mouseover 和 resize，都是可以作为 event 参数传递进来的。而 live 给所有匹配的元素附加一个事件处理函数，即使这个元素是以后再添加进来的也有效。但是在 jQuery 2.x 和 3.x 版本中去掉了这两个方法，所以目前使用 on 方法来绑定事件。

第 5 章

◄ 原始AJAX与jQuery中的AJAX ►

编写原始的 AJAX 代码是不容易，因为在实际的开发中发现，不同的浏览器对 AJAX 的实现方法是不同的，Web 开发人员要考虑各种浏览器的兼容性，还要编写额外的代码来测试各种浏览器，这是一个非常头疼的问题。但是有了 jQuery，这个问题就容易解决了，开发人员不必考虑浏览器兼容性的问题，代码量也大大减少了，只需几行代码就可以解决浏览器的差异问题。

本章主要内容：

- 认识 AJAX 技术
- 理解原始的 AJAX 原理
- 学习 jQuery 处理 AJAX 常用的事件和方法
- 实现 AJAX 跨域访问

5.1 两个 AJAX 的对比

AJAX 用来实现局部更新，传统的 AJAX 使用方法稍显复杂，如果你还没有使用过，可参照本节来了解一下 AJAX 的原理，如果你已经使用过，可以通过本节的对比来进一步熟悉它。

5.1.1 原始 AJAX 应用举例

AJAX 的全称是 Asynchronous JavaScript and XML（异步的 JavaScript 和 XML），它不是一种新的计算机语言，而是几种现有技术的全新组合和应用。利用 AJAX 可以实现浏览器与服务器端完美的数据通信，而这些数据通信无须基于网页重新加载。简单来说，AJAX 就是 XMLHttpRequest、JavaScript、XML、CSS 和 HTML 技术的组合。

XMLHttpRequest 是整个 AJAX 技术的核心，因为它是浏览器与服务器端通信的载体，它负责向服务器端发送请求、监听请求的状态、回调函数等。按照 W3C 的标准，所有浏览器都应该提供 XMLHttpRequest 对象的接口。但是，很可惜，对于一些老版本的 IE 浏览器，它们没有提供 XMLHttpRequest 对象，而是以另外的一种形式提供给开发人员，那就是 IE 的扩展形式 ActiveXObject。根据微软的相关文档，我们需要创建 ActiveXObject 对象的类型为"Microsoft.XMLHTTP"。

创建一个名为 IE_AJAX 的页面，我们来学习一下原始的 Microsoft.XMLHTTP。

898989898988898989898

 由于浏览器（Webkit 内核）的安全策略不同，本例只能在 Firefox 下测试。

```
01  <html>
02      <head>
03          <title>原始 AJAX 应用举例</title>
04          <meta http-equiv="Content-Type" content="text/html;
charset=UTF-8"/>
05          <script type="text/javascript">
06              var client;      //定义 XMLHttpRequest 对象，也可以叫 ajax 客户端
07              //button 的 click 事件回调函数
08              function sendAjax(){
09          // 判断是否支持 ActiveX 控件，老版本的 IE 浏览器就需要使用 ActiveXObject
来创建
10                  if(window.ActiveXObject){
11              // 通过示例化 ActiveXObject 的一个新示例来创建 XMLHTTPRequest 对象
12                      client = new ActiveXObject("Microsoft.XMLHTTP");
13                  }
14                  // 其他的大多数浏览器都支持本地 JavaScript 对象
15                  else if(window.XMLHttpRequest){
16                      // 创建 XMLHTTPRequest 的一个示例（本地 JavaScript 对象）
17                      client = new XMLHttpRequest();
18                  }else{
19                      alert('创建 ajax 客户端失败，您的浏览器不支持该服务');
20                  }
21                  if(client){                 //如果创建 client 成功以后
22              //用 GET 请求方法，参数就只能放在 URL 的后边，这种方式受到 URL 长度限制
23                      client.open('GET', "data.txt");
24                      client.send();       //发送请求
25                      client.onreadystatechange = myCallBack;//指定回调函数
26                  }
27              }
28              //自定义回调函数
29              function myCallBack(){
30                  //如果请求的 response 正常返回
31                  if (client.readyState==4){
32                      if(client.status==200){        //处理正常时的代码
33                          var resp = client.responseText;
                                                   //返回的值的字符形式
34                          alert(resp);               //展示 ajax 返回的结果
35                      }else if(client.status==404){  //处理 URL 不存在的情况
36                          alert('网页不存在');
37                      }else if(client.status==500){ //处理服务器内部错误的情况
```

```
38                        alert('服务器内部错误');
39                    }
40                }
41            }
42        </script>
43    </head>
44    <body style="text-align:center">
45        <input type="button" value="Send AJAX Request"
onclick="sendAjax();"/>
46    </body>
47 </html>
```

本例效果如图 5.1 所示。

图 5.1　原始 AJAX 应用举例

在以上示例代码中，由于 IE 创建 XMLHttpRequest 对象的方式不同，因此程序对其做了单独的处理。幸运的是，XMLHttpRequest 除了在创建时存在浏览器之间的差异以外，其他的处理还是一致的。因此，程序在得到了 XMLHttpRequest 对象示例以后，调用了 open()函数，指定了 HTTP 的方法和目标服务器的 URL 地址，然后调用 send()函数来发送请求。另外，如果需要使用 POST 方法传递参数，send()函数的参数就会发挥作用了，该参数将作为 HTTP 的内容体发送到服务器端。

onreadystatechange 属性，需要用一个函数来赋值，因为这是当请求状态发生变化的时候 XMLHttpRequest 对象会主动调用的回调函数。需要注意的是，onreadystatechange 属性可能存在 5 种值，如表 5.1 所示。

表 5.1　AJAX请求状态的变化值

状 态 值	描　　述
0	请求未初始化
1	服务器连接已建立

（续表）

状 态 值	描　述
2	请求已接收
3	请求处理中
4	请求已完成，且响应已就绪

通常来说，程序主要关心的是状态（XMLHttpRequest 的 readyStatus 属性）为 4 的时候，因为只有状态为 4 的时候，才意味着整个请求已经完成，并且获取到了数据。尽管如此，得到的返回数据有可能不是正确的数据，这个时候就需要通过 HTTP 返回信息的头部信息来判断服务器端是否正常运行，这个头部信息可以通过 XMLHttpRequest 的 status 属性来获取，当且仅当 status 等于 200 的时候，才表示服务器端成功返回正确数据。因此，从示例程序代码中可以看出，主要的逻辑代码就会集中在当 readyState 等于 4 且 status 等于 200 的条件语句下。

以上就是一个完整的最原始的 AJAX 请求过程，不难看出，使用起来相当烦琐。其实，开发人员通常只关心 URL、HTTP 方法、参数和最终的字符结果。如果有一个框架可以把它包装起来，提供给开发人员直接使用，那就太好了。幸运的是，jQuery 就进行了很好的封装。

5.1.2　使用 jQuery 中的 AJAX 举例

同样是 AJAX，如果使用 jQuery 完成上一节的功能，代码量会少很多。首先创建一个 jq_AJAX 页面，内容如下：

```
01  <html>
02      <head>
03          <title>jQuery 使用 AJAX 应用举例</title>
04          <meta http-equiv="Content-Type" content="text/html;
charset=UTF-8"/>
05          <script type="text/javascript" src="../jquery-3.3.1.js">
</script>
06          <script type="text/javascript">
07              function sendAjax(){
08                  //调用 get 函数，获取 ajax 的 get 请求
09                  $.get("data.txt", function(data){   //指定 url 和回调函数
10                      alert(data);                    //展示返回结果
11                  });
12              }
13          </script>
14      </head>
15      <body style="text-align:center">
16          <input type="button" value="Send jQuery AJAX Request"
onclick="sendAjax();"/>
17      </body>
18  </html>
```

由于需要通过 HTTP 的方式访问应用，因此本例必须配置虚拟服务器。如果熟悉 IIS，就直接配置，如果不熟悉服务器，就下载一个 XAMPP 软件，安装后，将本例源码复制到所安装目录的 htdocs 文件夹下，然后在浏览器中使用 http://localhost/C05/jq_AJAX.html 访问。本章所有案例建议都使用服务器的方式运行。

本例效果如图 5.2 所示。

图 5.2　jQuery 使用 get 快捷函数

正所谓站在巨人的肩膀上，我们可以看得更远。同样的功能，jQuery 为程序员做了很多铺垫，因此开发人员可以把更多注意力放在业务逻辑上，而不是这些重复的实现代码上。

5.2　使用 jQuery 的 AJAX 函数进行页面交互

jQuery 对 AJAX 的封装是非常优秀的。它不仅屏蔽了原始 AJAX 的代码重复编写工作，还充分考虑了开发人员对常用功能的扩展需求，提供了大量的配置功能以及函数支持。正因如此，开发人员可以利用 jQuery 开发出强壮且灵活的 AJAX 应用程序。

5.2.1　使用 AJAX 快捷函数

出于简化 AJAX 的开发工作，jQuery 提供了若干的快捷函数，这些函数自带一些功能，可以省去不少时间，比如页面 jq_AJAX 所使用的 get() 函数，就简化了 GET 请求的 AJAX 开发工作。以下列举了几个常见的快捷函数及其使用场景：

- get() 函数，用于 GET 请求，常用于无参数传递、返回文本结果的应用。
- post() 函数，用于 POST 请求，常用于多参数传递、返回文本结果的应用。
- getJSON() 函数，自带返回结果转换为 JSON 的功能，常用于 JSON 通信的 AJAX 应用，它也支持以 JSONP 的形式进行调用。

- getScript()函数，动态加载一个 JavaScript 文件，常用于加载一个动态生成的 JavaScript 文件的应用。
- load()函数，该函数可以把返回结果直接挂载到 DOM 里。

下面用 getScript 快捷函数来举一个例子，创建页面 jq_getScript.html，内容如下：

```
01   <html>
02     <head>
03       <title>jQuery 使用 getScript 快捷函数</title>
04       <meta http-equiv="Content-Type" content="text/html;
charset=UTF-8"/>
05       <script type="text/javascript" src="../jquery-3.3.1.js">
</script>
06       <script type="text/javascript">
07           //定义 click 处理函数
08           function sendAjax(){
09               $.getScript("jquery/json.js");        //调取 js 文件并执行
10           }
11       </script>
12     </head>
13     <body style="text-align:center">
14       <input type="button" value="Get JavaScript codes"
onclick="sendAjax();"/>
15     </body>
16   </html>
```

效果如图 5.3 所示。

图 5.3　jQuery 使用 getScript 快捷函数

通过 getScript()函数，开发人员可以很快捷地动态获取一个外部的 JavaScript 文件，并且执行它所包含的代码，这是非常便捷和强大的。如果这些功能做全新开发的话，首先需要写一大堆 AJAX 的代码，然后得到代码文本以后，还需要利用 eval()函数来执行这些代码。

5.2.2　使用底层函数 ajax()

在 jQuery 中，所有的 AJAX 快捷函数其实都基于一个基本的 ajax()函数，该函数提供了 AJAX 详细的配置入口，可以对 AJAX 进行更为深入的控制，适合一些比较特殊的应用场景。ajax()函数的参数只有一个，是一个选项的 Object 对象，这个选项规定了各种参数的配置规范。

- async(Boolean)：默认（默认为 true）设置下，所有请求均为异步请求。如果需要发送同步请求，请将此选项设置为 false。注意，同步请求将锁住浏览器，用户其他操作必须等待请求完成才可以执行。
- beforeSend(Function)：发送请求前可修改 XMLHttpRequest 对象的函数，如添加自定义 HTTP 头。XMLHttpRequest 对象是唯一的参数。
- complete(Function)：请求完成后回调函数（请求成功或失败时均调用）。参数：XMLHttpRequest 对象和一个描述成功请求类型的字符串。
- contentType(String)：发送信息至服务器时的内容编码类型。默认值（默认是 "application/x-www-form-urlencoded"）适合大多数应用场合。
- data(Object,String)：发送到服务器的数据，将自动转换为请求字符串格式，在 GET 请求中将附加在 URL 后。查看 processData 选项说明以禁止自动转换。必须为 Key/Value 格式。如果为数组，jQuery 将自动为不同值对应同一个名称。如 {foo:["bar1", "bar2"]}转换为 '&foo=bar1&foo=bar2'.
- dataFilter(Function)：给 AJAX 返回的原始数据进行预处理的函数。提供 data 和 type 两个参数：data 是 AJAX 返回的原始数据，type 是调用 jQuery.ajax 时提供的 dataType 参数。函数返回的值将由 jQuery 进一步处理。
- dataType(String)：预期服务器返回的数据类型。如果不指定，jQuery 将自动根据 HTTP 包 MIME 信息返回 responseXML 或 responseText，并作为回调函数参数传递，可用值为 xml、html、script、json、jsonp、text。
- error(Function)：请求失败时调用的事件，默认自动判断（xml 或 html）。参数为 XMLHttpRequest 对象、错误信息、捕获的错误对象（可选）。
- global (Boolean)：是否触发全局 AJAX 事件，默认为 true。设置为 false 将不会触发全局 AJAX 事件，如 ajaxStart 或 ajaxStop 可用于控制不同的 AJAX 事件。
- jsonp(String)：在一个 jsonp 请求中重写回调函数的名字。这个值用来替代在"callback=?" 这种 GET 或 POST 请求中 URL 参数里的"callback"部分，比如{jsonp:'onJsonPLoad'}会导致将"onJsonPLoad=?"传给服务器。
- username(String)：用于响应 HTTP 访问认证请求的用户名。
- password(String)：用于响应 HTTP 访问认证请求的密码。
- scriptCharset (String)：只有当请求时 dataType 为"jsonp"或"script"，并且 type 是"GET"才会用于强制修改 charset。通常在本地和远程的内容编码不同时使用。
- success(Function)：请求成功后回调函数。参数：服务器返回数据，数据格式。
- timeout(Number)：设置请求超时时间（毫秒），此设置将覆盖全局设置。
- url(String)：发送请求的地址（默认为当前页地址）。

- type(String)：请求方式为"POST"或"GET"，默认为"GET"。注意：其他 HTTP 请求方法（如 PUT 和 DELETE）也可以使用，但仅部分浏览器支持。
- cache(Boolean)：默认为 true，但 dataType 为 script 时默认为 false，设置为 false 将不会从浏览器缓存中加载请求信息。

这些选项要么是对某些属性的控制，要么是对某些事件回调的指定。以下示例将展示一个比较详细的使用 ajax()函数的应用，创建页面 jq_AJAXALL.html，内容如下：

```
01  <html>
02      <head>
03          <title>jQuery 使用底层的 ajax()函数</title>
04          <meta http-equiv="Content-Type" content="text/html;
charset=UTF-8"/>
05          <script type="text/javascript" src="../jquery-3.3.1.js">
</script>
06          <script type="text/javascript">
07              function sendAjax(){
08                  $.ajax({                     //调用 ajax()函数,参数为选项 object
09                      url: 'data.txt',         //url 地址
10                      type: 'GET',             //HTTP 请求的方法,这里是 GET
11                      dataType: 'text',        //预期返回数据类型
12                      data: null,              //POST 需要的数据
13                      error: function(){       //当发生错误时的回调
14                          alert('error');
15                      },
16                      timeout: function(){     //发生请求超时的回调
17                          alert('time out');
18                      },
19                      success: function(data){
                            //成功以后的回调,也就是 readyStatus=4且 status=200
20                          alert(data);
21                      }
22                  });
23              }
24          </script>
25      </head>
26  <body style="text-align:center">
27          <input type="button" value="AJAX" onclick="sendAjax();"/>
28  </body>
29  </html>
```

效果如图 5.4 所示。

图 5.4　底层的 ajax()函数

尽管使用 ajax()函数也需要提供比较多的参数配置和函数回调指定，但是比最原始的 AJAX 使用清晰得多。一般来说，开发人员会提供如范例代码所示的那些选项，比如 url、type、data、dataType、success 等。

5.2.3　AJAX 全局配置和事件

尽管每次 AJAX 请求的选项或配置都不尽相同，但是它们总会有一些相同的地方。此时，就需要使用 jQuery 提供的 AJAX 全局的一些配置或事件来控制。通过上一小节的知识得知，可以通过设置 global 属性的方式来让某一次 AJAX 的请求选项或事件回调使全部的 AJAX 都起效，其实除此之外，jQuery 还提供了若干额外的事件回调机制来提供全局事件的服务。下面列举一些常见的全局事件：

- ajaxError()函数，AJAX 请求发生错误时执行该函数。
- ajaxComplete()函数，AJAX 请求完成时执行该函数。
- ajaxSend()函数，AJAX 请求发出以后执行该函数。
- ajaxStart()函数，AJAX 请求开始执行时执行该函数。
- ajaxSuccess()函数，AJAX 请求成功返回后执行该函数。
- ajaxStop()函数，AJAX 请求结束后执行该函数。

创建一个包含 AJAX 全局异常处理的页面 jq_global.html，内容如下：

```
01  <html>
02    <head>
03      <title>jQuery 全局事件举例</title>
04      <meta http-equiv="Content-Type" content="text/html;
charset=UTF-8"/>
05      <script type="text/javascript" src="../jquery-3.3.1.js">
</script>
06      <script type="text/javascript">
07        //加载执行代码
08        $(document).ready(function(){
```

```
09              $(document).ajaxError(function(){      //定义错误处理函数
10                  alert("Ajax 请求异常");             //展示错误
11              });
12              $("button").click(function(){           //定义 click 事件
13                  $.get("wrongfile.txt");             //ajax 请求
14              });
15          });
16      </script>
17    </head>
18    <body style="text-align:center">
19      <button>Get Wrong File</button>
20    </body>
21  </html>
```

本例效果如图 5.5 所示。

图 5.5　AJAX 全局异常处理

在 AJAX 发生之前，对全局的错误处理函数 ajaxError()进行了处理，以后所有的 AJAX 请求都会以该函数默认的错误处理函数处理，这种方式在实际开发工作中是非常常见的一种方式。

除了全局的事件，jQuery 还提供了全局的属性改变函数 ajaxSetup()函数，该函数可以完全替代 ajax()的作用，只不过它是为全局的 AJAX 服务的。

下面创建一个包含 AJAX 全局数据类型处理的页面 jq_ajaxSetup.html，内容如下：

```
01  <html>
02    <head>
03      <title>ajaxSetup 举例</title>
04      <meta http-equiv="Content-Type" content="text/html;
charset=UTF-8"/>
05      <script type="text/javascript" src="../jquery-3.3.1.js">
</script>
06      <script type="text/javascript">
07          //加载执行代码
```

```
08              $(document).ready(function(){
09                  $.ajaxSetup({                    //设置函数
10                      url: "data.txt",            //请求目标
11                      type: "POST",               //请求类型
12                      success: function(){        //成功函数回调
13                          alert('ajax succ');     //alert 语句
14                      }
15                  });
16                  $("button").click(function(){   //定义 click 事件
17                      $.get();                    //ajax 请求
18                  });
19              });
20          </script>
21      </head>
22      <body style="text-align:center">
23          <button>Get Data File</button>
24      </body>
25  </html>
```

本例效果如图 5.6 所示。

图 5.6　AJAX 全局数据类型处理

如示例代码所示，具体的 get()发送请求的时候并没有指定任何的 AJAX 参数，但是还是成功完成了一次 AJAX 请求。这得归功于全局的属性定义函数 ajaxSetup()，其属性的范围与ajax()函数相同。

5.3 跨域的 AJAX-JSONP

默认情况下，浏览器是不会允许 AJAX 进行跨域访问的，这主要是出于安全方面的考虑。事实上，开发人员会存在很多跨域访问服务器的需求，怎么办呢？JSONP 技术就是其中一类常见的 AJAX 跨域访问的解决方案。

5.3.1 什么是 JSONP

JSONP（JSON with Padding）是资料格式 JSON（JavaScript Object Notation）的一种"使用模式"，可以让网页从别的网域获取资料。它是一个非官方的协议，它允许服务器端与客户端之间实现跨域访问。JSONP 也是一种典型的面向数据结构的分析和设计方法，以活动为中心，一连串的活动的顺序组合成一个完整的工作进程。

5.3.2 JSONP 的实现原理

之所以会有跨域这个问题的产生，根本原因是浏览器的同源策略限制。简单地来理解同源策略，它指的是阻止代码获得或者更改从另一个域名下获得的文件或者信息。解决这个限制的一个相对简单的办法就是，让服务器端作为一个中介来发送请求，或者使用框架（Frames）的形式引入脚本文件。但是，这些解决方案都不够灵活。

JSONP 提供了一个很巧妙的办法来解决这个问题，就是在页面中使用动态代码元素，这些动态代码的源指向目标服务地址并在自己的代码中加载数据。当这些代码加载执行的时候，同源策略就不会起到限制。一般来说，这些数据的加载格式是 JSON 格式。

通过使自定义的函数能够加载动态的 JSON 数据，就能够处理动态的数据，这项技术叫作 Dynamic JavaScript Insertion。

下面创建一个动态 JavaScript 调用的页面 jq_dyjs.html，内容如下：

```html
<html>
01      <head>
02          <title>动态 JavaScript 调用</title>
03          <meta http-equiv="Content-Type" content="text/html;
charset=UTF-8"/>
04          <script type="text/javascript">
05          function showAge(data){                      //自定义函数
06              alert("Name:" + data.name + ", Age:" + data.age);
                                                         //展示信息数据
07          }
08          var url = "jquery/info.js";                  //外部的 URL 地址
09          var script = document.createElement('script');
                                                         //动态创建脚本标签
10          script.setAttribute('src', url);             //设置脚本的路径
11          //加载脚本
12          document.getElementsByTagName('head')[0].appendChild(script);
13          </script>
14      </head>
15      <body style="text-align:center">
16      </body>
17  </html>
```

动态 JavaScript 调用的外部 URL 的脚本代码如下：

```
//info.js中 的代码
var data = {name:'Mike', age:20};          //定义一条数据
showAge(data);                             //回调函数
```

本例效果如图 5.7 所示。

图 5.7　动态 JavaScript 调用

如上代码所示，在本网页里，定义好一个需要的函数，然后只需要把外部 URL 的脚本写上数据已经动态回调，就可以实现跨域的访问了，这也被称为动态代码调用。JSONP 的根本原理也就是这样的，只不过它处理得会更优雅一些，而且从 jQuery1.2 以后，就开始支持 JSONP 的调用。

5.3.3　JSONP 在 jQuery 中的应用

jQuery 对非跨域的请求进行了优化，就好像同一个域名下正常的 Ajax 请求一样工作。jQuery 在另外的一个域名中指定好回调函数的名称，就可以使用下面的形式来加载 JSON 数据：

```
$(document).ready(function(){
    $.getJSON(url + "?callbak=?", function(data){
        alert("Symbol:" + data.symbol + ", Price:" + data.price);
    });
});
```

代码中的问号部分也就是回调函数的名称，但是这个问号不用开发者人为地替换它，jQuery 会非常智能地把它替换为目标函数。接下来看一个完整的例子 jq_JSONP.html。

```
01  <html>
02      <head>
03          <title>jQuery 的 JSONP 调用</title>
04          <meta http-equiv="Content-Type" content="text/html;
charset=UTF-8"/>
```

```
05          <script type="text/javascript" src="../jquery-3.3.1.js">
</script>
06          <script type="text/javascript">
07              var showAge = function(data){        //定义回调函数
08                  alert("Name:" + data.name + ", Age:" + data.age);
                                                      //展示信息数据
09              };
10              $(document).ready(function(){        //页面加载回调函数
11                  var url = 'jquery/info.js';   //一个外部域名或 IP 的资源地址
12                  //通过 getJSON 函数来实现 jQuery 对 JSONP 的支持
13                  $.getJSON(url + "?callbak=?", showAge);
14              });
15          </script>
16      </head>
17      <body style="text-align:center">
18      </body>
19  </html>
```

本例效果如图 5.8 所示。

图 5.8　jQuery 的 JSONP 调用

在上一节中我们知道，getJSON 是可以用于获取 JSON 格式数据的一种快捷函数。通过这一个示例，又学习到了它的另外一种应用，就是对 JSONP 调用的优雅支持 —— 仅需要一个普通的 callback 参数，就可以很隐蔽地实现动态回调函数的执行。

其实，在实际开发中，往往不会使用一个静态的 JavaScript 文件来获取数据，数据往往都是动态的，也就是说，这些数据往往都是用 PHP、JSP、ASP.NET 等动态语言生成的。为了达到可以跨域得到这些数据的目的，服务器端在返回数据的时候就不得不额外添加一条函数回调的代码。以下是一个 PHP 实现的一个范例 php_JSONP.html。

```
01  <html>
02      <head>
03          <title>jQuery 的 JSONP 调用 PHP 数据</title>
```

```
   04          <meta http-equiv="Content-Type" content="text/html;
charset=UTF-8"/>
   05          <script type="text/javascript" src="../jquery-3.3.1.js">
</script>
   06          <script type="text/javascript">
   07              var showAge = function(data){        //定义回调函数
   08                  alert("Name:" + data.name + ", Age:" + data.age);
                                                         //展示信息数据
   09              };
   10              $(document).ready(function(){         //加载执行
   11                  var url = 'jsonp.php';            //一个外部域名或 IP 的资源地址
   12                  $.getJSON(url + "?callback=?", showAge);    //JSONP 调用
   13              });
   14          </script>
   15      </head>
   16      <body style="text-align:center">
   17      </body>
   18  </html>
```

其中的 PHP 代码如下：

```php
<?php
//定义动态数据，这些数据往往不是写死，而是来自数据库
$jsondata = "{name:'xiao ming', age:20}";
echo $_GET['callback'].'('.$jsondata.')';  //返回数据，并回调
?>
```

 本例使用 PHP，所以必须有虚拟服务器，建议在 XAMPP 下运行。

本例效果如图 5.9 所示。

可以看出，对于客户端的代码来说，不用修改太多；对于服务器端的代码来说，就需要多一个拼凑的过程了，因为这些数据需要用回调的形式给那些跨域访问的 JavaScript 函数。

图 5.9 jQuery 的 JSONP 调用 PHP 数据

5.4 AJAX 综合案例——数据实时更新的微博页面

微博是当前年轻人使用频率非常高的一项网络服务，它存在多种客户端，比如电脑、手机、平板等。它有一个非常显著的特点，就是信息实时更新，它是如何办到的呢？其实，它的实现原理依然要归功于 AJAX 技术。

5.4.1　微博的功能分析

不论是在手机上还是在电脑屏幕上，浏览微博信息都不需要手动地去获取数据，就好像信息是主动推送到客户端一样，把最新的数据呈现在了微博列表的前列。这个功能需要依赖两个比较核心的技术：定时器和 AJAX 技术。

根据 HTTP 协议的规定，每一次 HTTP 连接都是单向的，而且不可逆。因此，信息的主动推送是不能依赖这项网络协议的，客户端只能使用定时器技术来定期主动地从服务器端获取数据。在 JavaScript 技术中，最常见的定时器莫过于 setInterval 和 setTimeout 函数了，这两个函数都是用于实现定时功能的，前者是多次定时，后者是单次定时。一般来说，采用 setInterval 函数会更常见一些，因为它在支持多次定时时效率相对较高，而且可以通过与之对应的 clearInterval 函数来控制定时器。

为了减少重复信息的加载，微博数据的刷新肯定不能依赖网页的刷新技术。AJAX 是一项必用的技术，因为它是不刷新网页而获取数据的首选。如果读者看过微博网页的源代码，不难发现，它采用的正是本章学习的 jQuery 的 AJAX 技术。

技术的选择确定下来以后，就需要分析一下其他的设计了，比如数据类型、信息如何展示、是否需要动画效果等。一般来说，JSON 格式会是这类大数据传输应用的首选，因为它的解析工作比较轻松，而且数据量不大。如果读者使用过微博，就会发现当有新的数据需要呈现在顶部的时候，它会以一种渐渐的动画效果出现，这会显得更加友好一些。

5.4.2　微博实时更新的代码实现和效果演示

根据上述分析，我们看一下微博实时刷新的功能是怎么实现的。创建页面文件 jq_weibo.html，详细的代码实现如下：

```
01  <html>
02    <head>
03        <title>我的微博</title>
04        <meta http-equiv="Content-Type" content="text/html; charset=
UTF-8"/>
05        <script type="text/javascript" src="../jquery-3.3.1.js">
</script>
06        <script type="text/javascript">
```

```
07                    $(document).ready(function(){          //加载执行
08                        var url = 'weibo.php';              //服务器端地址，往往是动态的
09                        //开始定时器
10                        window.setInterval(function(){
11                            $.get(url,                      //目标 URL
12                                function(data){             //成功回调函数
13                                    var json = eval('('+data+')');
14                                    var title = json['title'];      //title 数据
15                                    //content 数据
16                                    var content = json['content'];
17                                    var time = new Date();          //当前的时间
18                                    var year = time.getFullYear();  //年度
19                                    var month = time.getMonth();    //月份
20                                    var date = time.getDate();      //日
21                                    var hh = time.getHours();       //时
22                                    var mm = time.getMinutes();     //分
23                                    var ss = time.getSeconds();     //秒
24                                    //拼凑事件格式的字符
25                                    time = year+'-'+month+'-'+date+' '+hh+':'+mm+':'+ss;
26                                    var str = '<div class="info">';
                                                                     //定义数据变量
27                                    str += '<h3>'+title+'</h3>';    //标题
28                                    str += '<p class="content">'+content+'</p>';
                                                                     //内容
29                                    str += '<p class="time">发布于:'+time+'</p>';
                                                                     //时间
30                                    str += '</div>';
31                                    $(".container").prepend(str);   //插入到顶部
32                                });
33                        }, 10*1000);                        //间隔为10秒
34                    });
35          </script>
36          <style>
37              .container{                                 /*容器的样式*/
38                  width: 300px;
39                  margin: 5px auto;
40                  padding: 5px;
41                  border: 1px solid black;
42              }
43              .info{                                      /*信息的样式*/
44                  padding: 10px;
45                  border-bottom: 1px dotted black;
```

```
46              font-size: 12px;
47          }
48          .info h3{                              /*标题的样式*/
49              text-align: left;
50              font-size: 14px;
51              font-weight:600;
52          }
53          .info .content{                        /*内容的样式*/
54              text-align: left;
55              font-size: 12px;
56          }
57          .info .time{                           /*时间的样式*/
58              text-align: right;
59              padding-right:10px;
60              margin: 5px 0 0 0;
61              color:gray;
62          }
63      </style>
64   </head>
65   <body>
66      <div class="container">
67          <div class="info">
68              <h3>这是一条微博</h3>
69              <p class="content">这是一条微博信息，内容是。。。</p>
70              <p class="time">发布于:2018-11-21 22:28:00</p>
71          </div>
72      </div>
73   </body>
74 </html>
```

服务器端的 PHP 代码如下:

```php
<?php
echo "{";
echo "'title': 'I am Title',";
echo "'content': 'I am content, this is a good day.'";
echo "}";
?>
```

本例效果如图 5.10 所示。

不难看出，AJAX 和定时器是本示例的核心技术。另外，示例的 PHP 代码相对简单。而在实际应用开发中，PHP 代码在拼接数据的时候，一般取的是数据库里最新的数据，这个过程会复杂一点。

图 5.10　微博举例

5.5 常见问题

5.5.1　jQuery 中 post 和$.ajax 的区别

5.2.1 小节我们提到过 jQuery 的 post 函数，5.2.2 小节我们又学习了$.ajax 函数，两者可以实现相同的功能，那如何判断什么情况下用 post 函数、什么情况下用$.ajax 函数呢？

这里要注意一点，post 函数不能处理 AJAX 的异常行为，也就是说，它没有 AJAX 异常函数。而$.ajax 是 jQuery 底层的 ajax 方法，完全可以处理异常函数。其实，可以认为 post 是$.ajax 的简化版本。如果需要在出错时对错误做相应的操作处理，就必须使用$.ajax。

5.5.2　jQuery AJAX 中 readyState 和 status 的区别

5.1.1 小节我们说过，AJAX 的主要逻辑集中在当 readyState 等于 4 且 status 等于 200 的条件语句下。这里再详细说明一下这两个参数的区别。

readyState 是 XMLHttpRequest 对象的一个属性，用来标识当前 XMLHttpRequest 对象处于什么状态。表 5.1 已经给出了它的 5 个状态值，分别是 0~4。

　　status 是 XMLHttpRequest 对象的一个属性，表示响应的 HTTP 状态码。在 HTTP 1.1 协议下，HTTP 状态码总共可分为 5 大类，如下所示：

- 1XX　服务器收到请求，需要继续处理。例如 101 状态码，表示服务器将通知客户端使用更高版本的 HTTP 协议。
- 2XX　请求成功。例如 200 状态码，表示请求所希望的响应头或数据体将随此响应返回。
- 3XX　重定向。例如 302 状态码，表示临时重定向，请求将包含一个新的 URL 地址，客户端将对新的地址进行 GET 请求。
- 4XX　客户端错误。例如常见的 404 状态码，表示客户端请求的资源不存在。
- 5XX　服务器错误。例如 500 状态码，表示服务器遇到了一个未曾预料的情况，导致了它无法完成响应，一般来说，这个问题会在程序代码出错时出现。

第 6 章

◀ jQuery中的动画效果 ▶

所有页面设计师对动画都非常头疼，但是只要掌握了 jQuery 库，瞬间就会成为别人（那些不知道 jQuery 的人）眼里的动画高手。jQuery 库中提供了众多动画与特性方法，通过很少的几行代码就可以实现元素的飞动、淡入淡出等动画效果，而且支持各种自定义动画效果。

jQuery 3 使用 requestAnimationFrame() API 来执行动画，这样动画看起来就更流畅了，但这个并不需要我们编码人员来修改代码，而是在 jQuery-3.3.1.js 的源文件中已经封装好了，所以我们只是知道新版本动画刷新方式发生了变化即可，如果读者想看看源码中如何发生了改变，就可以使用 Firefox 的开发者模式将断点定位在 "requestAnimationFrame" 处。

本章主要内容：

- 了解 jQuery 库都支持哪些动画方法
- 学会用基本的动画方法来设计动画
- 实战 jQuery 动画

6.1 jQuery 库所支持的动画方法

在着手给页面添加很酷的动画效果之前，首先要了解一下 jQuery 库所支持的动画方法，这些方法主要分为 3 类，分别为基本动画方法、滑动动画方法和淡入淡出动画方法。

6.1.1 基本动画方法

jQuery 支持 7 种基本动画方法，详情如表 6.1 所示。

表 6.1　基本动画方法

名　　称	说　　明
show( )	显示隐藏的匹配元素。 这个就是 show(speed, [callback])无动画的版本。如果选择的元素是可见的，这个方法将不会改变任何东西。无论这个元素是通过 hide()方法隐藏的，还是在 CSS 里设置了 display:none，这个方法都将有效
show(speed, [callback])	以优雅的动画显示所有匹配的元素，并在显示完成后可选地触发一个回调方法。 可以根据指定的速度动态地改变每个匹配元素的高度、宽度和不透明度。在 jQuery 1.3 中，padding 和 margin 也会有动画，效果更流畅

（续表）

名　　称	说　　明
hide( )	隐藏显示的元素。 这个就是 hide(speed, [callback])的无动画版。如果选择的元素是隐藏的，这个方法将不会改变任何东西
hide(speed, [callback])	以优雅的动画隐藏所有匹配的元素，并在显示完成后可选地触发一个回调方法。 可以根据指定的速度动态地改变每个匹配元素的高度、宽度和不透明度。在 jQuery 1.3 中，padding 和 margin 也会有动画，效果更流畅
toggle( )	切换元素的可见状态。 如果元素是可见的，切换为隐藏的；如果元素是隐藏的，切换为可见的
toggle(switch)	根据 switch 参数切换元素的可见状态（true 为可见，false 为隐藏）。 如果 switch 设为 true，就调用 show()方法来显示匹配的元素；如果 switch 设为 false，就调用 hide()来隐藏元素
toggle(speed, [callback])	以优雅的动画切换所有匹配的元素，并在显示完成后，可选地触发一个回调方法。 可以根据指定的速度动态地改变每个匹配元素的高度、宽度和不透明度。在 jQuery 1.3 中，padding 和 margin 也会有动画，效果更流畅

6.1.2　滑动动画方法

jQuery 支持 3 种滑动动画方法，如表 6.2 所示。

表 6.2　滑动动画方法

名　　称	说　　明
slideDown(speed, [callback])	通过高度变化（向下增大）来动态地显示所有匹配的元素，在显示完成后可选地触发一个回调方法 这个动画效果只调整元素的高度，可以使匹配的元素以"滑动"的方式显示出来。在 jQuery 1.3 中，上下的 padding 和 margin 也会有动画，效果更流畅
slideUp(speed, [callback])	通过高度变化（向上减小）来动态地隐藏所有匹配的元素，在隐藏完成后可选地触发一个回调方法
slideToggle(speed, [callback])	通过高度变化来切换所有匹配元素的可见性，并在切换完成后可选地触发一个回调方法

6.1.3　淡入淡出动画方法

jQuery 支持 4 种淡入淡出动画方法，如表 6.3 所示。

表 6.3　淡入淡出动画方法

名　　称	说　　明
fadeIn(speed, [callback])	通过不透明度的变化来实现所有匹配元素的淡入效果，并在动画完成后可选地触发一个回调方法 这个动画只调整元素的不透明度，也就是说所有匹配的元素的高度和宽度不会发生变化
fadeOut(speed, [callback])	通过不透明度的变化来实现所有匹配元素的淡出效果，并在动画完成后可选地触发一个回调方法
fadeTo(speed, opacity, [callback])	把所有匹配元素的不透明度以渐进方式调整到指定的不透明度，并在动画完成后可选地触发一个回调方法
.fadeToggle([duration] [, easing] [, complete])	通过设置不透明度的动画来显示或隐藏匹配的元素

6.2　实例 1：实现可折叠的列表

　　浏览计算机中的文件系统时，经常会采用一种"渐进式公开"的形式，即会以层次结构列表形式展示所有文件。同样为了避免用户迷失在页面提供的大量信息里，网页也会以"渐进式公开"的形式展示信息，也就是所谓的"可折叠列表"效果。

　　下面通过应用 jQuery 库实现"可折叠列表"效果。在具体实现时，设计一个包含列表信息的页面 jq_list.html，其 HTML 的代码如下：

```
01    <fieldset>
02     <legend>可折叠的列表</legend>                          <!--标题-->
03     <ul>                                                   <!--列表信息-->
04      <li>列表 1</li>
05      <li>列表 2</li>
06      <li>
07       列表 3
08       <ul>
09        <li>列表 3.1</li>
10        <li>
11         列表 3.2
12         <ul>
13          <li>列表 3.2.1</li>
14          <li>列表 3.2.2</li>
15          <li>列表 3.2.3</li>
16         </ul>
17        </li>
18        <li>列表 3.3</li>
```

```
19          </ul>
20        </li>
21        <li>
22   ……
23      </ul>
24    </fieldset>
25  </body>
```

编写 jQuery 代码，实现可折叠效果功能，具体代码如下：

```
01      $(function(){
02      $('li:has(ul)')                              //选择拥有子列表的所有列表项
03        .click(function(event){                    //绑定单击事件
04         if (this == event.target) {
05          if ($(this).children().is(':hidden')) {  //展开列表信息
06            $(this)
07              .css('list-style-image','url(Images/minus.gif)')
08              .children().show();
09            }
10          else {
11            $(this)                                 //折叠列表信息
12              .css('list-style-image','url(Images/plus.gif)')
13              .children().hide();
14            }
15          }
16         return false;
17        })
18        .css('cursor','pointer')
19        .click();
20      $('li:not(:has(ul))').css({                   //设置叶子项元素的样式
21        cursor: 'default',
22        'list-style-image':'none'
23      });
24      });;
```

在上述代码中，第 2 行代码通过 "li:has(ul)" 代码获取拥有子列表的所有列表项。第 4~19 行实现展开和折叠列表的功能：其中第 4~9 行实现展开列表信息，第 4 行代码实现获取发生单击事件的列表项（父列表元素），第 5 行通过 "$(this).children().is(':hidden')" 代码获取父列表元素对象里的所有子列表，第 7 行代码通过 css()方法重新设置列表图片，第 8 行通过 ".children().show()" 代码实现子列表元素显示；第 11~19 行实现折叠列表信息。第 20~23 行设置叶子项元素的样式。

在浏览器中运行页面，效果如图 6.1 所示。单击"列表 3"列表元素后，效果如图 6.2 所示。单击"列表 3.2"列表元素后，效果如图 6.3 所示。

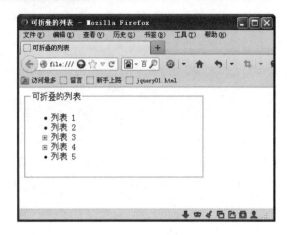

图 6.1　加载页面

图 6.2　单击"列表 3"

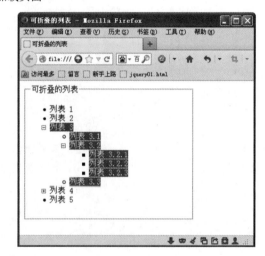

图 6.3　单击"列表 3.2"

6.3　实例 2：按钮的淡入淡出效果

所谓淡入淡出效果，就是通过元素渐渐变换背景色的动画效果来显示或隐藏元素，通过 jQuery 所提供的淡入淡出方法可以很容易地实现该效果。下面通过应用 jQuery 库实现这个效果。

在具体实现时，设计一个包含两个按钮和显示内容 DIV 标签元素的页面 jq_fade.html，关于 HTML 的代码如下：

```
01  <body>
02      <div class="divFrame">
03          <!--两个操作按钮-->
04      <div class="divTitle">
05          <input id="Button1" type="button" value="淡入按钮"
class="btn" />
```

```
06                    <input id="Button2" type="button" value="淡出按钮"
class="btn" />
07               </div>
08            <!--显示图片-->
09            <div class="divContent">
10                <div class="divTip"></div>
11                <img src="Images/img05.jpg" alt="" title="设备图片" />
12            </div>
13        </div>
14  </body>
```

编写 jQuery 代码，实现淡入淡出效果，具体代码如下：

```
01   $(function() {
02      $img = $("img");                          //获取图片元素对象
03      $tip = $(".divTip");                      //获取提示信息对象
04      $("input:eq(0)").click(function() {       //第一个按钮单击事件
05         $tip.html("");                         //清空提示内容
06         //在3000毫秒中淡入图片，并执行一个回调方法
07         $img.fadeIn(3000, function() {
08             $tip.html("淡入成功！");
09         })
10      })
11      $("input:eq(1)").click(function() {       //第二个按钮单击事件
12         $tip.html("");                         //清空提示内容
13         //在3000毫秒中淡出图片，并执行一个回调方法
14         $img.fadeOut(3000, function() {
15             $tip.html("淡出成功！");
16         })
17      })
18   })
```

在上述代码中，第 2~3 行获取图片元素对象和提示信息对象。第 4~10 行设置单击"淡入按钮"按钮的处理方法，其中第 5 行清空提示内容，然后调用 fadeln()方法对图片对象实现淡入效果。第 11~17 行设置单击"淡出按钮"按钮的处理方法，其中第 12 行清空提示内容，然后调用 fadeOut()方法对图片对象实现淡出效果。

在浏览器中运行页面，效果如图 6.4 所示。单击"淡出按钮"按钮后，效果如图 6.5 所示。单击"淡入按钮"按钮后，效果如图 6.6 所示。

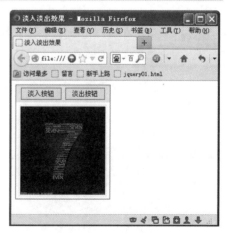

图 6.4　加载页面

103

图 6.5　单击"淡出按钮"

图 6.6　单击"淡入按钮"

6.4　自定义动画 animate

前面提到了三种 jQuery 的动画方法，如果这些还不能满足我们的要求，jQuery 还提供了自定义的动画方法 animate()。

6.4.1　一个最简单的自定义动画

animate()用于创建自定义动画，其语法如下：

```
$(selector).animate({params},speed,callback);
```

params 参数是必需的，表示形成动画的 CSS 属性，speed 参数可选，用来规定效果的时长，它的取值是：slow、fast 或毫秒。callback 参数也是可选的，是动画完成后所执行的函数名称。

 默认所有 HTML 元素都有一个静态位置，且无法移动。如需对位置进行操作，要记得首先把元素的 CSS position 属性设置为 relative、fixed 或 absolute！

下面来设计一个动画，让一个绿色的 div 滚动到屏幕中央，新建页面 jq_animate.html，代码如下：

```
01  <html>
02  <head>
03  <script src="../jquery-3.3.1.js">
04  </script>
05  <script>
06  $(document).ready(function(){
07    $("button").click(function(){
```

```
08        $("div").animate({left:'250px'});
09      });
10  });
11  </script>
12  </head>
13   <body>
14  <button>开始动画</button>
15  <p>绿块自动滑到中间</p>
16  <div style="background:#98bf21;height:100px;width:100px;
position:absolute;">
17  </div>
18  </body>
19  </html>
```

因为效果比较简单，这里不再给出图示，读者可以在浏览器上运行一下示例文件看看效果。

6.4.2　一个稍微复杂的自定义动画

在前面的 animate 方法中，我们只定义了一个 CSS 样式，实际上这里可以定义多个 CSS 样式，我们设计一个拥有复杂样式的页面 jq_animate2.html，代码如下：

```
01  <html>
02  <head>
03  <script>
04  $(document).ready(function(){
05    $("button").click(function(){
06      $("div").animate({
07        left:'250px',
08        opacity:'0.5',
09        height:'150px',
10        width:'150px'
11      });
12    });
13  });
14  </script>
15  </head>
16  <body>
17  <button>开始动画</button>
18  <p>div 将从小到大，从左侧到居中。</p>
19  <div style="background:#98bf21;height:100px;width:100px;position:
absolute;">
20  </div>
21  </body>
22  </html>
```

运行本例，可以看到一个 div 从小变大，然后从左边一直移动到中间。因为动画效果无法用界面来体现，这里给出两个图示，让读者能看到动画的开始和结束位置，如图 6.7、图 6.8 所示。

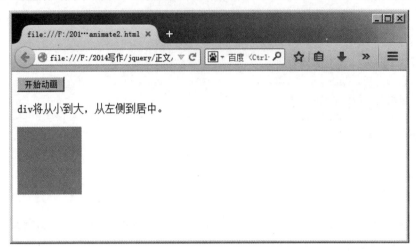

图 6.7　动画开始

图 6.8　动画结束

6.5　常见问题

6.5.1　jQuery 的动画是否能随时停止

有一个函数比较小，本章没有介绍，就是 jQuery 提供的 stop 方法，用于在动画或效果完成前对它们进行停止，其语法如下：

```
$(selector).stop(stopAll,goToEnd);
```

stopAll 参数规定是否应该清除动画队列，默认是 false，即仅停止活动的动画，允许任何排入队列的动画向后执行。goToEnd 参数规定是否立即完成当前动画，默认是 false。

6.5.2　是否可以用 animate 方法来操作所有 CSS 属性

jQuery 官方的回答是：几乎可以。不过，需要记住一件重要的事情：当使用 animate()时，必须使用 Camel 标记法书写所有的属性名。比如，必须使用 paddingLeft 而不是 padding-left，使用 marginRight 而不是 margin-right，等等。同时，色彩动画并不包含在核心 jQuery 库中。如果需要生成颜色动画，需要从 jQuery.com 网站上下载 Color Animations 插件。

第 7 章

◀ jQuery 插件 ▶

jQuery 是一种开放的、可扩展的 JavaScript 库，与 JavaScript 语言中的对象可扩展性一样。jQuery 工厂函数$()是 jQuery 库的核心，因此通过为该函数添加方法，可以实现 jQuery 的扩充功能。由于 jQuery 的这种灵活可扩展性，因此现在互联网上存在大量由第三方开发人员实现的、直接可用的插件，而灵活使用这些插件可以快速为网页添加丰富多彩的效果，比如经典的 jQuery UI 界面库就是以 jQuery 插件的形式开发的一套具有丰富网页界面效果的插件库。

本章主要内容：

- 认识 jQuery 插件
- 学会使用 jQuery 插件
- 掌握开发插件的方法
- 学会在网页中应用第三方插件

7.1 认识 jQuery 插件

在 jQuery 中，工厂函数是整个 jQuery 库的核心，所有其他的 API 都通过工厂函数进行调用，因此 jQuery 的插件以工厂函数为核心，对其进行扩展，可以将工厂函数当作一个 JavaScript 对象，通过对工厂对象进行扩充就可以创建自己的 jQuery 插件。

7.1.1 什么是插件

jQuery 的插件以 jQuery 的核心代码为主。通过一系列的规范编写出 jQuery 应用程序，并对程序进行打包，在调用时把打包后的 js 文件和 jQuery 核心代码库加入到网页上，就可以使用 jQuery 插件了。通过下面的网址可以查看众多已经开发好的 jQuery 插件信息：

```
http://plugins.jquery.com/
```

在该网站上包含了 jQuery 开发者们开发的数以千计的插件，界面如图 7.1 所示。

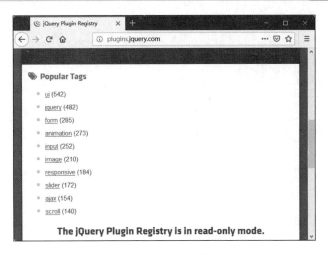

图 7.1　jQuery 插件库网页

为了演示如何使用插件，本章在 Dreamweaver 中创建一个网站，网站命名为 PluginDemoSite，本章后面的内容都将在该网站中进行页面的添加。网站新建好之后，将 jQuery 库添加到网站文件夹中。为了理解如何使用 jQuery 的插件，接下来以 confirmOn 插件为例，演示如何在自己的网页中引用 jQuery 插件，步骤如下所示：

 步骤 01　在 jQuery Plugin 网站中找到 confirmOn 插件，目前该插件位于页面顶部，单击 jQuery confirmOn 将进入到该控件的详细页面。单击详细页面右上角的"Download now"链接，下载 jQuery confirmOn 插件。

> **提示**
> jQuery Plugins 插件网站中的插件是不断更新和变换的，也许在本书出版时，读者需要使用搜索功能才能找到该插件，笔者已经将该插件下载到了本章的源代码包的目录下。

步骤 02　下载回来的 confirmOn 是一个 winrar 压缩包，将其解压缩到本地硬盘，可以看到在根文件夹下包含了如下几个文件：

- jquery.confirmon.css：confirmOn 的样式表文件。
- jquery.confirmon.js：confirmOn 的 JavaScript 源代码文件。
- jquery.confirmon.min.js：经过压缩后的 confirmOn 文件。

同时在下载文件夹中还包含一个 sample 文件夹，里面包含了 jquery.confirmon 的使用示例，有兴趣的读者可以看一看。

步骤 03　在 PluginDemoSite 网站中新建一个名为 confirmOn 的文件夹，将上面的 3 个文件复制到该文件夹中，至此在 Dreamweaver 中网站结构应该如图 7.2 所示。

>
> **提示**
> 这里的 jQuery 版本以插件测试时的版本为准。

步骤 04　新建一个名为 confirmOnDemo.html 的 HTML 网页，在 head 区添加对 jQuery 库的引用，然后添加 jquery.confirmon.css 和 jquery.confirmon.js 的引用：

```
01  <head>
02  <meta http-equiv="Content-Type" content="text/html; charset=utf-8">
03  <title>confirmOn 插件示例</title>
04  <!--jQuery 库引用-->
05  <script type="text/javascript" src="jQuery/jquery-1.9.2.js"></script>
06  <!--jQuery 插件库文件引用-->
07  <script type="text/javascript"
src="confirmOn/jquery.confirmon.js"></script>
08  <!--jQuery 插件引用的 CSS 文件引用-->
09  <link rel="stylesheet" type="text/css"
href="confirmOn/jquery.confirmon.css">
10  </head>
```

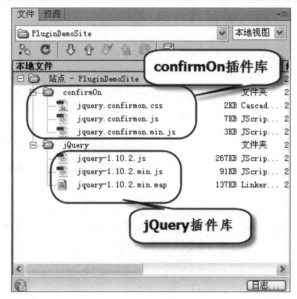

图 7.2　PluginDemoSite 网站文件夹结构

步骤 05　在HTML的body区添加一个div和一个button，假定这个按钮被单击时可以改变div中的元素内容，但是前提是用户必须要确认才能更改。看一看confirmOn插件如何轻松地实现这个功能，HTML代码如下：

```
01  <style type="text/css">
02    body,input{
03        font-size:9pt;
04    }
05    #test{
06        width:500px;
07        height:50px;
08        border: 1px solid #090;
09    }
```

```
10   </style>
11   </head>
12   <body>
13   <div id="test">这个示例演示了 confirmOn 插件的使用方法</div>
14   <input name="change" type="button" id="btnchange" value="更改内容">
15   </body>
```

可以看到在 HTML 部分仅仅是添加了一个 div 元素和一个 type 为 button 的 input 元素。

步骤 06　添加 jQuery 的页面加载事件，为按钮关联如下代码来添加确认提示框，如下所示。

```
01   <script type="text/javascript">
02     $(document).ready(function(e) {
03       //使用 confirmOn 插件
04       $('#btnchange').confirmOn('click', function() {
05         $("#test").html("我的内容被改变了");
06       });
07     });
08   </script>
```

可以看到，jquery.confirmon.js 被引用后，它就作为 jQuery 的一个扩展而存在，因此 jQuery 的工厂函数可以直接调用 confirmOn 方法，它的第 1 个参数 click 表示在单击事件触发后弹出确认框，随后的 function 是按钮被单击后的事件处理函数，运行该网页的显示效果如图 7.3 所示。当单击页面上的"更改内容"按钮之后，就会弹出一个默认的确认对话框。单击"Yes"按钮，确认对话框关闭，并执行在 click 中编写的事件处理代码；单击"No"按钮，只是关闭对话框，不会执行按钮事件处理代码。

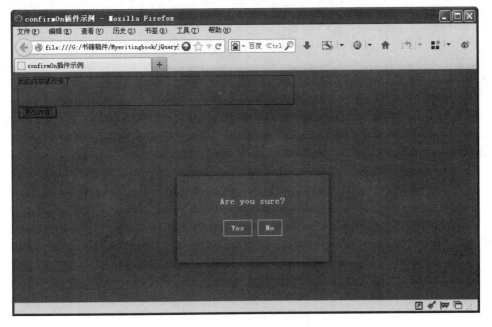

图 7.3　confirmOn 的使用效果

confirmOn 默认的对话框提示信息能满足中文化环境的要求，这个插件也提供了很多不同的调用方式，将上面的代码换成如下 confirmOn 的调用，可以自定义提示消息和按钮文本：

```
01   <script type="text/javascript">
02    $(document).ready(function(e) {
03     $('#btnchange').confirmOn({
04       questionText: '确实要更改其中的内容吗?',
05       textYes: '确定',
06       textNo: '取消'
07     },'click', function() {
08       $("#test").html("我的内容被改变了");
09     });
10   });
11   </script>
```

questionText 是提示的文本，textYes 是确认按钮文本，textNo 是取消按钮文本，运行效果如图 7.4 所示。

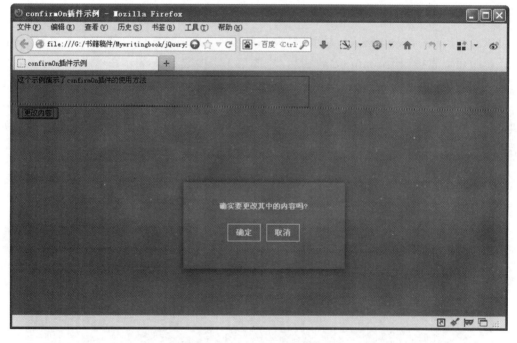

图 7.4　显示中文提示信息

可以看到，使用了 jQuery 的插件后，确认提示这样一个功能被大大简化，相较于使用 JavaScript 来写这个配置框，也许要花费不少的精力，而且代码的可维护性也会受制于不同水平的开发者。最重要的是互联网上成千上万开源的插件均可以拿来即用，确实大大方便了广大的网页开发者。

7.1.2 常用的插件网站

jQuery 的插件库是一个非常有用的插件网站，在这个网站上除了可以下载插件之外，还可以发布自己编写的插件，以便于网站上的其他用户共享。除了这种类似于插件收集列表的网站之外，还有一些专业开发 jQuery 插件的网站。例如，知名的 jQuery UI 网站不仅提供了 jQuery UI 的列表，还包含了每一个 jQuery 插件的使用示例和使用代码。jQuery UI 的网站地址如下：

```
http://jqueryui.com/
```

jQuery UI 是一个以 jQuery 为基础的用户界面插件库，提供了很多优秀的控件，可以直接使用。在其网站上可以看到各种不同类型的 jQuery 插件，选择其中一个就可以查看控件的详细信息，如图 7.5 所示。它与 jQuery 相比，重点在于网页前台界面的显示。

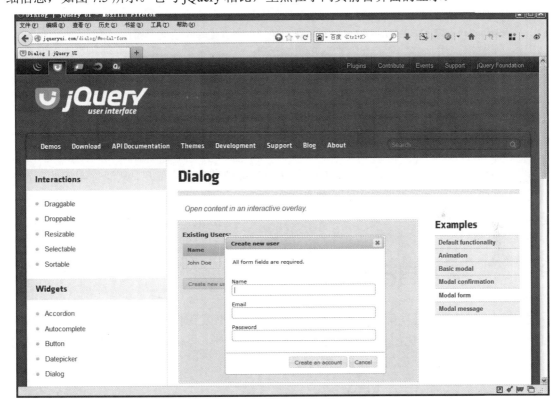

图 7.5 jQuery UI 的网站示例

图 7.5 是 jQuery UI 中的对话框的示例。这使得有需求的用户可以先在 jQuery UI 网站上查看控件的功能和效果，进而决定是否使用。同时，在 jQuery UI 网站上还提供参照的源代码，方便用户进行参照。

下面再介绍一个开源中国的 jQuery 插件库，这个插件库比较全面，插件查找也比较方便，其网址为 http://www.oschina.net/project/tag/273/jquery/。

开源中国的 jQuery 插件都有说明，如图 7.6 所示。

图 7.6 开源中国的 jQuery 插件库

进入每个插件的详细页面后，可以看到插件的下载地址和主页信息，从而进到插件所在的主页，获取插件最新的版本信息和插件的源代码信息。

7.2 开发自己的插件

虽然有大量的开源插件可以免费使用，但是在实际的开发工作中开发人员很有可能需要创建自己的 jQuery 插件，比如具有公司特定风格的插件系列，以供公司开发团队中的其他人使用。本节来简单介绍一下如何开发自己的插件。

7.2.1 jQuery 的插件类型

jQuery 的插件开发方法分为两类：对象级别和类级别的插件开发。

- 对象级别的插件开发：在 jQuery 的选择器对象上添加对象方法，只有当存在一个 jQuery 对象的实例时才能调用该插件。比如 confirmOn 这个插件，可以看作是一个对象级别的插件。
- 类级别的插件开发：在类级别添加静态方法，并且可以将函数置于 jQuery 的命名空间中，比如经典的$.ajax()、$.trim()等就是属于类级别的插件。

还有一类是 jQuery 的选择器插件，这种类型的插件在实际的工作中一般较少使用，因此在本节中不做介绍。

在开始 jQuery 的插件开发之前，有需要了解插件开发的一些注意事项：

（1）插件文件的命名必须要遵循 jquery.插件名.js 的规则，比如上一小节见过的 jquery.confirmon.js 就是一个标准的命名规范。表明 confirmOn 插件是一个基于 jQuery 的插件文件。

（2）对象级别的插件，所有的方法应依附于 jquery.fn 对象；类级别的插件，所有的方法应依附于 jQuery 工厂对象。如果熟悉面向对象的类与对象实例，就比较容易理解对象级别与类级别插件的不同了。

（3）无论是对象级别还是类级别的插件，结尾都必须以分号结束，否则文件被压缩时会出现错误提示。

（4）要理解插件内部的 this 的作用域，比如要访问 jQuery 选择器的每个元素，就可以使用 this.each 方法来遍历全部元素。此时的 this 代表的是 jQuery 选择器所获取的对象。

（5）插件必须返回一个 jQuery 对象，以支持 jQuery 的链式操作语法。

（6）在插件编写时尽量避免$美元符号的工厂方法，应该尽量使用 jQuery 字符串，这是为了避免与其他的代码产生冲突。

（7）在开始进行插件的开发之前，要理解对象级别的插件使用 jQuery.fn.extend 方法进行扩展、类级别的插件使用 jQuery.extend 方法进行扩展。

7.2.2　实例 1：对象级别的插件开发

本小节将创建一个名为 border 的 jQuery 插件，这个插件可以为选中的元素添加边框。在 Dreamweaver 中打开 PluginDemoSite 网站，在网站中添加有一个 CustomPlugin 的文件夹，在文件夹中新建一个名为 jquery.border.js 的 js 文件。接下来演示如何使用$.fn.extend 方法实现这个插件，步骤如下所示。

步骤 01　首先编写插件的框架代码。这里定义了一个匿名函数，并使之立即执行，这样可以使得在js文件加载时就附加在jQuery对象上，代码如下：

```
;(function($){
  $.fn.extend({
    "border":function(value){
      //这里写插件代码
    }
  });
})(jQuery)
```

这里使用$.fn.extend 表示要创建一个对象级别的插件。在匿名函数前面放一个分号是出于兼容性的考虑，一般建议在创建自己的插件时在函数前面放一个分号。

 在$.fn.extend 内部的 JSON 代码添加了一个名为 border 的方法，这个方法在运行时将被合并到 jQuery 库中，因此不能与现有的 jQuery 库的对象方法同名，否则会覆盖现有的方法。

步骤 **02** 了解了插件的编写规则之后，接下来开始为border插件添加代码，以实现为选中的元素添加边框的功能，同时也支持链式语法，即插件要返回自身。border插件的实现如下所示。

```
01  ;(function($){
02   $.fn.extend({
03        //为 jQuery 添加一个实例级别的 border 插件
04       "border":function(options){
05           //设置属性
06         options=$.extend({
07            width:"1px",
08            line:"solid",
09            color:"#090"
10         },options);
11        this.css("border",options.width+' '+options.line+' '+
options.color);                          //设置样式
12         return this;                 //返回对象，以便支持链式语法
13        }
14
15    });
16  })(jQuery)
```

border 方法接收一个 options 参数，在函数体内使用$.extend 对传入的 options 与现有默认属性进行了合并，这允许用户用如下语法来设置 border:

```
$("#test").border({width:"2px","line":"dotted",color:"blue"});
```

通过传入一个 JSON 对象，包含了对边框的定义，可以更改掉插件的默认值设置。在代码结尾使用了 return this 语句，用来返回当前 jQuery 选择器选中的对象列表，以便支持链式操作，比如可以支持下面的语句：

```
$("#test").border().css("color","#0C0");
```

步骤 **03** 现在已经创建了一个简单的jQuery插件，接下来演示一下这个插件是否真的可以运行。在PluginDemoSite根目录下新建一个名为border_plugin_demo.html的网页，在这个页面上添加如下代码来引用插件：

```
01  <html>
02  <head>
03  <meta http-equiv="Content-Type" content="text/html; charset=utf-8">
04  <title>自定义插件使用示例</title>
05  <style type="text/css">
06    #test{
07        font-size:9pt;
08        width:500px;
```

```
09          height:50px;
10      }
11  </style>
12  <!--首先添加对 jQuery 库的引用-->
13  <script type="text/javascript" src="jQuery/jquery-3.3.1.js"></script>
14  <!--然后添加对 jQuery 插件库的引用-->
15  <script type="text/javascript" src="CustomPlugin/jquery.border.js">
</script>
16  <script type="text/javascript">
17      //在页面加载时，定义 div 的外边框
18      $(document).ready(function(e) {
19          //应用自定义的 border 插件
20      $("#test").border({width:"5px","line":"dotted",color:"blue"}).css
("background","green");});
21  </script>
22  </head>
23
24  <body>
25  <div id="test">这个示例演示了自定义对象级别的插件的使用方法</div>
26  </body>
27  </html>
```

为了使用这个插件，首先在页面上添加了对 jQuery 库的引用，然后添加了对 jquery.border.js
插件的引用。在页面加载事件中，选中 id 为 test 的 div，然后对其应用了 border 插件方法，在
方法中传入 options 参数来指定边框的样式，通过链式语法又关联了 CSS 样式。运行效果如图
7.8 所示。

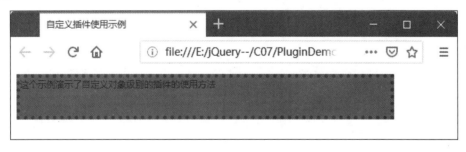

图 7.8　border 插件使用效果

7.2.3　实例 2：类级别的插件开发

类级别的插件实际上就是在 jQuery 命令空间内部添加函数，一般主要用于功能性的函数
而非 UI 级别的函数，比如$.trim()或者是$.ajax 都属于功能性的函数，它们是对 jQuery 类本身
的扩充，相当于在 jQuery 中添加全局函数，因此也称为全局函数插件。

全局函数使用$>extend()，其代码编写结构如下：

```
;(function($){
  $.extend({
    "modalwindow":function(value){
      //这里写插件代码
    }
  });
})(jQuery)
```

在调用时只需要直接使用$.modalwindow 这样的语句就可以调用，不需要先具有 jQuery 选择器的实例。

举个例子来说，可以使用 jQuery 创建一个打开浏览器模式窗口（涉及模式窗口，本例只在 IE 下测试成功）的全局函数，这样就可以让用户方便地使用 jQuery 代码打开浏览器窗口。在 PluginDemoSite 网站中，新建一个名为 jquery.modalwindow.js 的 js 文件，然后添加如下类级别的插件代码：

```
01  ;(function($){
02    $.extend({
03      "modalwindow":function(options){
04        //设置属性
05        options=$.extend({
06          url:"http://www.micorsoft.com",      //打开的网址
07          vArguments:null,                     //参数
08          dialogHeight:"200px",                //对话框高度
09          dialogWidth:"500px",                 //对话框宽度
10          dialogLeft:"100px",                  //左侧位置
11          dialogTop:"50px",                    //顶部位置
12          status:"no",                         //是否显示状态条
13          help:"no",                           //是否显示帮助按钮
14          resizable:"no",                      //是否允许调整尺寸
15          scroll:"no"                          //是否显示滚动条
16        },options);
17        //弹出窗口
18        var retVal =
19  window.showModalDialog(options.url,options.vArguments,
"dialogHeight:"+options.dialogHeight+";
  dialogWidth:"+options.dialogWidth+";
  dialogLeft:"+options.dialogLeft+";dialogTop:"+options.dialogTop+";
status:"+options.status+";
  help:"+options.help+";resizable:"+options.resizable+";scroll:"+options.sc
roll+";");
20        //返回弹出式窗口
```

```
21          return retVal;                        //返回窗口引用值
22        }
23    });
24 })(jQuery)
```

在这个例子中，使用$.extend 扩展了 jQuery 类，首先定义了一个 options 对象，用来为模式窗口定义参数，然后调用 window.showModalDialog 函数，在浏览器上显示一个模式窗体，最后返回模式窗口的结果值。

在网页根目录下新建一个名为 jquery_modalwindow.html 的网页，在该网页中添加如下代码来实现对 jquery.modalwindow.js 插件的使用。

```
01 <html>
02 <head>
03 <meta http-equiv="Content-Type" content="text/html; charset=utf-8">
04 <title>弹出窗口插件使用示例</title>
05 <style type="text/css">
06   body,input{
07       font-size:9pt;
08   }
09   #test{
10       font-size:9pt;
11       width:500px;
12       height:50px;
13   }
14 </style>
15 <!--首先添加对 jQuery 库的引用-->
16 <script type="text/javascript" src="jQuery/jquery-3.3.1.js"></script>
17 <!--然后添加对 jQuery 插件 modalwindow 文件的引用-->
18 <script type="text/javascript" src="CustomPlugin/jquery.modalwindow.js">
</script>
19 <script type="text/javascript">
20   //在页面加载时，为按钮关联事件处理代码
21   $(document).ready(function(e) {
22       //应用自定义的 modalwindow 插件
23       $("#modalwindow").click(function(e) {
24       $.modalwindow({url:"http://www.baidu.com"});
25   });
26 });
27 </script>
28 </head>
29
30 <body>
31 <div id="test">这个示例演示了自定义类级别的插件的使用方法</div>
```

```
32    <input type="button" name="getdata" id="modalwindow" value="单击弹出窗口">
33    </body>
34    </html>
```

在这个示例的 HTML 代码部分添加了一个 div 和一个 input 元素，在页面的 head 部分首先添加了 jQuery 库的引用，然后添加了对 jquery.modalwindow.js 库的引用，接下来关联 jQuery 的 ready 事件，在 DOM 就绪事件中为按钮 modalwindow 关联单击事件处理代码，使之显示 url 为 www.baidu.com 的网页。运行效果如图 7.9 所示。

图 7.9　类级别的插件运行效果

可以看到，类级别的插件通过调用$.modalwindow，成功地调用了模式窗口，并且显示出了 IBM 公司的主页。

本节讲解了简单的 jQuery 插件的实现方法和示例。jQuery 的插件开发有时候要用到相当多的 CSS、HTML、jQuery 知识，因此有志于从事插件开发的朋友应该多看一看成熟插件的实现代码，了解其中的精髓，从而为自己的插件开发积累知识。

7.3　用第三方插件创建自己的网站

大多数网站都不同程度地使用了第三方插件，使网站更易于使用、更具有现代感，因此学会使用 jQuery 的众多插件是成为一名有经验的网站设计师非常重要的一步。每个设计人员都应该与时俱进，使网站无论从视觉上还是使用功能上都能满足大众的操作体验。jQuery 插件常常为了迎合大众需要而实现相应的功能，本节将通过一个使用了几个 jQuery 插件的网站来介绍如何使用第三方插件开发自己的网站。

7.3.1　网站结构设计

这一节将创建一个用来展示产品性质的网站,这个网站将使用一些 jQuery 的第三方插件来美化网页的设计。整个网站的结构如图 7.10 所示。

在首页中,包含一个图片轮播的第三方插件 number_slideshow.js,这个插件将在首页轮流显示一些产品相关的图片。在页面上还使用一个名为 jquery.fancybox 的弹出效果的插件。number_slideshow.js 呈现的效果如图 7.11 所示。

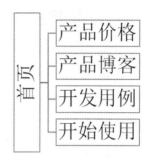

图 7.10　产品展示网站结构

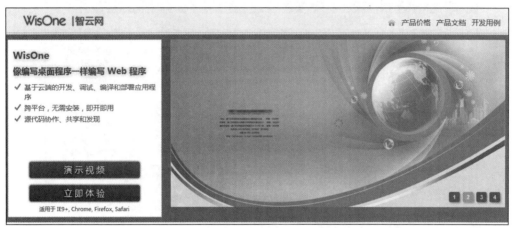

图 7.11　图片轮播插件的使用效果

jquery.fancybox 用来弹出一些交互操作的层,比如用户单击"开发用例"中的某个开发视频时将跳出一个显示视频的弹出层,如图 7.12 所示。

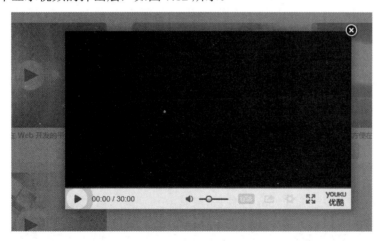

图 7.12　fancybox 的使用效果

在这一节中,笔者将重点介绍第三方 jQuery 插件为网页带来的效果,网页的具体实现细节请大家参考本书的配套源代码。

121

7.3.2　下载第三方插件

本网站需要一个图片幻灯播放插件和一个弹出层插件。图片幻灯播放插件选择 number-slideshow 这个简单易用的第三方插件，网址如下（网站可能国内无法访问，读者可以用本书源码测试）：

```
http://www.htmldrive.net/go/to/number-slideshow
```

在该网站上，可以看到 number-slideshow 这个插件的使用说明和使用效果，网页如图 7.13 所示。

单击这里查看演示网页

单击这里下载插件

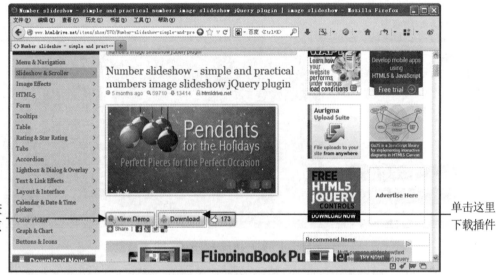

图 7.13　number-slideshow 插件网站

建议读者单击"View Demos"按钮查看一下 number-slideshow 这个插件的演示效果。在下载了这个插件后，将其解压缩放到示例网站 jQueryPluginSite 的 third_party 文件夹中。

fancybox 是一款优秀的弹出层效果的 jQuery 插件，可以提供丰富的弹出层效果，功能比较全面，可以加载 div、图片、图片集、Ajax 数据、swf 影片以及 iframe 页面等。fancybox 的下载网址如下：

```
http://fancybox.net/
```

在该网站上不仅可以下载到 fancybox 插件，还可以看到各种各样的 fancybox 的演示示例，如图 7.14 所示。

在 fancybox 网页上下载 fancybox 插件后，将其放到示例网站 jQueryPluginSite 的 third_party 文件夹中，至此网站所需要的插件已经准备完毕。

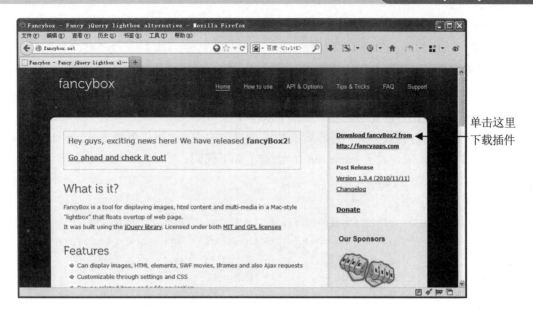

单击这里
下载插件

图 7.14　fancybox 下载页面

7.3.3　使用第三方插件

现在已经准备好了第三方插件，接下来看一看如何在页面上应用这两个插件来增强网页的效果。对于首页来说，将使用 number-slideshow 来显示幻灯播放效果的图片，因此在 home.html 中添加对 jQuery 和 number_slidershow 的 CSS 和 js 的引用。由于在首页也使用了 fancybox 插件，因此也必须添加对该插件的引用。home.html 的 head 部分定义如下所示。

```
01  <head>
02      <meta http-equiv="Content-Type"content="text/html;charset=utf-8" />
03      <title>首页</title>
04      <!--添加对于第三方插件的引用-->
05      <link rel="stylesheet" type="text/css"
06  href="third_party/jquery-number-slideshow/css/number_slideshow.css" />
07      <link rel="stylesheet" type="text/css"
08  href="third_party/jquery-fancybox-1.3.4/fancybox/
jquery.fancybox-1.3.4.css" />
09      <link rel="stylesheet" type="text/css" href="css/main.css" />
10      <script type="text/javascript"
src="third_party/jquery-3.3.1.js"></script>
11      <script type="text/javascript"
12  src="third_party/jquery-number-slideshow/js/number_slideshow.js">
</script>
13      <script type="text/javascript"
14  src="third_party/jquery-fancybox-1.3.4/fancybox/
jquery.fancybox-1.3.4.pack.js"></script>
15      <!--自己写的代码定义在如下两个 js 文件中-->
```

```
16      <script type="text/javascript" src="js/home.js"></script>
17      <script type="text/javascript" src="js/popup.js"></script>
18  </head>
```

在 head 部分不仅引用了 js 文件，还包含了插件所必需的 CSS 文件。插件的 CSS 文档与插件是密不可分的，否则将达不到插件的效果。

对于图片幻灯播放效果，需要定义要进行播放的图片，可以参考 number-slideshow 网站上的示例 HTML 代码。对于 home.html，添加了如下代码：

```
01  <!--网页幻灯播放栏-->
02  <div class="right">
03   <!--要进幻灯播放的图片列表，id 和 CSS 要符合匹配的 CSS-->
04     <div id="number_slideshow" class="number_slideshow">
05         <ul>
06             <li><a href="javascript:void(0);">
07             <img src="images/banner/example1.jpg" width="680"
height="330" alt="" />
08             </a></li>
09             <li><a href="javascript:void(0);">
10             <img src="images/banner/example7.jpg" width="680"
height="330" alt="" />
11             </a></li>
12             <li><a href="javascript:void(0);">
13             <img src="images/banner/example3.jpg" width="680"
height="330" alt="" />
14             </a></li>
15             <li><a href="javascript:void(0);">
16             <img src="images/banner/example4.jpg" width="680"
height="330" alt="" />
17             </a></li>
18         </ul>
19         <!--幻灯播放右下角的导航数字栏，CSS 要匹配 number-sildeshow 的 CSS 定义
-->
20         <ul class="number_slideshow_nav">
21             <li><a href="javascript:void(0);">1</a></li>
22             <li><a href="javascript:void(0);">2</a></li>
23             <li><a href="javascript:void(0);">3</a></li>
24             <li><a href="javascript:void(0);">4</a></li>
25         </ul>
26         <div style="clear: both"></div>
27     </div>
28  </div>
```

number-slideshow 的定义比较简单，整体而言分为两部分。一部分是要进行幻灯显示的图

片的定义，所有的图片放到 ul 和 li 元素中，但是外层的 div 的 id 和 class 必须要匹配 number-slideshow 的规则，否则可能不能正常显示。另一部分是导航数字栏的定义，这部分的 li 个数要与图片匹配，用来按顺序对图像进行导航。

在设置好了 HTML 内容之后，还需要在页面加载事件中对 number-slideshow 进行配置，使之能够正常幻灯播放图片。定义代码位于 home.js 中，代码如下所示。

```
01  $(document).ready(function() {
02      $('#number_slideshow').number_slideshow({
03          slideshow_autoplay: 'enable',                      //允许自动播放
04          slideshow_time_interval: 5000,                     //自动播放间隔
05          slideshow_window_background_color: '#ffffff',      //播放背影色
06          slideshow_window_padding: '0',                     //图片与div的内边距
07          slideshow_window_width: '680',                     //播放窗口宽度
08          slideshow_window_height: '330',                    //播放窗口高度
09          slideshow_border_size: '0',                        //边框尺寸
10          slideshow_transition_speed: 500,                   //转场速度
11          slideshow_border_color: '#006600',                 //边框颜色
12          slideshow_show_button: 'enable',                   //允许显示按钮
13          slideshow_show_title: 'disable',                   //不显示图片标题
14          slideshow_button_text_color: '#ffffff',            //导航按钮的样式设置
15          slideshow_button_current_text_color: '#ffffff',
16          slideshow_button_background_color: '#000066',
17          slideshow_button_current_background_color: '#669966',
18          slideshow_button_border_color: '#006600',
19          //动态加载图像时的加载进度图像
20          slideshow_loading_gif: 'third_party/jquery-number-slideshow/
loading.gif',
21          slideshow_button_border_size: '0'
22          });
23  });
```

在页面加载事件中定义了一系列的 number-slideshow 的配置参数，比如定义了幻灯播放的大小和边框、是否显示导航按钮、是否自动播放以及自动播放时的间隔等。定义完成之后，可以在 Dreamweaver 中按 F12 键在浏览器中查看效果，应该可以看到现在已经开始幻灯播放了。

fancybox 的使用比较简单，在添加了对插件的引用后，在 HTML 中定义 fancybox 要打开的链接，比如一个视频文件，代码如下：

```
    <a class="video" href="http://player.youku.com/player.php/sid/
XNjA0MzIwODEy/v.swf">
        <img alt="" width="300" height="200" src="images/video/example1.jpg" />
        <div class="btn"></div>
    </a>
```

在定义好了视频文件之后，在页面加载事件中为链接关联如下事件处理代码，以便在单击按钮之后就弹出一个视频播放的层。

```
//为video按钮关联事件处理代码
$('#video').fancybox({
    'padding': 0,              //视频内边距为0
    'autoScale': false,        //不允许自动缩放
    'transitionIn': 'none',    //不使用转入和转出的转场效果
    'transitionOut': 'none'
});
```

实际上，fancybox 具有很多参数，可以用来控制弹出层的样式和效果，但是本网站出于简化的目的仅仅使用了默认的几个参数。读者可以在如下网址中找到这些参数的具体用法：

```
http://fancybox.net/api
```

至此，这个网站的第三方插件的使用部分就介绍完了。在完成了网站的其他部分后，就可以预览一下网站的整体效果了。

7.3.4 网站最终效果

这个网站是一个纯静态的 HTML 网站，在使用了 jQuery 的插件之后，整个网站显得更具有现代感，首页的幻灯播放效果让网站呈现动感体验，如图 7.15 所示。

幻灯播放的图片效果

图 7.15 幻灯播放的首页

首页左侧的"演示视频"按钮使用了 fancybox 插件，单击该按钮，将显示一个视频演示的窗口，如图 7.16 所示。

可以单击 fancybox 窗口右上角的关闭图标来关闭视频播放窗口，在"开发用例"页面，也就是 sample.html 页面，包含了一个视频播放列表，用来展示网站产品的用例，单击每一个按钮都会弹出一个 fancybox 窗口进行视频播放，如图 7.17 所示。

图 7.16   fancybox 弹出视频播放窗口

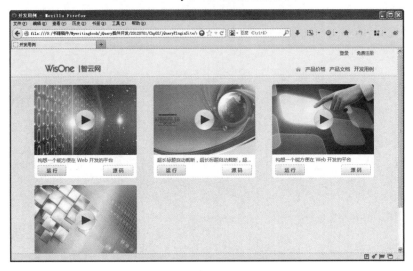

图 7.17   开发用例页面

在这个页面中，每一个链接按钮都关联了 fancybox 函数，以便于在单击时显示一个播放窗口。在使用了插件之后，网站的效果变得灵活多样，用户体验上面增强了不少。

7.4   常见问题

7.4.1   jQuery 和 jQuery 插件的区别

jQuery 是一堆封装的 JavaScript 代码，jQuery 插件也是，两者都是一堆 JavaScript 代码，这有什么区别吗？

简单来说，两者虽然都是 JavaScript 代码，但是基本语法是有区别的。jQuery 是 JavaScript 的一个框架，封装了 JavaScript 的一些常用函数。jQuery 插件是基于 jQuery 的一些扩展函数，是基于 jQuery 的语法扩展出来的一些特效功能。可以说，jQuery 的插件是 jQuery 库的一个延伸！

7.4.2　开发或使用 jQuery 插件是否要注意版本

jQuery 和其他的代码类库类似，也有不同的版本（最大的两个版本就是 1.x 和 2.x，少量 3.x）。大多数旧版本中的方法即使被遗弃也会被保留，这样至少插件还能用，但是新的方法会被添加，此时如果使用比新方法低的 jQuery 版本就不行了。一个非常典型的例子是 on 方法，它是 jQuery 1.6 版本中事件处理的一个全新的 all-in-one（多合一）解决方案。如果我们使用了带.on()方法的插件，就需要 jQuery 1.6 或者以上版本来支持。

一个比较好的开发习惯是在文档中说明所要求的 jQuery 版本（如 1.7+）。

第 8 章

◀ jQuery的UI插件 ▶

设计合理、内容丰富和页面漂亮的网站总会受到浏览者的喜欢和光顾，如果我们仅仅是使用 HTML 和 CSS，要设计出美观的界面会比较麻烦，jQuery 的 UI 插件可以解决这个麻烦。我们只要掌握了 jQuery 的插件，jQuery 的 UI 插件就比较好理解了。在第 7 章介绍 jQuery 插件库的资源时曾简单提到过 jQuery UI，本章将详细介绍它。

本章主要内容：

- 认识并下载 jQuery UI
- 学习拖动组件和拖放组件
- 学习进度条、滑动条工具集
- 学习日历、对话框工具集
- 学习手风琴和幻灯片界面效果

8.1 基于 jQuery 的扩展——jQuery UI 插件

jQuery UI 是以 jQuery 为基础的开源 JavaScript 网页用户界面代码库，包含底层用户交互、动画、特效和可更换主题的可视控件。jQuery UI 实行渐进增强原则，通过标准 HTML 代码来保证禁用 JavaScript 环境或移动设备下的内容仍然可以访问。

jQuery UI 的官方提供了 3 种分类：

- 交互（Interactions）：各种鼠标操作，如拖曳（Draggable、Droppable）、选择（Selectable）、排序（Sortable）、缩放（Resizable）。
- 微件（Widgets）：各种页面控件的美观设计，如折叠菜单（Accordions）、日历（Datepicker）、对话框（Dialog）、滑动条（Slider）、标签（Tab）、放大镜效果（magnifier）、下拉菜单（Selectmenu）等。
- 效果（Effects）：各种动画效果，如 Color Animation、显示、隐藏等。

jQuery UI 提供的组件特别多，限于本书篇幅，我们只介绍几种常用的组件，希望通过对这些组件的方法、属性和事件的介绍可使读者掌握 jQuery UI 组件的使用方法。

8.2　下载 jQuery UI 插件

jQuery UI 插件的下载比较简单，因为是英文界面，所以这里给出一个简单的步骤。

步骤 ①　在网页中打开 http://jqueryui.com/。

步骤 ②　在网页的右侧有 3 个可以下载的地方，分别是自定义下载、稳定版本下载和历史版本下载，如图 8.1 所示。其中自定义下载允许我们只下载 UI 插件的部分特效，历史版本会提供过往的一些 jQuery UI 版本，如 1.10、1.9 等。

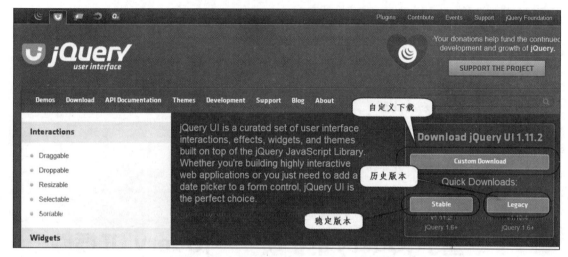

图 8.1　下载 jQuery UI

步骤 ③　单击 Stable 按钮，下载 jQuery UI v1.11.2 版本。下载下来的是一个压缩包 jquery-ui-1.11.2.zip，解压后的效果如图 8.2 所示。

名称 ▲	修改日期	类型	大小
external	2015/2/5 22:09	文件夹	
images	2015/2/5 22:09	文件夹	
index.html	2014/10/16 11:29	Chrome HTML Do...	31 KB
jquery-ui.css	2014/10/16 11:29	层叠样式表文档	35 KB
jquery-ui.js	2014/10/16 11:29	JScript Script...	459 KB
jquery-ui.min.css	2014/10/16 11:29	层叠样式表文档	30 KB
jquery-ui.min.js	2014/10/16 11:29	JScript Script...	234 KB
jquery-ui.structure.css	2014/10/16 11:29	层叠样式表文档	18 KB
jquery-ui.structure.min.css	2014/10/16 11:29	层叠样式表文档	15 KB
jquery-ui.theme.css	2014/10/16 11:29	层叠样式表文档	18 KB
jquery-ui.theme.min.css	2014/10/16 11:29	层叠样式表文档	14 KB

图 8.2　解压后的 jQuery UI 插件

接下来我们会详细介绍如何使用 jQuery UI 插件。

8.3 利用 jQuery UI 实现页面交互

在任何项目的界面中,与鼠标指针交互都是设计中的核心组成部分。虽然许多简单鼠标交互都内建到界面里(例如单击等),但是它们并不支持一些高级的交互方式。

在 Windows 系统的桌面上,经常会涉及一些与鼠标的交互操作——拖动和投放。例如,在文件夹之间拖动文件,或在文件系统中四处移动文件,甚至把文件拖放到回收站实现删除文件功能。那么在浏览器中也可以实现这些效果吗?答案是肯定的,不过需要利用 jQuery UI 框架拖动和拖放组件。

8.3.1 拖动组件 Draggable 的使用

jQuery UI 插件的拖动组件可以实现在页面上拖来拖去的效果,即只要单击页面中的拖动组件对象,并拖动鼠标就可以将其移动到浏览器区域内的任意位置。

在页面中使用 jQuery UI 插件的拖动组件,需要经过如下步骤:

步骤 01　在页面代码的head标签元素中,添加包含拖动组件的UI类库和jQuery库,具体内容如下:

```
<script type="text/javascript" src="jquery-3.3.1.js"></script>
<script type="text/javascript" src="jquery-ui.js"></script>
```

步骤 02　通过方法draggable()封装DOM对象为jQuery对象,该方法的具体语法如下:

```
$(selector). Draggable();
```

其中,selector 是选择器,用于选择将被封装成拖动组件的对象。

步骤 03　根据具体需求,通过方法draggable(options)设置拖动组件对象的配置选项,以达到预期的效果。拖动组件的配置选项内容如表 8.1 所示。

表 8.1　拖动组件的常见配置选项

名　称	属　性　值	说　明
addClasses	boolean	是否为可拖动元素应用 ui-draggale 类
appendTo	element	将可拖动元素指定到一个容器
axis	string	限制可拖动元素沿着一个轴移动,可以为 x(水平)或者 y(垂直)
cancel	selector	指定不能被拖动的元素
connectToSortable	selector	是否关联到一个可排序列表上,使之成为排序元素
containment	selector,element, string,array	阻止将元素拖出指定元素或区域的边界
cursor	string	指定光标指针位于可拖动元素上时使用的 CSS cursor 属性

（续表）

名　　称	属　性　值	说　　明
cursorAt	object	指定一个默认的相对位置，拖动对象时光标将在这里出现
delay	integer	指定开始拖动时延时多少毫秒
distance	integer	按下光标后开始拖动前必须移动鼠标的距离
grid	array	使可拖动元素对齐页面上的一个虚拟网格
handle	elment,selector	在可拖动元素中指定用于放置拖动指针的特定区域
helper	string,function	指定拖动时显示的辅助元素
iframeFix	boolean,selector	是否阻止 iframe 元素在拖动时捕获 mousemove 事件
opacity	float	指定拖动过程中辅助元素的不透明度
refreshPositions	boolean	是否在每次拖动的 mousemove 事件中重新计算位置
revert	boolean,string	是否在拖动之后自动回到原始位置
revertDuration	integer	指定元素返回其原始位置时所需要的毫秒
scope	string	用来指定一个拖放元素组合，通常与 droppable 集合使用
scroll	boolean	指定是否在拖动容器时元素自动滚动
scrollSensitivity	integer	指定可拖动元素在距离容器边缘多远时容器开始滚动
scrollSpeed	integer	指定容器元素的滚动速度
snap	boolean,selector	指定可拖动元素在靠近元素时是否自动对齐到边缘
snapMode	string	指定自动对齐目标元素的方式
snapTolerance	integer	指定可拖动元素距离目标元素多远时开始自动对齐
stack	object	确保当前拖动对象总是位于同一组中其他拖动对象的上方
zIndex	integer	设置拖动过程中辅助元素的 z-index 值

　　如果想在页面中灵活地使用拖动组件，除了要了解该组件的使用步骤、配置选项外，还需要了解它的方法和事件，如表 8.2、表 8.3 所示。

表 8.2　拖动组件的常用方法

名　　称	说　　明
destroy	禁止可拖动元素的拖动功能
disable	从一个拖动容器中完全删除可拖动元素，并使该对象返回到其初始化状态
enable	重新激活可拖动元素的可拖动功能
option	获取或者设置可拖动元素的配置属性

表 8.3　拖动组件的常用事件

名　　称	说　　明
drag	在拖动元素过程中移动鼠标时触发
start	开始拖动元素时触发
stop	停止拖动元素时触发

8.3.2 拖放组件 Droppable 的使用

在 jQuery UI 插件中，除了可以使用拖动组件对页面中的元素进行拖动外，还可以通过拖放组件保存拖动组件操作的对象。也就是说，拖放组件主要用来为拖动组件所操作的元素提供存放位置。

在页面中使用 jQuery UI 插件的拖放组件，需要经过如下步骤：

步骤 01 在页面代码的head标签元素中，添加拖放组件支持的UI类库和jQuery类库，具体内容 如下：

```
<script type="text/javascript" src="jquery-3.3.1.js"></script>
<script type="text/javascript" src="jquery-ui.js"></script>
```

步骤 02 通过方法droppable()封装DOM对象为jQuery对象，该方法的具体语法如下：

```
$(selector).droppable();
```

其中，selector 是选择器，用于选择将被封装成拖放组件的对象。

步骤 03 根据具体需求，通过方法droppable(options)设置拖放组件对象的配置选项，以达到预期的效果。拖放组件的配置选项内容参见表 8.4。

表 8.4 拖放组件的常见配置属性

名　　称	属 性 值	说　　明
accept	selector function	设置拖放元素可接受的元素
activeClass	string	设置可接受的元素处于拖动状态时应用的 CSS 类
addClasses	boolean	设置是否允许对拖放元素添加 ui-droppable 类
greedy	boolean	设置是否在嵌套的拖放元素中阻止事件的传播
hoverClass	string	设置拖放元素在拖动对象移动到其中应用的 CSS 类
scope	string	设置拖动对象和拖放目标集
tolerance	string	设置可接受的拖动元素完成拖放的触发模式

如果想在页面中灵活使用拖放组件，除了要了解该组件的使用步骤、配置选项外，还需要了解它的方法和事件。拖放组件的方法与拖动组件所支持的方法区别不大，所以就不介绍了，该组件所支持的事件可参见表 8.5。

表 8.5 拖放组件的常用事件

事 件 名	说　　明
activate	当所接受的对象开始拖动时触发
create	开始拖动元素时触发
deactivate	当所接受的对象停止拖动时触发

（续表）

事 件 名	说 明
drop	当所接受的对象放置在目标对象上方时触发
out	当所接受的对象移出目标对象时触发
over	当所接受的对象位于目标对象上方时触发

8.3.3 实例：模拟 Windows 系统"回收站"

模仿 Windows 系统的"回收站"功能，具体要求如下：

（1）对于列表中的图片，可以通过拖动方式或单击"删除"链接的方式，以动画方式移至"回收站"。

（2）对于"回收站"中的图片，可以通过拖动方式或单击"还原"链接的方式，以动画方式"还原"到图片列表。

运行该案例，初始效果如图 8.3 所示。在图片列表中，当鼠标单击图片（第一张）时，出现移动鼠标样式后，就可以直接拖动该图片到"回收站"；或者直接单击图片（第二张）下面的"删除"链接，也可以达到上述效果，如图 8.4 所示。

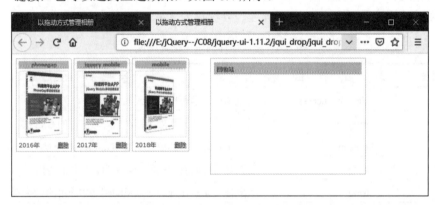

图 8.3 初始效果

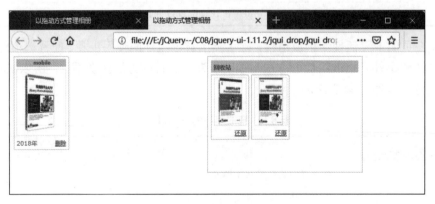

图 8.4 删除后效果

134

在"回收站"里，当用鼠标单击图片（第一张）时，出现移动鼠标样式后，就可以直接拖动该图片到图片列表里（效果如图 8.5 所示）；或者直接单击图片（第二张）下面的"还原"链接，也可以达到上述效果。

图 8.5 还原效果

下面通过应用 jQuery UI 插件中的拖动（Draggable）和拖放（Droppable）两个组件实现上述示例。在具体实现时，设计一个包含图片列表和"回收站"的页面 jqui_drop.html，代码如下：

```
01  <body>
02  <div class="phframe">
03    <!--图片列表-->
04    <ul id="photo" class="photo">
05      <li class="photoframecontent photoframetr">
06        <h5 class="photoframeheader">java</h5>
07        <!--图片标题-->
08        <img src="Images/img01.jpg" alt="2016年图书作品" width="85"
height="120" />
09        <!--加载图片-->
10        <span>2016年</span>
11        <!--显示图片信息-->
12        <a href="#" title="放入回收站" class="phtrash">删除</a>
13        <!--删除链接-->
14      </li>
15      <li class="photoframecontent photoframetr">
16        <h5 class="photoframeheader">java web</h5>
17        <img src="Images/img02.jpg" alt="2017年图书作品"  width="85"
height="120" /> n>2017年
18  </span> <a href="#" title="放入回收站" class="phtrash">删除</a> </li>
19      <li class="photoframecontent photoframetr">
20        <h5 class="photoframeheader">java web 模块</h5>
21        <img src="Images/img03.jpg" alt="2018年图书作品"  width="85"
height="120" />
```

```
22   <span>2018年
22   </span> <a href="#" title="放入回收站" class="phtrash">删除</a> </li>
23     </ul>
24     <!--回收站-->
25     <div id="trash" class="photoframecontent">
26        <h4 class="photoframeheader">回收站</h4>
27     </div>
28   </div>
29   </body>
```

在上述代码中，第 4~23 行用来实现图片列表，第 25~27 行用来实现"回收站"。
为了便于实现拖动和拖放功能，需要引入如下 js 文件：

```
<script type="text/javascript" src="../jquery-3.3.1.js"></script>
<script type="text/javascript" src="../jquery-ui.js"></script>
```

编写 jQuery 代码，实现图片管理功能，具体代码如下：

```
01           $(function() {
02               //使用变量缓存 DOM 对象
03               var $photo = $("#photo");
04               var $trash = $("#trash");
05               //可以拖动包含图片的表项标记
06               $("li", $photo).draggable({
07                   revert: "invalid",    //在拖动过程中，停止时将返回原来位置
08                   helper: "clone",       //以复制的方式拖动
09                   cursor: "move"
10               });
11               //将图片列表的图片拖动到回收站
12               $trash.droppable({
13                   accept: "#photo li",
14                   activeClass: "highlight",
15                   drop: function(event, ui) {
16                       deleteImage(ui.draggable);
17                   }
18               });
19               //将回收站中的图片还原至图片列表
20               $photo.droppable({
21                   accept: "#trash li",
22                   activeClass: "active",
23                   drop: function(event, ui) {
24                       recycleImage(ui.draggable);
25                   }
26               });
27               //自定义图片从图片列表中删除拖动到回收站的函数
```

```
28                var recyclelink = "<a href='#' title='从回收站还原'
class='phrefresh'>还原</a>";
29            function deleteImage($item) {
30                $item.fadeOut(function() {
31                    var $list = $("<ul class='photo
reset'/>").appendTo($trash);
32                        $item.find("a.phtrash").remove();
33                        $item.append(recyclelink).appendTo($list).
fadeIn(function() {
34                            $item
35                                .animate({ width: "61px" })
36                                .find("img")
37                                .animate({ height: "86px" });
38                        });
39                });
40            }
41            //自定义图片从回收站还原至图片列表时的函数
42            var trashlink = "<a href='#' title='放入回收站' class='phtrash'>
删除</a>";
43            function recycleImage($item) {
44                $item.fadeOut(function() {
45                    $item
46                        .find("a.phrefresh")
47                        .remove()
48                        .end()
49                        .css("width", "85px")
50                        .append(trashlink)
51                        .find("img")
52                        .css("height", "120px")
53                        .end()
54                        .appendTo($photo)
55                        .fadeIn();
56                });
57            }
58            //根据图片所在位置绑定删除或还原事件
59            $("ul.photo li").click(function(event) {
60                var $item = $(this),
61                    $target = $(event.target);
62                if ($target.is("a.phtrash")) {
63                    deleteImage($item);
64                } else if ($target.is("a.phrefresh")) {
65                    recycleImage($item);
66                }
```

```
67                    return false;
68               });
69          });
```

在上述代码中，第 2~4 行代码获取图片列表和回收站对象。第 6~10 行代码首先在$photo对象里查找<li>元素集对象，然后通过 draggable()方法设置获取的对象集可以进行拖动。第 12~18 行代码实现将图片拖入到"回收站"，主要通过 droppable()方法来实现，首先通过 accept 设置对象$trash 的接受对象为"#photo li"，然后通过 drop 设置图片拖动到"回收站"时触发的函数 deleteImage()。第 29~40 行定义了 deleteImage()方法，主要实现将图片从图片列表中删除拖动到"回收站"。其中第 20~26 行代码实现将"回收站"里的图片还原到图片列表中，主要通过 droppable()方法来实现，首先通过 accept 设置对象$photo 的接受对象为"#trash li"，然后通过 drop 设置图片拖动到图片列表时触发的函数 recycleImage()。第 43~57 行定义了 recycleImage()方法，主要实现将图片从"回收站"还原至图片列表。第 59~68 行代码主要实现将两个自定义函数 deleteImage()和 recycleImage()绑定到删除和还原事件。

8.4 利用 jQuery UI 实现页面中的进度条

在项目开发的页面上，处理一些比较复杂的业务操作时，往往需要用户等待。为了防止用户在等待的时间里焦虑不安，最好对业务的操作进行提示。例如，在 Windows 系统中复制文件、下载文件时，都会使用进度条，让用户明确知道任务执行的进度。所以这里的进度条，就是随着时间的推移，用动画形式显示该组件的更新过程。

8.4.1 进度条工具集的使用

jQuery UI 插件的进度条工具集不仅界面简单、美观，还可以显示百分比进度，同时可以通过 CSS 样式设置该工具集的样式。不过需要注意，jQuery UI 插件中的进度条工具集只能应用于系统更新当前状态，或者用于显示长度比例的情况。

在页面中使用 jQuery UI 插件的进度条工具集，需要经过如下步骤：

步骤 01 在页面代码的head标签元素中，添加进度条工具集所支持的类库、样式表等资源，具体内容如下：

```
<script type="text/javascript" src="jquery-3.3.1.js"></script>
<script type="text/javascript" src="jquery-ui.js"></script>
```

步骤 02 通过方法progressbar()封装DOM对象为jQuery对象，该方法的具体语法如下：

```
$(selector). progressbar();
```

其中，selector 是选择器，用于选择将被封装成进度条工具集的对象。

步骤 **03** 根据具体需求，通过方法progressbar(options)设置进度条工具集的配置选项，以达到
预期的效果。进度条工具集的配置选项内容参见表 8.6。

表 8.6　进度条工具集的常见配置选项

名　　称	属　性　值	说　　明
disabled	boolean	设置是否禁用进度条
max	integer	设置进度条的最大值
value	integer	设置进度条的值

如果想在页面中灵活使用进度条工具集，除了要了解该工具集的使用步骤、配置选项外，
还需要了解它的方法和事件，该工具集所支持的事件可参看表 8.7。

表 8.7　进度条工具集的常用事件

名　　称	说　　明
change	当该工具集的值改变时触发
complete	当该工具集完成后触发
create	当创建该工具集时触发

对于该工具集所支持的方法，除了方法 destroy()、方法 disable()、方法 enable()、方法 option()
和方法 widget()外，还提供了一个方法 value()，该方法可以获取或者设置进度条组件的当前值。

8.4.2　实例：实现进度条效果

本节通过应用 jQuery UI 插件中的进度条（Progressbar）工具集实现进度条效果，可参看
本章源代码 jqui_Progress.html。

运行该示例，初始效果如图 8.6 所示。经过 3 秒后，该进度条的值就会自动改变，如图 8.7
所示。执行完毕后，该进度条就会显示"Complete!"提示信息，如图 8.8 所示。

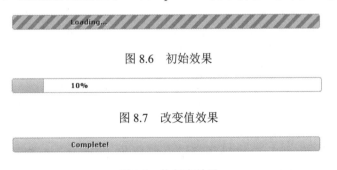

图 8.6　初始效果

图 8.7　改变值效果

图 8.8　执行完效果

在具体实现时，设计一个包含进度条和显示进度条信息的页面 jqui_Progress.html，它的
HTML 的代码如下：

```
<div id="progressbar" style="width: 37%;" >          <!--进度条-->
  <div class="progress-label">Loading...</div>        <!--显示进度条信息-->
```

```
</div>
```

为了便于实现日期输入框功能，需要引入如下 js 和 css 文件：

```
<link rel="stylesheet" href="../jquery-ui.css">
<script type="text/javascript" src="../jquery-3.3.1.js"></script>
<script type="text/javascript" src="../jquery-ui.js"></script>
<link rel="stylesheet" href="css/demos.css">
```

编写 jQuery 代码，实现进度条值改变功能，具体代码如下：

```
01      $(function() {
02          //获取进度条对象和显示进度条信息对象
03          var progressbar = $( "#progressbar" ),
04          progressLabel = $( ".progress-label" );
05          progressbar.progressbar({
06              value: false,                   //禁用滑动条的值
07              change: function() {            //当进度条的值改变后触发的事件
08                  progressLabel.text( progressbar.progressbar( "value" ) +
"%" );
09              },
10              complete: function() {          //当进度条执行完后触发的事件
11                  progressLabel.text( "Complete!" );
12              }
13          });
14          function progress() {               //实现改变进度条值的方法
15              //初始化进度的值
16              var val = progressbar.progressbar( "value" ) || 0;
17              //设置进度的值增加1
18              progressbar.progressbar( "value", val + 1 );
19
20              if ( val < 99 ) {
21                  setTimeout( progress, 100 );   //每隔0.1秒执行方法progress
22              }
23          }
24          setTimeout( progress, 3000 );           //3秒后执行方法progress
25      });
```

在上述代码中，第 3~4 行代码获取进度条对象 progressbar 和显示进度条信息对象 progressLabel。第 5~13 行代码设置进度条对象选项，其中第 7~9 行代码实现当进度条的值改变后触发的事件，在该事件的处理方法里调用方法 progress()，第 10~12 行代码实现当进度条执行完后触发的事件。第 14~23 行代码自定义了方法 progress()，实现改变进度条值的功能。第 24 行代码实现 3 秒后执行方法 progress()。

8.5　利用 jQuery UI 实现页面中的滑动条

　　jQuery UI 插件中的滑动条（Slider）工具集可以很容易实现"滑动条"效果。所谓滑动条效果，就是背景条代表的一系列值，可以通过移动背景条上的指针选择所需要的值。例如，Windows 系统中的声音调节控件（如图 8.9 所示）、Photoshop 软件里的颜色调色器、游戏中的记分板等都会使用滑动条，使用户更方便地选取相应的值。

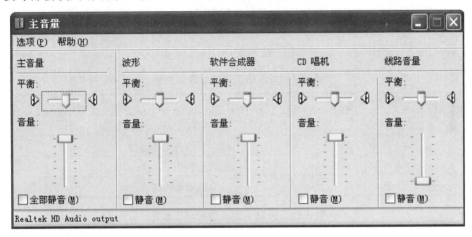

图 8.9　声音调节控件中的滑动条

8.5.1　滑动条工具集的使用

　　jQuery UI 插件的滑动条工具集由两个元素组成，分别为滑动柄和滑动轨道，其中滑动柄可以被鼠标拖动或者随着方向键移动。

　　在页面中使用 jQuery UI 插件的滑动条工具集，需要经过如下步骤：

步骤 01　在页面代码的 head 标签元素中添加滑动条工具集所支持的类库、样式表等资源，具体内容如下：

```
<script type="text/javascript" src="jquery-3.3.1.js"></script>
<script type="text/javascript" src="jquery-ui.js"></script>
```

步骤 02　通过方法 slider() 封装 DOM 对象为 jQuery 对象，该方法的具体语法如下：

```
$(selector).slider ();
```

　　其中，selector 是选择器，用于选择将被封装成滑动条工具集的对象。

步骤 03　根据具体需求，通过方法 slider(options) 设置滑动条工具集的配置选项，以达到预期的效果。滑动条工具集的配置选项内容可参见表 8.8。

表 8.8　滑动条工具集的常见配置选项

名　称	属 性 值	说　明
animate	false	在单击滑动轨道时，为滑动柄的移动激活平滑效果的动画
disabled	boolean	是否禁用滑动条工具集
max	100	设置滑动条工具集滑动柄的最大值
min	0	设置滑动条工具集滑动柄的最小值
orientation	horizontal，vertical	设置滑动条工具集的对齐方式
range	boolean	在两个滑动条工具集之间创建带有样式的区域
step	min 和 max 之间	设置步数

如果想在页面中灵活使用滑动条工具集，除了要了解该工具集的使用步骤、配置选项外，还需要了解它的方法和事件，如表 8.9、表 8.10 所示。

表 8.9　滑动条工具集的常用方法

方 法 名	说　明
destroy	将底层标记返回到原始状态
disable	禁用滑动条工具集
enable	激活滑动条工具集
value	获取滑动柄的值

表 8.10　滑动条工具集的常用事件

事 件 名	说　明
chang	在滑动柄停止移动并且它的值发生改变时触发
slide	在滑动柄移动时触发
start	在滑动柄开始移动时触发
stop	在滑动柄停止移动时触发

8.5.2　实例 1：实现图片滑块滚动条效果

本节通过应用 jQuery UI 插件中的滑动条（Slider）工具集，实现图片滑块滚动条的效果，具体内容参看页面 jqui_slider.html。运行该案例，初始效果如图 8.10 所示。通过鼠标或者方向键向右移动滑动柄，图片也会随着移动，具体效果如图 8.11 所示。

图 8.10　初始效果

图 8.11　拖动滑动条效果

在具体实现时，设计一个包含滑动条和图片的页面 jqui_slider.html，代码如下：

```
<body>
<div class="scroll-pane ui-widget ui-widget-header ui-corner-all">
    <div class="scroll-content">                         <!--图片内容-->
        <div class="scroll-content-item ui-widget-header">1</div>
        <div class="scroll-content-item ui-widget-header">2</div>
......
    </div>
        <div class="scroll-bar-wrap ui-widget-content ui-corner-bottom">
<!--滚动条对象-->
        <div class="scroll-bar"></div>
    </div>
</div>
</body>
```

为了便于实现图片滑块滚动条功能，需要引入如下 js 和 css 文件：

```
<link rel="stylesheet" href="../jquery-ui.css">
<script type="text/javascript" src="../jquery-3.3.1.js"></script>
<script type="text/javascript" src="../jquery-ui.js"></script>
<link rel="stylesheet" href="css/demos.css">
```

编写 jQuery 代码，实现图片滑块滚动条功能，具体代码如下：

```
01          //获取图片内容对象和包含图片内容和滑动条对象的 div 对象
02          var scrollPane = $( ".scroll-pane" ),
03          scrollContent = $( ".scroll-content" );
04          //获取滑动条对象并进行相应的设置
05          var scrollbar = $( ".scroll-bar" ).slider({
06              //设置发生滑动滑动柄事件时的触发事件
07              slide: function( event, ui ) {
                                    //设置当用户滑动手柄时触发事件的处理方法
08                  if ( scrollContent.width() > scrollPane.width() ) {
09                      scrollContent.css( "margin-left", Math.round(
10                          ui.value / 100 * ( scrollPane.width() -
scrollContent.width() )
```

143

```
11                 ) + "px" );
12             } else {
13                 scrollContent.css( "margin-left", 0 );
14             }
15         }
16     });
17     //改变图片的处理
18     var handleHelper = scrollbar.find( ".ui-slider-handle" )
19         .mousedown(function() {
20             scrollbar.width( handleHelper.width() );
21         })
22         .mouseup(function() {
23             scrollbar.width( "100%" );
24         })
25         .append( "<span class='ui-icon ui-icon-grip-dotted-vertical'>
</span>" )
26         .wrap( "<div class='ui-handle-helper-parent'> </div>" ).parent();
27     //设置超出的图片处于隐藏状态
28     scrollPane.css( "overflow", "hidden" );
29     //设置滚动条滚动距离的大小和处理的比例
30     function sizeScrollbar() {
31         var remainder = scrollContent.width() - scrollPane.width();
32         var proportion = remainder / scrollContent.width();
33         var handleSize = scrollPane.width() - ( proportion *
scrollPane.width() );
34         scrollbar.find( ".ui-slider-handle" ).css({
35             width: handleSize,
36             "margin-left": -handleSize / 2
37         });
38         handleHelper.width( "" ).width( scrollbar.width() -
handleSize );
39     }
40     //获取滚动内容图片位置而设置整个滑动柄的值
41     function resetValue() {
42         var remainder = scrollPane.width() - scrollContent.width();
43         var leftVal = scrollContent.css( "margin-left" ) === "auto" ? 0 :
44             parseInt( scrollContent.css( "margin-left" ) );
45         var percentage = Math.round( leftVal / remainder * 100 );
46         scrollbar.slider( "value", percentage );
47     }
48     //根据窗口大小设置显示图片内容
49 function reflowContent() {
```

```
50                    var showing = scrollContent.width() +
parseInt(scrollContent.css( "margin-left" ), 10 );
51                        var gap = scrollPane.width() - showing;
52                        if ( gap > 0 ) {
53                            scrollContent.css( "margin-left",
parseInt( scrollContent.css( "margin-left" ), 10 ) + gap );
54                        }
55                }
56                //根据窗口大小调整滑动柄上的位置
57                $( window ).resize(function() {
58                    resetValue();
59                    sizeScrollbar();
60                    reflowContent();
61                });
62                setTimeout( sizeScrollbar, 10 );    //0.01秒后执行方法 sizeScrollbar
63    })
```

在上述代码中，第 2~3 行代码实现获取图片内容对象和包含所有内容的 div 对象。第 5~16 行代码获取滑动条对象，然后通过方法 slider()设置滑动条的各种选项，其中选项 slide 设置当用户滑动手柄时触发事件的处理方法。第 18~26 行代码实现改变图片的处理。第 28 行主要用来实现设置超出的图片处于隐藏状态。第 30~39 行代码主要用来实现设置滚动条滚动距离的大小和处理的比例。第 41~47 行代码用来获取滚动内容图片位置而设置整个滑动柄的值。第 49~55 行代码实现根据窗口大小设置显示图片内容。第 57~61 行代码实现根据窗口大小调整滑动柄上的位置。第 62 行代码实现 0.01 秒后执行方法 sizeScrollbar。

8.5.3　实例 2：实现简单颜色调色器

本节通过应用 jQuery UI 插件中的滑动条（Slider）工具集实现简单颜色调色器，具体内容参看页面 jqui_slider2.html。运行该案例，初始效果如图 8.12 所示。通过鼠标或者方向键向右移动各色系的滑动柄，颜色块就会显示所设置的颜色，具体效果如图 8.13 所示。

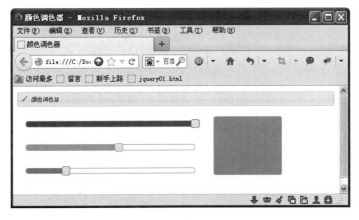

图 8.12　初始效果

145

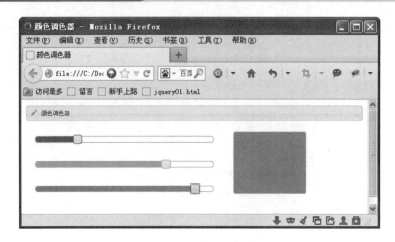

图 8.13　设置颜色后的效果

在具体实现时，设计一个包含色系滑动条和颜色块的页面 jqui_slider2.html，代码如下：

```
01   <body class="ui-widget-content" style="border:0;">
02   <p class="ui-state-default ui-corner-all ui-helper-clearfix"
style="padding:4px;">
03       <span class="ui-icon ui-icon-pencil" style="float:left; margin:-2px
5px 0 0;"></span>
04       颜色调色器
05   </p>
06   <!--红、绿、蓝三种色系滑动块-->
07   <div id="red"></div>
08   <div id="green"></div>
09   <div id="blue"></div>
10   <!--颜色块-->
11   <div id="swatch" class="ui-widget-content ui-corner-all"></div>
12   </body>
```

为了便于实现功能颜色调色器，需要引入如下 js 和 css 文件：

```
<link rel="stylesheet" href="../jquery-ui.css">
<script type="text/javascript" src="../jquery-3.3.1.js"></script>
<script type="text/javascript" src="../jquery-ui.js"></script>
<link rel="stylesheet" href="css/demos.css">
```

编写 jQuery 代码，实现简单颜色调色器功能，具体代码如下：

```
01       //设置关于颜色的十六进制
02       function hexFromRGB(r, g, b) {
03           var hex = [
04               r.toString( 16 ),
05               g.toString( 16 ),
06               b.toString( 16 )
```

```
07              ];
08              $.each( hex, function( nr, val ) {
09                  if ( val.length === 1 ) {
10                      hex[ nr ] = "0" + val;
11                  }
12              });
13              return hex.join( "" ).toUpperCase();
14          }
15          //设置颜色块的颜色
16          function refreshSwatch() {
17              //获取三大色系的滑动条对象
18              var red = $( "#red" ).slider( "value" ),
19              green = $( "#green" ).slider( "value" ),
20              blue = $( "#blue" ).slider( "value" ),
21              hex = hexFromRGB( red, green, blue );    //获取三大色系的十六进制值
22              $( "#swatch" ).css( "background-color", "#" + hex );
                                                        //设置颜色块的背景颜色
23          }
24          $(function() {
25              $( "#red, #green, #blue" ).slider({
26                  orientation: "horizontal",       //设置色系滚动条竖向排列
27                  range: "min",
28                  max: 255,                         //设置色系滚动条的最大值
29                  value: 127,                       //设置色系滚动条的默认值
30                  slide: refreshSwatch,             //设置发生拖动手柄事件的处理方法
31                  change: refreshSwatch             //重新设置 value 后的处理方法
32              });
33              //设置各色系的默认值
34              $( "#red" ).slider( "value", 255 );
35              $( "#green" ).slider( "value", 140 );
36              $( "#blue" ).slider( "value", 60 );
37          })
```

在上述代码中，第 2~23 行代码为自定义两个方法 hexFromRGB()和 refreshSwatch()，第一个方法主要用来实现把各个色系的值转换成表示颜色的十六进制值，而第二个方法实现设置颜色块的颜色。第 24~37 行设置页面加载时的执行过程，其中第 25~32 行通过方法 slider()设置各色系的各种选项，orientation 设置各个颜色系滑动块的排列方向，range 设置各个颜色系滑动块之间是否需要相互感应，min 表示感应最小值，max 设置各个颜色系滑动块的最大值，slide 设置各个颜色系滑动块发生拖动手柄事件的处理方法，change 设置各个颜色系滑动块重新设置 value 后的处理方法，最后通过方法 slider()设置各个颜色系滑动块的值。

8.6 利用 jQuery UI 实现页面中的日历

jQuery UI 的 DatePicker 插件是一款功能丰富、简单易用的日期选择器插件，本节来介绍如何将其应用到自己的页面中。

8.6.1 日历 DatePicker 的使用

DatePicker 包含了大量的选项用来改变默认的日期选择器的行为，它还包含了一系列的方法和事件，以方便用户在一些特定的场合中使用。jQuery UI 网站提供了关于 DatePicker 的属性和方法的列表，网址如下所示：

```
http://api.jqueryui.com/datepicker/
```

这个网站包含了详细的关于属性、方法和事件的使用描述与示例，是一份非常值得参考的资料。本节将简要地讲解一下 DatePicker 的一些属性、方法和事件，更多详细的资料还请参考 DatePicker API 网页。

DatePicker 包含的几个方法可以改变呈现的格式或者是更改 DatePicker 的默认值设置，可参看表 8.11。

表 8.11　DatePlcker方法列表

函数名称	描　　述
$.datepicker.setDefaults(settings)	更改应用到所有DatePicker的默认值，使用option()方法可以更改单个实例的设置值
$.datepicker.formatDate(format, date, settings)	使用指定的格式格式化一个日期为字符串值
$.datepicker.iso8601Week(date)	给出一个日期，确定该日期是一年中的第几周
$.datepicker.parseDate(format, value, settings)	按照指定格式获取日期字符串
$.datepicker.noWeekends	作为 beforeShowDay 属性的值，用来避免选中周末

其中 setDefaults 用来设置所有的 DatePicker 实例的默认值，比如下面的代码将更改所有的 DatePicker 默认值的一些参数值。

```
//指定所有的 DatePicker 的默认设置
  $.datepicker.setDefaults({
    showOn: "both",
 buttonImageOnly: true,
   buttonImage: "calendar.gif",
   buttonText: "Calendar",
   dateFormat:"yy-mm-dd"
  });
```

formatDate 和 parseDate 可以看作是一个对应的方法，formatDate 将日期类型转换为特定格式字符串的字符，parseDate 将特定格式的字符串转换为日期值。

DatePicker 提供了大量的属性，用来更改 DatePicker 的外观或者是行为，可参见表 8.12。

表 8.12　DatePicker属性列表

属性名称	类型/默认值	描　　述
altField	String : ''	将选择的日期同步到另一个域中，配合 altFormat 可以显示不同格式的日期字符串
altFormat	String : ''	当设置了 altField 的情况下，显示在另一个域中的日期格式
appendText	String : ''	在日期插件的所属域后面添加指定的字符串
buttonImage	String : ''	设置弹出按钮的图片，如果非空，那么按钮的文本将成为 alt 属性，不直接显示
buttonImageOnly	Boolean : false	是否在按钮上显示图片，true 表示直接显示图片，不会将图片显示在按钮上
buttonText	Boolean : false	设置触发按钮的文本内容
changeMonth	Boolean : false	设置允许通过下拉框列表选取月份
changeYear	Boolean : false	设置允许通过下拉框列表选取年份
closeTextType	StringDefault: 'Done'	设置关闭按钮的文本内容，此按钮需要通过 showButtonPanel 参数的设置才能显示
constrainInput	Boolean : true	如果设置为 true，就约束当前输入的日期格式
currentText	String : 'Today'	设置当天按钮的文本内容，此按钮需要通过 showButtonPanel 参数的设置才能显示
dateFormat	String : 'mm/dd/yy'	设置日期字符串的显示格式
dayNames	Array : ['Sunday', 'Monday', 'Tuesday', 'Wednesday', 'Thursday', 'Friday', 'Saturday']	设置一星期中每天的名称，从星期天开始。此内容用于 dateFormat 时显示，以及日历中当鼠标移至行头时显示
dayNamesMin	Array : ['Su', 'Mo', 'Tu', 'We', 'Th', 'Fr', 'Sa']	设置一星期中每天的缩语，从星期天开始，此内容用于 dateFormat 时显示，以及日历中的行头显示
dayNamesShort	Array : ['Sun', 'Mon', 'Tue', 'Wed', 'Thu', 'Fri', 'Sat']	设置一星期中每天的缩语，从星期天开始，此内容用于 dateFormat 时显示，以及日历中的行头显示
defaultDate	Date, Number, String : null	设置默认加载完后第一次显示时选中的日期。可以是 Date 对象，或者是数字（从今天算起，例如+7），或者有效的字符串（'y'代表年, 'm'代表月, 'w'代表周, 'd'代表日，例如：'+1m +7d'）
duration	String, Number : 'normal'	设置日期控件展开动画的显示时间，可选择"slow"、"normal"、"fast"，''代表立刻，数字代表毫秒数
firstDay	Number : 0	设置一周中的第一天。星期天为0，星期一为1，以此类推

（续表）

属性名称	类型/默认值	描　述
gotoCurrent	Boolean : false	如果设置为 true，那么单击当天按钮时，将移至当前已选中的日期，而不是今天
hideIfNoPrevNext	Boolean : false	设置在没有上一个/下一个可选择的情况下隐藏掉相应的按钮（默认为不可用）
isRTL	Boolean : false	如果设置为true，那么所有文字是从右自左
maxDate	Date, Number, String : null	设置一个最小的可选日期，可以是 Date 对象，或者是数字（从今天算起，例如+7），或者是有效的字符串（'y'代表年，'m'代表月，'w'代表周，'d'代表日，例如：'+1m +7d'）
monthNames	Array : ['January', 'February', 'March', 'April', 'May', 'June', 'July', 'August', 'September', 'October', 'November', 'December']	设置所有月份的名称
monthNamesShort	Array : ['Jan', 'Feb', 'Mar', 'Apr', 'May', 'Jun', 'Jul', 'Aug', 'Sep', 'Oct', 'Nov', 'Dec']	设置所有月份的缩写
navigationAsDateFormat	Boolean : false	如果设置为 true，那么 formatDate 函数将应用到 prevText、nextText 和 currentText 的值中显示，例如显示为月份名称
nextText	String : 'Next'	设置"下个月"链接的显示文字
numberOfMonths	Number, Array : 1	设置一次要显示多少个月份。如果为整数就显示月份的数量，如果是数组就显示行与列的数量
prevText	String : 'Prev'	设置"上个月"链接的显示文字
shortYearCutoff	String, Number : '+10'	设置截止年份的值。如果是 0~99 的数字就以当前年份开始算起。如果为字符串，就转为相应的数字后再与当前年份相加。当超过截止年份时，则被认为是 20 世纪
showAnim	String : 'show'	设置显示、隐藏日期插件的动画的名称
showButtonPanel	Boolean : false	设置是否在面板上显示相关的按钮
showCurrentAtPos	Number : 0	设置当多月份显示的情况下，当前月份显示的位置。自顶部/左边开始第 x 位
showMonthAfterYear	Boolean : false	是否在面板的头部年份后面显示月份
showOn	String : 'focus'	设置什么事件触发显示日期插件的面板，可选值有 focus、button、both
showOptions	Options : {}	如果使用 showAnim 来显示动画效果，就可以通过此参数来增加一些附加的参数设置

（续表）

属性名称	类型/默认值	描　　述
showOtherMonths	Boolean : false	是否在当前面板显示上、下两个月的一些日期数（不可选）
stepMonths	Number : 1	当单击上/下一月时，一次翻几个月
yearRange	String : '-10:+10'	控制年份的下拉列表中显示的年份数量，可以是相对当前年（-nn:+nn），也可以是绝对值（-nnnn:+nnnn）

通过使用这些参数，可以控制日期选择器的格式，当然也可以定制自己的显示文本，从而可以使日期的显示更加个性化。

DatePicker 还包含了一系列的事件（见表 8.13），在 DatePicker 中的日期显示前、选中时或者日期选择器关闭时会被触发，开发人员可以利用这些事件来创建响应日期选择器的行为。

表 8.13　DatePicker 事件列表

事件名称	描　　述
beforeShow : function(input)	在日期控件显示面板之前，触发此事件，并返回当前触发事件的控件的实例对象
beforeShowDay : function(date)	在日期控件显示面板之前，每个面板上的日期绑定时都触发此事件，参数为触发事件的日期。调用函数后，必须返回一个数组：[0]此日期是否可选（true/false），[1]此日期的 CSS 样式名称（""表示默认），[2]当鼠标移至上面出现一段提示的内容
onChangeMonthYear : function(year, month, inst)	当年份或月份改变时触发此事件，参数为改变后的年份、月份和当前日期插件的实例
onClose : function(dateText, inst)	当日期面板关闭后触发此事件（无论是否有选择日期），参数为选择的日期和当前日期插件的实例
onSelect : function(dateText, inst)	当在日期面板中选中一个日期后触发此事件，参数为选择的日期和当前日期插件的实例

这些事件的使用方法也比较简单，只需要直接在 datepicker 函数中添加一个 json 函数，即可用来响应 DatePicker 事件触发时的行为。

8.6.2　实例 1：一个简单的日历应用

首先创建页面 jqui_DatePicker.html，在 head 区中添加对 jQuery UI 的 js 和 css 文件的引用，然后在 HTML 页面上放置一个 input 输入框，在页加载事件中为其关联 DatePicker 事件，如下所示。

```
01  <html>
02  <head>
03  <meta http-equiv="Content-Type" content="text/html; charset=utf-8">
04  <title>DatePicker 示例</title>
```

```
05  <!-- CSS 链接-->
06  <link rel="stylesheet" type="text/css" href="../jquery-ui.css">
07  <!--jQuery 库的引用-->
08  <script type="text/javascript" src="../jquery-3.3.1.js"></script>
09  <!--jQuery UI 库的引用-->
10  <script type="text/javascript" src="../jquery-ui.js"></script>
11  <style type="text/css">
12    body,input{
13        font-size:9pt;
14    }
15  </style>
16  <script type="text/javascript">
17    $(document).ready(function(e) {
18        //调用 datepicker 插件在鼠标单击时显示日期选择框
19        $("#idDate").datepicker();
20  });
21  </script>
22  </head>
23  <body>
24  <label for="idDate">选择一个日期:</label>
25  <input type="text" name="idDate" id="idDate">
26  </body>
27  </html>
```

整个网页可以看作由如下几个部分组成：

（1）在页面的 head 部分添加对于 jQuery UI 库的 js 文件以及相关的 css 文件引用。

（2）在 HTML 页面上放一个 input 控件，用来显示日历选择器。

（3）在页面的 JavaScript 代码部分，为 jQuery 的页加载事件关联事件处理代码，为 input 输入框调用 datepicker 函数，这个默认的函数可以在 input 被单击时显示一个日期选择框，如图 8.14 所示。

虽然这个默认的显示效果也很不错，但是对于正式的开发场景来说，易用性是应该首先要考虑的事项，比如默认的文本框中，除非用户单击文本框中的内容，否则可能不知道怎么操作。如果在文本框的旁边出现一个选择按钮，相对来说就直观多了，而且对于选择的日期格式，也需要更改为"YYYY-MM-DD"这样的日期显示样式。

使用 DatePicker 创建这样的效果也比较容易。下面在 HTML 页面上添加一个新的 input 文本框，HTML 代码如下所示：

```
<div style="margin-top:100px">
<label for="idDate">使用图标选择，并更改日期格式: </label>
<input type="text" name="idDateIcon" id="idDateIcon">
</div>
```

图 8.14　DatePicker 示例效果

接下来在页面加载事件中为 idDateIcon 文本框添加如下 DatePicker 代码：

```
//设置文本框的日期选择效果
$( "#idDateIcon" ).datepicker({
//显示文本按钮
    showOn: "button",
    buttonImage: "images/calendar.gif",        //文本按钮图标
    buttonImageOnly: true,                      //仅显示图标，而不用在按钮上显示图标
    dateFormat:"yy-mm-dd"                       //指定 DatePicker 的日期样式
});
```

可以看到，这一次使用了一些参数来控制 DatePicker 的显示，showOn 表示显示一个按钮，buttonImage 指定按钮图像，buttonImageOnly 指定仅显示图像而不用在一个单独的按钮上显示图像。在最后一行代码中为 DatePicker 指定选项，即 dateFormat 选项为 yy-mm-dd，以便让 DatePicker 显示中文格式的日期，运行效果如图 8.15 所示。

图 8.15　格式化日期控件选择器效果

8.6.3　实例 2：制作同时显示多个月份的日历

DatePicker 的 numberOfMonths 属性允许指定要在日期选择器中显示的月份数。下面在 jqui_DatePicker.html 页面上添加一个 input 文本框，然后编写如下代码来同时显示 3 个月份：

```
$( "#idMultiMonths" ).datepicker({
    numberOfMonths: 3,          //同时显示3个月份的日期选择器
    showButtonPanel: true       //在日期选择框底部显示按钮面板
});
//设置日历语言区域为简体中文
$( "#idMultiMonths" ).datepicker( "option",$.datepicker.regional["zh-CN"] );
```

id 为 idMultiMonths 的元素是在 HTML 页面中添加的一个 input 元素，在 jQuery 选择器对象上调用 datepicker 函数并设置了属性之后，运行页面就可以看到同时显示了多个月份。同时，代码中的最后一行设置了日历选择器的语言区域为 zh-CN。

本示例的运行效果如图 8.16 所示。

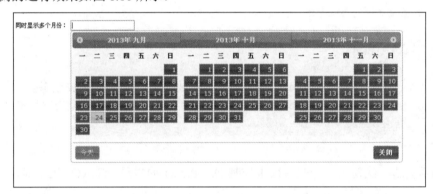

图 8.16　同时显示多个月份的效果

8.6.4　实例 3：限制日历的选择范围

限制日历可供选择的范围是一个非常常见的需求，比如要选择暑假中的一个日期，就要求用户只能在暑假的起始日期范围内进行选择，这可以避免用户选择不符合约束的数据。在 jQuery 中，限制日历的选择使用两个属性：minDate 和 maxDate，用来设置起始日期和结束日期。

minDate 和 maxDate 的设置规则如下所示：

（1）可以为起始和结束日期分别设置具体的日期，比如 new Date(2013,1-1,26)。在 JavaScript 中，0 表示 1 月，因此这里月份用了 1 减去 1。

（2）使用数字设置从今天开始的起始偏移量，负数表示今天以前的偏移日期，正数表示今天之后的偏移日期。

（3）使用期间字符串和单元，比如（'+1M +10D'），其中 D 表示天数，W 表示周数，M 表示月份数，Y 表示年数。

在 jqui_DatePicker.html 页面中，添加一个 input 元素，然后编写如下 datepicker 函数，设置其仅能选择 9 月 23 号到 11 月 24 号的日期。

```
$( "#idDateRange" ).datepicker({
    numberOfMonths: 3,                    //同时显示3个月份的日期选择器
    showButtonPanel: true,                //在日期选择框底部显示按钮面板
    minDate: new Date(2013,9-1,23),       //指定起始限制日期
    maxDate: "+2M"                        //指定结束限制日期
});
//设置日历语言区域为简体中文
$( "#idDateRange" ).datepicker( "option",$.datepicker.regional["zh-CN"] );
```

在这个示例中，minDate 使用 JavaScript 的 Date 函数构造了 2013-09-23，maxDate 使用了偏移字符串+2M，表示添加两个月之后的日期（默认并不是两个月之后的 23 号，而是 24 号），同时指定了显示 3 个月的日期，并且设置语言为简体中文，运行效果如图 8.17 所示。

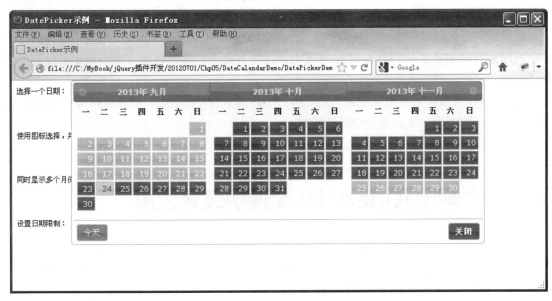

图 8.17 设置日期选择范围

可以看到，对于不能选择的部分，DatePicker 显示为不可选择的灰色，这样就限制了用户进行不正确选择的机会。

8.6.5 实例 4：有动画效果的日历显示

DatePicker 也支持动态日历显示，这对于需要为用户提供动态效果的网站来说非常有吸引力。DatePicker 提供了 showAnim 这个选项，用来为日期选择器设置要显示的动态效果，默认情况下这个值为 show，还可以设置如下选项：

- slideDown：滑动向下显示。
- fadeIn：淡入显示。

- blind：闪动显示。
- bounce：弹跳显示。
- clip：裁切显示。
- drop：拖动显示。
- fold：折叠显示。
- slide：滑动显示。

这里还是以前面的代码为例，在其中添加一行代码来设置动画显示：

```
$( "#idDateRange" ).datepicker({
    numberOfMonths: 3,                    //同时显示3个月份的日期选择器
    showButtonPanel: true,                //在日期选择框底部显示按钮面板
    minDate: new Date(2013,9-1,23),       //指定起始限制日期
    maxDate: "+2M",                       //指定结束限制日期
    showAnim:" slideDown"                 //设置日期选择器的动画显示
});
```

由最后一行代码可以看到，通过添加 showAnim 为 slideDown，设置使用向下滑动的方式显示或隐藏日期选择器。运行该示例，可以看到现在日期选择器已经具有滑动显示和隐藏的效果了。

DatePicker 还有很多有用的功能，限于本章的篇幅不再详细讨论，读者可以参考 jQuery UI 网站中的演示和文档，了解更多有趣的特性。

8.7 利用 jQuery UI 实现手风琴效果

jQuery UI 插件中的折叠面板（Accordion）工具集可以很容易地实现"手风琴"效果。所谓手风琴效果，就是单击面板的标题栏时就会展开相应的内容。当再次单击面板的标题栏时，已展开的内容就会自动关闭，也就是页面中经常会遇到的一种折叠效果。

8.7.1 折叠面板工具集的使用

jQuery UI 插件的折叠面板工具集是一种由一系列内容容器所组成的工具集，这些容器在同一时刻只能有一个被打开。每个容器都有一个与之关联的标题元素，用来实现打开该容器并显示相应的内容。该工具集不仅对于页面访问者易于使用，而且对于开发者也易于实现。

在页面中使用 jQuery UI 插件的折叠面板工具集，需要经过如下步骤：

步骤01　在页面代码的head标签元素中，添加折叠面板工具集所支持的类库、样式表等资源，具体内容如下：

```
<script type="text/javascript" src="jquery-3.3.1.js"></script>
<script type="text/javascript" src="jquery-ui.js"></script>
```

步骤 **02**　通过方法accordion()封装DOM对象为折叠面板工具集对象，该方法的具体语法如下：

```
$(selector).accordion();
```

其中，selector 是选择器，用于选择将要被封装成折叠面板工具集对象的容器。

步骤 **03**　根据具体需求，通过方法accordion(options)设置折叠面板工具集对象的配置选项，以达到预期的效果。折叠面板工具集的配置选项内容参见表 8.14。

表 8.14　折叠面板的常见配置选项

名　　　称	说　　　明
active	设置初始时打开的折叠面板内容
animate	设置打开折叠面板内容时的动画
disabled	设置是否禁用折叠面板对象
event	标题事件，触发打开折叠面板内容
header	选择折叠面板的标题
icon	设置小图片
autoHeight	设置内容高度是否为自动增高
fillSpace	设置内容是否充满父元素的高度

如果想在页面中灵活使用折叠面板工具集，除了要了解该工具集的使用步骤、配置选项外，还需要了解它的方法和事件。该工具集的常用方法如表 8.15 所示。对于事件，只需要掌握 change 事件（在折叠面板改变的时候触发）。

表 8.15　折叠面板的常用方法

名　　　称	说　　　明
destroy	返回页面 DOM 元素封装成折叠面板前的状态
disable	禁用折叠面板
enable	启用折叠面板
option	获取或设置折叠面板选项
widget	获取页面中的折叠面板对象

8.7.2　实例：实现经典的导航菜单

在网站应用的页面中总少不了导航菜单，而在众多的导航菜单样式中既流行又漂亮的莫过于手风琴样式导航菜单。本节将通过应用 jQuery UI 插件中的折叠面板（Accordion）工具集实现这种导航菜单功能。

运行本例的初始效果如图 8.18 所示。在导航菜单里，当鼠标移动到"菜单二"上时就会出现该菜单的菜单选项，效果如图 8.19 所示。

 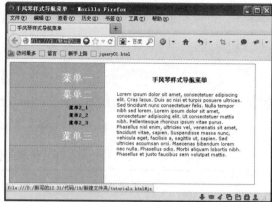

图 8.18　加载页面　　　　　　　　　图 8.19　显示"菜单二"的子菜单

在具体实现时，设计一个包含导航菜单和内容区域的页面 jqui_acc.html，HTML 代码如下：

```
01  <body>
02  <div id="container">
03    <div id="navCol">                    <!--设计导航菜单-->
04      <ul id="navAccordion">
05        <li> <a class="heading" href="#me" title="菜单一">菜单一</a>
06          <div> <a href="bio.html#me" title="菜单1_1">菜单1_1</a> <a
href="contact.html#me" title="菜单
07   1_2">菜单1_2</a> <a href="contact.html#me" title="菜单1_3">菜单1_3</a><a
href="resume.html#me"
08   title="Resume"></a> </div>
09        </li>
10      ……
11      </ul>
12    </div>
13    <div id="contentCol">                 <!--设置内容区域-->
14      <h1>
15        <center>
16          手风琴样式导航菜单
17        </center>
18      </h1>
19      ……
20    </div>
21    <div id="clear"></div>
22  </div>
23  </body>
```

在上述代码中，第 2~12 行用来设计导航菜单。第 13~20 行用来实现内容区域。

为了便于实现导航菜单功能，需要引入 jQuery UI 插件里的如下 js 文件：

```
<script type="text/javascript" src="jquery-3.3.1.js"></script>
<script type="text/javascript" src="jquery-ui.js"></script>
```

编写 jQuery 代码，实现导航菜单功能，具体代码如下：

```
$(function() {
01      //实现折叠效果
02      $("#navAccordion").accordion({
03              header: ".heading",          //设置样式类
04              event: "mouseover",          //设置触发事件
05              autoHeight: false,           //预防必要的空白
06              alwaysOpen: false,           //设置标题内容是否可以被关闭
07              active:false,
08          });
09      });
```

在上述代码中，主要通过 accordion()方法实现导航菜单。属性 header 用来设置样式类。属性 event 设置触发的事件，这里设置为鼠标移动事件。属性 autoHeight 的值为 true，用来防止在一个内容片段里的内容大于其他内容片段时菜单中出现不必要的空白。属性 alwaysOpen 的值为 false，用来实现设置所有标题内容都可以被关闭。

8.8　设计页面中各种对话框效果

如果要在项目的网页中显示简短信息或是向访问者发问，通常会通过两种方式来实现：一种是通过对话框来实现，另一种是通过打开新的预先定义好尺寸、设置为类对话框风格的页面来实现。虽然可以通过 JavaScript 原生对话框（例如 alert 和 comfirm 等）来实现，但是这种方式不灵活，也不巧妙。值得庆幸的是，jQuery UI 插件专门提供了关于对话框的组件。

8.8.1　对话框工具集的使用

jQuery UI 插件的对话框工具集不仅可以显示信息、附加内容（图片或多媒体），还包含交互性内容（表单），同时为该组件增加按钮也非常容易，并且可以随意在页面内拖动和调整大小。

在页面中使用 jQuery UI 插件的对话框工具集，需要经过如下步骤：

步骤 01　在页面代码的head标签元素中，添加对话框工具集所支持的类库、样式表等资源，具体内容如下：

```
<script type="text/javascript" src="jquery-3.3.1.js"></script>
<script type="text/javascript" src="jquery-ui.js"></script>
```

步骤 02 通过方法dialog()封装DOM对象为jQuery对象，该方法的具体语法如下：

```
$(selector).dialog();
```

其中，selector 是选择器，用于选择将被封装成 jQuery 对象的容器。

步骤 03 根据具体需求，通过方法dialog(options)设置对话框对象的配置选项，以达到预期的效果。对话框的配置选项内容可参见表 8.16。

表 8.16　对话框工具集的常见配置选项

名　　称	属　性　值	说　　明
autoOpen	boolean	如果设置为 true，那么默认页面加载完毕后就自动弹出对话框；相反，则处理 hidden 状态
buttons	object{}	为对话框添加相应的按钮及处理函数
closeOnEscape	boolean	设置当对话框打开的时候用户按 Esc 键是否关闭对话框
dialogClass	string	设置指定的类名称，将显示在对话框的标题处
draggable	boolean	是否为对话框添加拖曳效果
height	number	设置对话框的高度（单位：像素）
hide	string	使对话框关闭（隐藏），可添加动画效果
maxHeight	number	设置对话框的最大高度（单位：像素）
maxWidth	number	设置对话框的最大宽度（单位：像素）
minHeight	number	设置对话框的最小高度（单位：像素）
minWidth	number	设置对话框的最小宽度（单位：像素）
modal	boolean	设置是否为模式窗口，如果为 true，就会在页面所有元素之前有一个屏蔽层
position	string,array	设置对话框的初始显示位置
resizable	boolean	设置对话框是否可以调整大小
show	string	用于显示对话框
title	string	指定对话框的标题，也可以在对话框附加元素的 title 属性中设置标题
width	number	设置对话框的宽度（单位：像素）

如果想在页面中灵活使用对话框工具集，除了要了解该工具集的使用步骤、配置选项外，还需要了解它的方法和事件，如表 8.17、表 8.18 所示。

表 8.17　对话框工具集的常用方法

名　　称	说　　明
close	关闭对话框对象
destroy	销毁对话框对象
isOpen	用于判断对话框是否处于打开状态
moveToTop	将对话框移至最顶层显示
open	打开对话框
option	获取或设置对话框的属性
widget	返回对话框对象

表 8.18　对话框工具集的常用事件

名　　称	说　　明
beforeClose	当对话框关闭之前，触发此事件。如果返回 false，则对话框仍然显示
close	当对话框关闭时，触发此事件。如果返回 false，则对话框仍然显示
create	当创建对话框时，触发此事件
drag	当拖曳对话框移动时，触发此事件
dragStart	当开始拖曳对话框移动时，触发此事件
dragStop	当拖曳对话框动作结束时，触发此事件
focus	当拖曳对话框获取焦点时，触发此事件
open	当对话框打开后，触发此事件
resize	当对话框大小改变时，触发此事件
resizeStart	当开始改变对话框大小时，触发此事件
resizeStop	当对话框大小改变结束时，触发此事件

8.8.2　实例：实现弹出和确认信息对话框效果

在网站应用的页面中，经常要与用户进行交互。在提交页面表单时，如果用户名（文本框）为空，就通过提示框提示用户输入内容。如果要删除记录，同样也需要给出提示框让用户确认是否删除。如果直接通过 JavaScript 语言中的 alert()方法和 confirm()方法来实现，那么不仅达不到预期效果，代码还会比较复杂。本节将通过 jQuery UI 插件的对话框工具集来实现。

运行本例的初始效果如图 8.20 所示。如果用户输入框中没有输入任何信息，直接单击"提交"按钮，就会弹出提示信息对话框，如图 8.21 所示。如果要删除用户信息 cjgong，单击"删除"按钮，就会弹出确认对话框，效果如图 8.22 所示。

图 8.20　加载页面

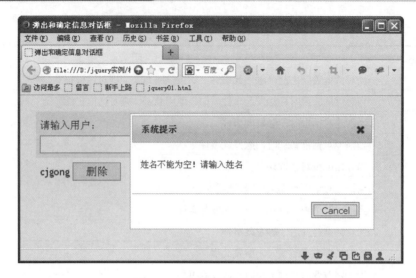

图 8.21　弹出提示信息对话框

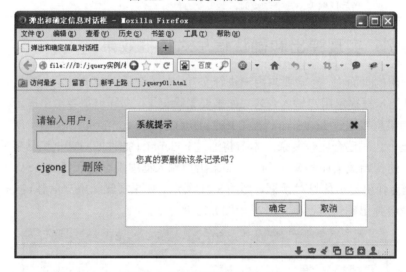

图 8.22　删除确认信息对话框

在具体实现时，设计一个包含用户输入框和删除按钮的页面 jqui_infoDialog.html，HTML
代码如下：

```
01  <body>
02  <div class="demo-description">
03     <!--文本输入框-->
04     <div style="background-color:#eee;padding:5px;width:260px">
05     请输入用户：<br />
06        <input id="txtName" type="text" class="txt" />
07        <input id="btnSubmit" type="button" value="提交" class="btn" />
08     </div>
09     <!--确认删除-->
10     <div style="padding:5px;width:260px">
```

```
11          <span id="spnName">cjgong</span>
12          <input id="btnDelete" type="button" value="删除" class="btn" />
13      </div>
14      <div id='dialog-modal'></div>
15  </div>
16  </body>
```

为了便于实现日期输入框功能，需要引入 jQuery UI 插件里的如下 js 文件：

```
<script type="text/javascript" src="jquery-3.3.1.js"></script>
<script type="text/javascript" src="jquery-ui.js"></script>
<link rel="stylesheet" type="text/css" href="jquery.ui.css" />
```

编写 jQuery 代码，实现弹出和确定信息对话框功能，具体代码如下：

```
01          $(function() {
02              $("#btnSubmit").bind("click", function() {        //检测按钮事件
03                  if ($("#txtName").val() == "") {              //如果文本框为空
04                      sys_Alert("姓名不能为空！请输入姓名");
05                  }
06              });
07              $("#btnDelete").bind("click", function() {        //询问按钮事件
08                  if ($("#spnName").html() !=null) {            //如果对象不为空
09                      sys_Confirm("您真的要删除该条记录吗？");
10                      return false;
11                  }
12              });
13          });
14          function sys_Alert(content) {                         //弹出提示信息对话框
15              $("#dialog-modal").dialog({
16                  height: 140,
17                  modal: true,
18                  title: '系统提示',
19                  hide: 'slide',
20                  buttons: {
21                      Cancel: function() {
22                          $(this).dialog("close");
23                      }
24                  },
25                  open: function(event, ui) {
26                      $(this).html("");
27                      $(this).append("<p>" + content + "</p>");
28                  }
29              });
30          }
```

```
31          function sys_Confirm(content) {                 //弹出确认信息窗口
32              $("#dialog-modal").dialog({
33                  height: 140,
34                  modal: true,
35                  title: '系统提示',
36                  hide: 'slide',
37                  buttons: {
38                      '确定': function() {
39                          $("#spnName").remove();
40                          $(this).dialog("close");
41                      },
42                      '取消': function() {
43                          $(this).dialog("close");
44                      }
45                  },
46                  open: function(event, ui) {
47                      $(this).html("");
48                      $(this).append("<p>" + content + "</p>");
49                  }
50              });
51          }
```

在上述代码中，第 2~6 行代码为提交按钮绑定单击事件，其中第 3~5 行代码获取 id 值为 txtName 的元素对象，然后判断该对象的内容是否为空，如果为空就调用自定义方法 sys_Alert()。第 7~12 行代码为删除按钮绑定单击事件,其中第 8~11 行代码获取 id 值为 spnName 的元素对象，然后判断该对象的内容是否为空，如果不为空就调用自定义方法 sys_Confirm()。在自定义方法 sys_Alert()中，通过方法 dialog()实现弹出提示信息对话框，而在自定义方法 sys_Confirm()中，通过方法 dialog()实现弹出确认信息对话框。

8.9 实现幻灯和分页效果

jQuery UI 插件中的选项卡（Tab）工具集可以很容易地实现"选项卡"效果。这个选项卡效果跟前面所介绍的折叠面板工具集非常类似,主要用于在一组不同容器之间切换视角和信息内容，具体效果如图 8.23 所示。

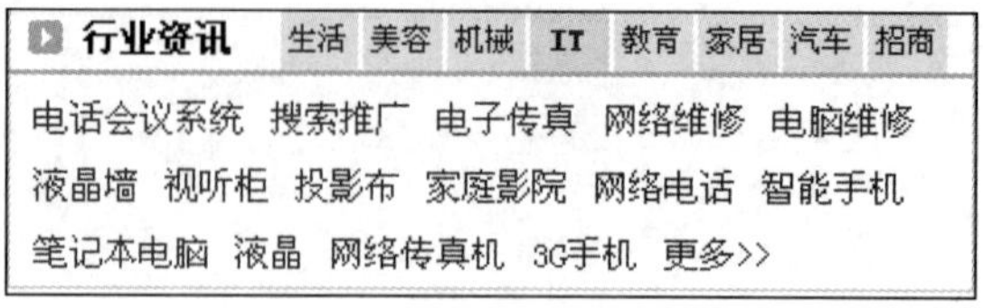

图 8.23 选项卡效果

8.9.1 选项卡工具集的使用

jQuery UI 插件的选项卡也是一种由一系列容器所组成的工具集，这些容器在同一时刻只能有一个被打开。每个内容容器由标题和内容构成，当单击内容容器的标题时，就可以访问该容器包含的内容，每个标题都会作为独立的选项卡而出现。对于每个容器来说，都有与之相关联的选项卡。该工具集不仅方便页面访问者使用，还易于开发者实现。

在页面中使用 jQuery UI 插件的选项卡工具集，需要经过如下步骤：

步骤01 在页面代码的head标签元素中，添加选项卡工具集所支持的类库、样式表等资源，具体内容如下：

```
<script type="text/javascript" src="jquery-3.3.1.js"></script>
<script type="text/javascript" src="jquery-ui.js"></script>
```

步骤02 通过方法tabs()封装DOM对象为jQuery对象，该方法的具体语法如下：

```
$(selector).tabs();
```

其中，selector 是选择器，用于选择将被封装成选项卡工具集对象的容器。

步骤03 根据具体需求，通过方法tabs(options)设置选项卡工具集的配置选项，以达到预期的效果。选项卡工具集的配置选项内容参见表 8.19。

表 8.19 选项卡工具集的常见配置选项

名　称	属　性　值	说　明
active	selector，element，boolean，number	设置折叠面板的初始活动
collapsible	boolean	意思是可折叠的，默认选项是 false，即不可以折叠。如果设置为true，就允许用户将已经选中的选项卡内容折叠起来
disabled	array	设置哪些选项卡不可用
event	事件	切换选项卡的事件，默认为'click'，单击切换选项卡

想在页面中灵活使用选项卡工具集，除了要了解该工具集的使用步骤、配置选项外，还需要了解它的方法和事件，如表 8.20、表 8.21 所示。

表 8.20 选项卡工具集的常用方法

名　称	说　明
destroy	完全删除折叠面板的特征
disable	禁用折叠面板
enable	启用折叠面板
option	获取或设置折叠面板选项
refresh	重新计算并设置折叠面板的大小
widget	返回折叠面板对象

表 8.21 选项卡工具集的常用事件

名　称	说　明
activate	选项卡的内容初始化完成后触发该事件
beforeActivate	选项卡的内容初始化之前触发该事件
beforeLoad	选项卡的内容被加载完成前触发该事件
load	选项卡的内容被加载完成后触发该事件

8.9.2　实例 1：经典的选项卡效果

在网站应用的页面中，为了能够显示更多的信息，总少不了使用选项卡。本节通过应用 jQuery UI 插件中的选项卡（Tab）组件来实现选项卡功能。

运行本例的初始效果如图 8.24 所示。当鼠标移动到标题"cjgong3"上时，选项卡的内容就会显示该标题所对应的内容，效果如图 8.25 所示。

图 8.24　加载页面

图 8.25　鼠标移动到标题 cjgong3 上的效果

在具体实现时，设计一个包含选项卡的页面 jqui_tab1.html，HTML 代码如下：

```
01  <body>
02  <div id="tabs" class="tabs-bottom">
03    <!--设置选项卡组件-->
04    <ul>
05      <li><a href="#tabs-1">cjgong1</a></li>
06      <li><a href="#tabs-2">cjgong2</a></li>
07      <li><a href="#tabs-3">cjgong3</a></li>
08    </ul>
09    <div class="tabs-spacer"></div>
10    <!--设置选项卡的内容-->
11    <div id="tabs-1">
12      <p>cjgong1 cjgong1 cjgong1 cjgong1 cjgong1 cjgong1 cjgong1 cjgong
cjgong cjgong cjgong cjgong
13   cjgong cjgong cjgong cjgong cjgong cjgong cjgong cjgong cjgong
cjgong cjgong cjgong cjgong cjgong cjgong cjgong cjgong cjgong cjgong
cjgong cjgong cjgong cjgong cjgong cjgong cjgong cjgong cjgong cjgong cjgong
cjgong .</p>
14    </div>
15    <div id="tabs-2">
16      <p>……</p>
17    </div>
18    <div id="tabs-3">
19      <p>……</p>
20    </div>
21  </div>
22  </body>
```

为了便于实现选项卡功能，需要引入 jQuery UI 插件里的如下 js 文件：

```
<script type="text/javascript" src="jquery-3.3.1.js"></script>
<script type="text/javascript" src="jquery-ui.js"></script>
<link rel="stylesheet" type="text/css" href="jquery.ui.css" />
```

编写 jQuery 代码，实现选项卡功能，具体代码如下：

```
01      $(function() {
02          $( "#tabs" ).tabs();
03          //移除和添加样式
04          $( ".tabs-bottom .ui-tabs-nav, .tabs-bottom .ui-tabs-nav > *" )
05            .removeClass( "ui-corner-all ui-corner-top" )
06            .addClass( "ui-corner-bottom" );
07          // 设置标题到下面
08          $( ".tabs-bottom .ui-tabs-nav" ).appendTo( ".tabs-bottom" );
09              $( "#tabs" ).tabs({
```

```
10              event: "mouseover"
11          });
12
13      });
```

在上述代码中，第 2 行代码通过方法 tabs()将对象 tabs 封装成选项卡对象。第 4~6 行设置相关样式。第 8~11 行设置选项卡的标题在下方，同时通过选项 event 设置选项卡切换内容的事件为 mouseover。

8.9.3 实例 2：实现幻灯效果

在网站应用的页面中，经常通过选项卡的幻灯效果来包含多张图片。这种幻灯效果是指所有选项卡中的内容自动轮流显示，这种效果不仅拥有很好的视觉体验，还能为所有访问者展示尽可能多的选项卡内容。

本节通过应用 jQuery UI 插件中的选项卡（Tab）组件实现幻灯效果功能。运行本例的初始效果如图 8.26 所示。每隔一段时间，选项卡就会自动切换。除此之外，如果想查看标题为"cjgong4"的内容，也可以直接单击该标题，具体效果如图 8.27 所示。

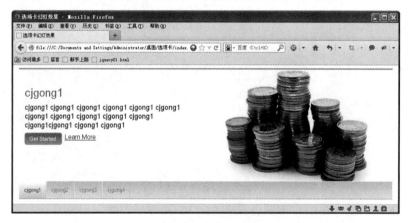

图 8.26　加载页面

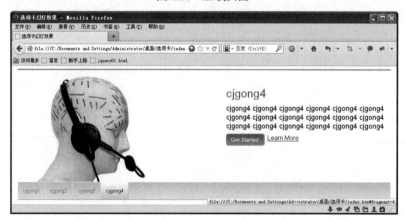

图 8.27　显示 cjgong4 的内容

在具体实现时，设计一个包含选项卡的页面 jqui_tab2.html，其 HTML 的代码如下：

```
<body>
<div id="wrapper">
    <div id="rotator">
        <!-- 选项卡标题-->
        <ul class="ui-tabs-nav">
            <li class="ui-tabs-nav-item ui-tabs-selected"
id="nav-fragment-1"><a href="#fragment-1"><span>cjgong1</span></a></li>
            <li class="ui-tabs-nav-item" id="nav-fragment-2"><a
href="#fragment-2"><span>cjgong2</span></a></li>
            <li class="ui-tabs-nav-item" id="nav-fragment-3"><a
href="#fragment-3"><span>cjgong3</span></a></li>
            <li class="ui-tabs-nav-item" id="nav-fragment-4"><a
href="#fragment-4"><span>cjgong4</span></a></li>
        </ul>
        <!-- 第一个标题所对应的内容 -->
        <div id="fragment-1" class="ui-tabs-panel" style="">
            <h2>cjgong1</h2>
            <p>cjgong1 cjgong1 cjgong1 cjgong1 cjgong1 cjgong1 cjgong1 cjgong1
cjgong1 cjgong1 cjgong1 cjgong1cjgong1 cjgong1 cjgong1</p>
            <p><a class="btn_get_started" href="#">Get Started</a> <a
class="btn_learn_more" href="#">Learn More</a></p>
        </div>
        <!-- 第二个标题所对应的内容 -->
        <div id="fragment-2" class="ui-tabs-panel ui-tabs-hide" style="">
    ……
        </div>
        <!-- 第三个标题所对应的内容 -->
        <div id="fragment-3" class="ui-tabs-panel ui-tabs-hide" style="">
    ……
        </div>
        <!-- 第四个标题所对应的内容 -->
        <div id="fragment-4" class="ui-tabs-panel ui-tabs-hide" style="">
    ……
        </div>
    </div>
</body>
```

为了便于实现选项卡功能，需要引入 jQuery UI 插件里的如下 js 文件：

```
<script type="text/javascript" src="jquery-3.3.1.js"></script>
<script type="text/javascript" src="jquery-ui.js"></script>
<script src="jquery-ui-personalized-1.5.3.packed.js"
type="text/javascript"></script>
```

编写 jQuery 代码，实现选项卡功能，具体代码如下：

```
01      $(document).ready(function(){
02          $("#rotator > ul")                      //获取选项卡标题对象
03              .tabs({fx:{opacity: "toggle"}})     //转换成选项卡对象
04              .tabs("rotate", 4000, true);        //设置选项卡每隔4秒进行切换
05      })
```

在上述代码中，第 2 行获取选项卡标题对象，然后在第 3 行通过方法 tabs()获取选项卡对象，最后在第 4 行通过设置 rotate 选项来实现每隔 4 秒进行切换。对于方法 rotate()，需要两个额外的参数：第一个参数是整数，用于指定每个选项卡在被下一个选项卡取代之前所显示的毫秒数；第二个参数是布尔型值，用于指示选项卡的切换是一次性还是持续不断。

8.9.4 实例 3：实现分页效果

分页就是将一个页面的内容分成两个或多个以上的页面进行展示。在项目的页面中，对于所展示的信息，如果数目比较多，一般都会通过分页进行展示。例如，在百度页面和 Google 页面中展示搜索结果，效果如图 8.28、图 8.29 所示。

图 8.28　百度分页效果

图 8.29　Google 分页效果

其实 jQuery UI 插件中的选项卡（Tab）组件也可以实现分页效果功能。运行本例的初始效果如图 8.30 所示。单击"下一页"，可以显示第 2 分页的内容，如图 8.31 所示。单击"上一页"，显示第 1 分页的内容，如图 8.30 所示。也可以单击任意标签，比如单击标题"3"，可以显示第 3 分页的内容，如图 8.32 所示。

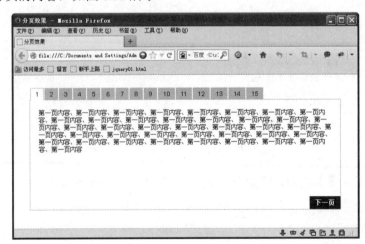

图 8.30　加载页面

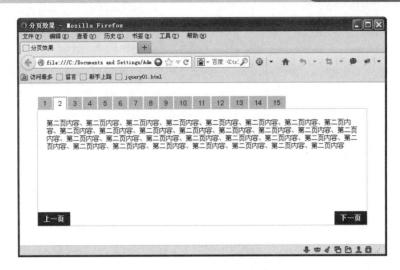

图 8.31　第 2 分页的内容

图 8.32　第 3 分页的内容

在具体实现时，设计一个包含选项卡的页面 jqui_tab3.html，HTML 代码如下：

```
01  <body>
02      <div id="page-wrap">
03          <div id="tabs">
04          <!--选项卡标题-->
05          <ul>
06              <li><a href="#fragment-1">1</a></li>
07              <li><a href="#fragment-2">2</a></li>
08              <li><a href="#fragment-3">3</a></li>
09  ......
10              <li><a href="#fragment-15">15</a></li>
11          </ul>
12          <!--选项卡内容-->
```

```
13              <div id="fragment-1" class="ui-tabs-panel">
14                  <p>第一页内容、第一页内容、第一页内容……</p>
15              </div>
16      ……
17              <div id="fragment-15" class="ui-tabs-panel ui-tabs-hide">
18                  <p>最后一个页面、最后一个页面、最后一个页面</p>
19              </div>
20          </div>
21      </div>
22  </body>
```

为了便于实现选项卡功能，需要引入 jQuery UI 插件里的如下 js 文件：

```
<script type="text/javascript" src="jquery-3.3.1.js"></script>
<script type="text/javascript" src="jquery-ui.js"></script>
```

编写 jQuery 代码，实现选项卡功能，具体代码如下：

```
01      $(function() {
02      var $tabs = $('#tabs').tabs();                      //获取选项卡对象
03      $(".ui-tabs-panel").each(function(i){
04        var totalSize = $(".ui-tabs-panel").size() - 1;   //获取分页总页数
05        if (i != totalSize) {                             //是否显示"下一页"
06          next = i + 2;
07              $(this).append("<a href='#' class='next-tab mover' rel='" +
next + "'>下一页
    </a>");
08          }
09              if (i != 0) {                               //是否显示"上一页"
10                  prev = i;
11          $(this).append("<a href='#' class='prev-tab mover' rel='" +
prev + "'>上一页</a>");
12          }
13      });
14      $('.next-tab, .prev-tab').click(function() {    //设置下一页和上一页的单
击事件
15              $tabs.tabs('select', $(this).attr("rel"));
16              return false;
17      });
18      })
```

在上述代码中，第 2 行通过方法 tabs() 获取选项卡对象。第 3~13 行实现分页效果，其中第 4 行获取分页总页数、第 5~8 行实现是否显示"下一页"内容、第 9~12 行实现是否显示"上一页"内容。第 14~18 行为字符串"上一页"和"下一页"绑定单击事件，在事件处理函数里通过选项卡的方法 tabs() 显示相应内容。

8.10　常见问题

8.10.1　jQuery UI 和 jQuery Easy UI 的区别

两者虽然都是 UI，但从语法和应用场合来说还是有少许区别的。

- jQuery UI 是 jQuery 开发团队开发的，属于官方开发的插件，适用于网站式的页面。
- jQuery Easy UI 是第三方基于 jQuery 核心开发的 UI 组件，适用于应用程序式的页面。

两者的方法调用也略有不同。

jQuery UI 是：

```
$("#divTabs").tabs("remove" , index);
```

jQuery Easy UI 是：

```
$("#divTabs").tabs("close" , title);
```

8.10.2　jQuery UI 内容太多，如何实现自己定制

在下载 jQuery UI 的时候，我们看到提供了一个 Custom Download 自定义形式的下载，如果我们只需要很少的几个 Widgets，就可以选择复选框来实现定制下载，如图 8.33 所示。

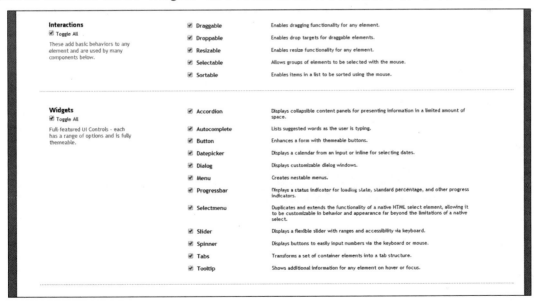

图 8.33　Custom Download 形式

第 9 章
◄ jQuery Mobile移动开发 ►

jQuery Mobile 是一个用来构建跨平台移动 Web 应用的轻量级开源 UI 框架，具有简单、高效的特点，能够让没有美工基础的开发者在极短的时间内做出非常完美的界面设计，并且几乎支持市面上常见的所有移动平台。jQuery Mobile 是一套基于 HTML5 的跨平台开发框架，读者学习前需要具备一定的 HTML、CSS、JavaScript 基础知识。

本章主要内容：

- 学会使用 jQuery Mobile
- 了解 jQuery Mobile 框架的原理
- jQuery Mobile 中各类控件的样式及使用

9.1 初步接触 jQuery Mobile

前面章节的开发大部分围绕普通页面进行，从本节开始了解移动页面的开发，首先需要学习 jQuery Mobile 的下载、使用和编辑。

9.1.1 下载 jQuery Mobile

jQuery Mobile 下载的网址是：http://jquerymobile.com/download/。单击页面中的最新版本，开始下载 jQuery Mobile，如图 9.1 所示。如果需要定制其中的控件，也可以单击 "Download Builder" 按钮进行定制。

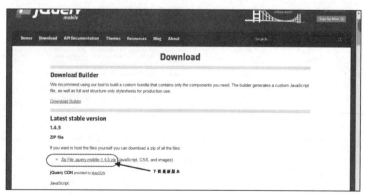

图 9.1　下载 jQuery Mobile

下载下来的 jQuery Mobile 是一个 zip 压缩包，解压后的文件如图 9.2 所示。这里包含了 jQuery Mobile 的所有 js 文件、css 文件。

名称 ▲	修改日期	类型	大小
demos	2015/2/8 1:34	文件夹	
images	2015/2/8 1:34	文件夹	
jquery.mobile.external-png-1.4.5.css	2014/10/31 13:33	层叠样式表文档	120 KB
jquery.mobile.external-png-1.4.5.m...	2014/10/31 13:33	层叠样式表文档	89 KB
jquery.mobile.icons-1.4.5.css	2014/10/31 13:33	层叠样式表文档	127 KB
jquery.mobile.icons-1.4.5.min.css	2014/10/31 13:33	层叠样式表文档	125 KB
jquery.mobile.inline-png-1.4.5.css	2014/10/31 13:33	层叠样式表文档	146 KB
jquery.mobile.inline-png-1.4.5.min...	2014/10/31 13:33	层叠样式表文档	116 KB
jquery.mobile.inline-svg-1.4.5.css	2014/10/31 13:33	层叠样式表文档	222 KB
jquery.mobile.inline-svg-1.4.5.min...	2014/10/31 13:33	层叠样式表文档	192 KB
jquery.mobile.structure-1.4.5.css	2014/10/31 13:33	层叠样式表文档	90 KB
jquery.mobile.structure-1.4.5.min.css	2014/10/31 13:33	层叠样式表文档	68 KB
jquery.mobile.theme-1.4.5.css	2014/10/31 13:33	层叠样式表文档	20 KB
jquery.mobile.theme-1.4.5.min.css	2014/10/31 13:33	层叠样式表文档	12 KB
jquery.mobile-1.4.5.css	2014/10/31 13:33	层叠样式表文档	234 KB
jquery.mobile-1.4.5.js	2014/10/31 13:33	JScript Script...	455 KB
jquery.mobile-1.4.5.min.css	2014/10/31 13:33	层叠样式表文档	203 KB
jquery.mobile-1.4.5.min.js	2014/10/31 13:33	JScript Script...	196 KB
jquery.mobile-1.4.5.min.map	2014/10/31 13:33	MAP 文件	231 KB

图 9.2　下载 jQuery Mobile

如果要使用 jQuery Mobile，就必须在 HTML 页面的 <head> 中添加如下引用：

```
<head>
<link rel=stylesheet href=jquery.mobile-1.4.5.css>
<script src=jquery.js></script><!--这里是指你所使用的 jQuery 版本库文件 -->
<script src=jquery.mobile-1.4.5.js></script>
</head>
```

 这里要注意，在 <script> 标签中没有指定属性 type="text/javascript"，是因为在 HTML5 中已经不需要这个属性。JavaScript 在所有现代浏览器中都是 HTML5 的默认脚本语言！

9.1.2　推荐使用 Dreamweaver 编辑器开发 jQuery Mobile

jQuery Mobile 能够成功的一个原因是它能够较大程度简化开发者所遇到的困难，因此自然不能为它配上太复杂的开发环境。对于新手来说，还是使用一些比较简单的网页开发工具会轻松一些。

本文推荐使用 Dreamweaver 的理由是：

（1）Dreamweaver 拥有目前所有前端编辑器中最流畅和最全面的代码提示功能，因此 Dreamweaver 能够提供最大程度的帮助。

（2）在 Dreamweaver CS6 中提供了对 jQuery Mobile 以及 PhoneGap 的支持。

（3）利用 Adobe TV 功能可以实现对 jQuery Mobile 应用的实时预览，由于 jQuery Mobile 中的样式是在 jQuery 执行后加载到页面中的，因此要实时预览这样的页面非常困难，也只有 Dreamweaver 能够实现这一目标，当然另找一台 PC 不断刷新浏览器也是可以的。

因此建议读者一定要熟练掌握这个工具。前面章节已经介绍过 Dreamweaver，所以这里只是简单介绍一下推荐的原因，不再详细说明如何使用。

9.1.3　创建第一个 jQuery Mobile 文件

首先打开 Dreamweaver，新建一个页面 jqm_first.html，添加如下代码：

```
01  <!DOCTYPE>
02  <html xmlns="http://www.w3.org/1999/xhtml">
03  <head>
04  <meta http-equiv="Content-Type" content="text/html; charset=utf-8" />
05  <title>无标题文档</title>
06  <!--jQuery Mobile 需要的 CSS 样式-->
07  <link rel="stylesheet" href=" jquery.mobile-1.4.5. css" />
08  <!--jQuery 支持库-->
09  <script src=" jquery-3.3.1.js"></script>
10  <!--jQuery Mobile 需要的 JS 文件-->
11  <script src=" jquery.mobile-1.4.5.js"></script>
12  </head>
13      <body>
14          <!--这里面加入内容-->
15      </body>
16  </html>
```

因为没在页面中加入任何内容，所以页面打开后将是一片空白。第 7 行引入的 css 文件是将来使用 jQuery Mobile 进行设计时所使用的样式文件，第 11 行引入的 js 文件使用脚本选择页面中的元素，然后将对应的样式加载到相应的元素上去。

9.1.4　在 PC 上测试 jQuery Mobile

jQuery Mobile 之所以流行，其中最简单的一条原因就是能够像写网页一样开发应用。前面已经开发了一个简单的 jQuery Mobile 应用，这里提供几种在 PC 上测试应用的方法。

1. 利用 Dreamweaver 的多屏预览测试

在 Dreamweaver 的工具栏中可以看到如图 9.3 中圈住的按钮，通过它可以开启多屏预览功能。

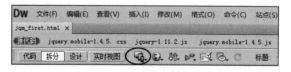

图 9.3　Dreamweaver 的多屏预览功能

这里使用前面创建的第一个页面 jqm_first.html 来进行测试，因为前面的内容为空，所以这里需要在<body>中添加一句话，随意一句就可以。打开多屏预览功能，效果如图 9.4 所示。

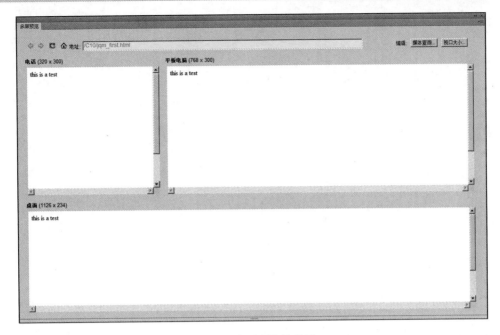

图 9.4　多屏预览的效果

实际上就是 Dreamweaver 自动生成了 3 个不同宽高比的屏幕，让它们同时在桌面上显示出来，但是它们的尺寸还是有点怪！

图 9.4 右侧有一个"视口大小"按钮（不同版本翻译可能有所不同），单击该按钮将弹出如图 9.5 所示的界面。Dreamweaver 为了保证三屏在界面上排列的好看，才做出了图 9.5 这样的设计，因为这些宽高数据都是不合理的，需要读者根据实际设备尺寸进行修改。起码按照用户使用手机的习惯，高度应该是大于宽度的。

图 9.5　设置各屏幕的尺寸

2. 利用 jQuery 测试

由于 Dreamweaver 的内核不是非常完美，而且开发移动应用自然要专注于测试在 Opera、Safari 等浏览器下的效果，像 IE 8 和 IE 6 这样的浏览器就可以不去考虑了，因此为了有针对性地测试应用的显示效果，现在来介绍第二种方法，即利用 jQuery 测试。

创建一个页面 jqm_test2.html，代码如下：

```
01  <!DOCTYPE>              <!--声明 HTML 5-->
02  <html xmlns="http://www.w3.org/1999/xhtml">
03  <head>
04  <meta http-equiv="Content-Type" content="text/html; charset=utf-8" />
05  <title>测试设备的分辨率</title>
06  <link rel="stylesheet" href=" jquery.mobile-1.4.5. css" />
07  <script src=" jquery-3.3.1.js"></script>
08  <script src=" jquery.mobile-1.4.5.js"></script>
09  <script type="text/javascript">
```

177

```
10  function show()
11  {
12      $width=$(window).width();                            //获取屏幕宽度
13      $height=$(window).height();                          //获取屏幕高度
14      $out="页面的宽度是："+$width+"页面的高度是："+$height;
15      alert($out);                                          //使用对话框输出屏幕的高度和宽度
16  }
17  </script>
18  </head>
19  <body>
20      <!--调用方法 show()显示页面尺寸-->
21      <div style="width:100%; height:100%; margin:0px;" onclick="show();">
22          <h1>点击屏幕即可显示设备的分辨率！</h1>
23      </div>
24  </body>
25  </html>
```

保存后，可以将浏览器拖成一个手机屏幕的形状，点击屏幕的空白区域将会看到弹出对话框告诉开发者屏幕所占有的分辨率。图 9.6 是使用 Firefox 查看浏览器窗口的分辨率。

然后可以按 Ctrl+"加号键"或"减号键"配合鼠标拖动窗口形状的方式，使浏览器的显示区域恰好为所要适配的机型的分辨率，如图 9.7 中将屏幕分辨率调成了 800*400。

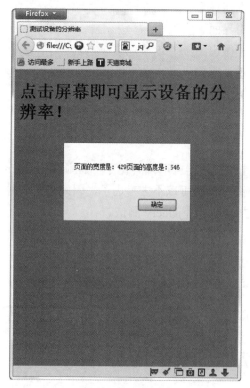

图 9.6　查看浏览器中的分辨率

图 9.7　调整后的分辨率

要调整的与期望的完全一样是极其需要耐心的，如笔者为了把宽度调成 400 而不是 399 就花了十几分钟，其实完全没有必要太在意这样小小的误差。几个像素的差距刚好可以用来保证更好的屏幕适应效果。

3. 利用 Opera Mobile Emulator 来测试

当然，利用上面的 jQuery 来测试应用还是有一定缺陷的，这里再介绍一种更好的方法，就是利用 Opera Mobile Emulator（Opera 手机模拟器）来测试应用。它可以让用户在 PC 桌面以手机的方式浏览网页，重现出手机浏览器的绝大多数细节。由于大多数移动设备均采用了 Opera 的内核，因此几乎与真机没有任何差别。

下面给出一个下载链接，读者可以百度搜索这款软件的名称，也可以根据链接进行下载：http://www.cngr.cn/dir/207/218/2011052672877.html。

下载完之后经过简单的几步就可以运行了，不过运行之前还需要在本机架设一台服务器，方便对 Web 页面进行浏览，这里推荐一款 XAMPP 软件，它可以方便地在 Windows 中架设 WAMP（Windows、Apache、MySQL、PHP）环境。

安装完 Opera Mobile Emulator 后，可以双击它的图标开始运行，运行后的效果如图 9.8 所示。

可以直接在对话框的左侧选择以什么型号的手机显示，目前数据还不是非常完整，但是也足够使用了。单击 Launch 按钮就可以打开浏览器了，这里选用 HTC Hero，如图 9.9 所示。

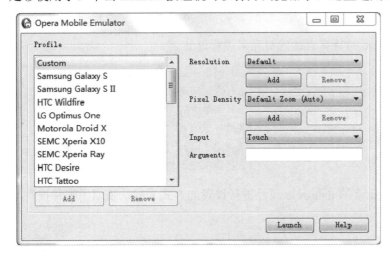

图 9.8　Opera Mobile Emulator 的开始界面　　　图 9.9　在模拟器中打开百度主页

这里建议要使用分辨率高一些的屏幕（指的是电脑屏幕），比如 1366*768 的分辨率在模拟 Samsung Galaxy S 时面积就不大够用。

9.1.5　如何应用 jQuery Mobile 开发的页面

利用 jQuery Mobile 开发的应用主要有两种形式。

- 最常用的一种形式是与传统 Web 一样以网页的形式展示出来。尤其是自微信开放 jssdk 以来，一部分 PC 端的网页也开始使用这种方式开发，收到了不错的效果。
- 第二种形式是利用工具把程序打包成 APP。jQuery Mobile 仅仅是一套轻量级的开源框架，要将它打包成 apk 文件，还必须依赖其他工具的帮助，如 PhoneGap。

9.2 使用 jQuery Mobile 进行开发

前面讲解了如何使用和测试 jQuery Mobile，本节开始利用 jQuery Mobile 控制页面中的一些元素。jQuery Mobile 的操作形式和 jQuery 一样，所以本节只是简单回顾一些 jQuery 的基础。

9.2.1 选择页面中的元素

jQuery Mobile 选择元素的方法很多，这里整理出以下几种。

（1）可以利用 CSS 选择器对元素进行直接选取。

```
$(document)                              //选择整个文档对象
$('#myId')                               //选择 ID 为 myId 的网页元素
$('divmyClass')                          //选择 class 为 myClass 的 div 元素
$('input[name=first]')                   //选择 name 属性等于 first 的 input 元素
```

（2）可以利用 jQuery Mobile 的特有表达式对元素进行过滤。

```
$('a:first')                             //选择网页中第一个 a 元素
$('tr:odd')                              //选择表格的奇数行
$('#myForm:input')                       //选择表单中的 input 元素
$('div:visible')                         //选择可见的 div 元素
$('div:gt(2)')                           //选择除了前3个以外的所有 div 元素
$('div:animated')                        //选择当前处于动画状态的 div 元素
```

jQuery Mobile 多是使用对元素的 data-role 属性进行设置的方式来确认使用了哪种控件，若在页面中有如下内容：

```
<div data-role = "page"></div>
```

那么要获取这个元素则需要使用如下语句：

```
$("div[data-role=page]");
```

> 在 HTML5 中单引号和双引号是通用的，甚至在表明一些属性的值时可以不用引号，但是一旦使用就必须成对，不可以出现一个左单引号配一个右双引号的现象。

9.2.2　设置页面中元素的属性

刚刚获得了页面中元素的属性，现在就可以为元素设置样式了。在 jQuery 中，为元素设置样式有以下几种方法。

（1）可以为元素设置宽度和高度，可使用的方法有 width(width_x) 与 height(height_x)，其中的参数即要为元素设置的尺寸。

（2）可以直接为元素加入 CSS 样式，如 addClass("page_cat")，即将名为 page_cat 的样式设置在元素上。jQuery Mobile 中大多使用了这种方法。

（3）jQuery 自带的 CSS 类可以单独改变元素的某样式，但是由于使用过于烦琐，并且在大型程序中不是很好维护，因此用得较少。

9.3　应用 jQuery Mobile 中的控件

jQuery Mobile 提供了丰富的控件，如对话框、列表、工具栏、表单控件等。这些控件的使用都非常简单，这里通过一些例子来演示如何使用这些控件。

9.3.1　在界面中固定一个工具栏

工具栏主要包括头部栏和底部栏，它们常常被固定在屏幕的上下两侧，用来实现返回功能和各功能模块间的切换，对于界面的美化也有重要的作用。工具栏可以作为页面上下两侧的容器，无论是在传统的手机 APP 还是在网页端，工具栏都起到了导航栏的作用。开发者可以利用工具栏来展示软件所具有的功能，也可以在工具栏中加入广告来为自己增加收入。图 9.10 显示的是一组工具栏的样式。

图 9.10　工具栏

在实际使用时可以根据需要让它们固定在页面的某个位置。

下面创建一个具备固定工具栏的界面 jqm_tool.html，代码如下：

```
01  <!DOCTYPE html>                                        <!--声明 HTML 5-->
02  <html>
03  <head>
04  <meta http-equiv="Content-Type" content="text/html; charset=utf-8" />
05  <meta name="viewport" content="width=device-width, initial-scale=1">
06  <!--<script src="cordova.js"></script>-->  <!--使用 PhoneGap 生成 APP 使用
-->
07  <link rel="stylesheet" href="jquery.mobile-1.4.5.css" />
08  <script src="jquery-3.3.1.js"></script>      <!--引入 jQuery 脚本-->
09  <script src="jquery.mobile-1.4.5.js"></script>  <!--引入 jQuery Mobile 脚
本-->
10  </head>
11  <body>
12      <div data-role="page">
13          <div data-role="header" data-position="fixed">  <!--设置头部栏为
"固定" -->
14                  <h1>头部栏</h1>
15          </div>
16          <h1>在页面中加入工具栏</h1>
17          <h1>在页面中加入工具栏</h1>
18          <h1>在页面中加入工具栏</h1>
19          <h1>在页面中加入工具栏</h1>
20          <h1>在页面中加入工具栏</h1>
21          <h1>在页面中加入工具栏</h1>
22          <h1>在页面中加入工具栏</h1>
23          <h1>在页面中加入工具栏</h1>
24          <h1>在页面中加入工具栏</h1>
25          <h1>在页面中加入工具栏</h1>
26          <h1>在页面中加入工具栏</h1>
27          <h1>在页面中加入工具栏</h1>
28          <div data-role="footer"  data-position="fixed">  <!--设置底部栏为
"固定" -->
29                  <h1>尾部栏</h1>
30          </div>
31      </div>
32  </body>
33  </html>
```

保存后，运行效果如图 9.11 所示。第 13 行指定 data-role="header"，表示这是一个头部栏，第 28 行的属性值是 footer，表示底部栏。为了让两个工具栏可以固定，我们指定了 data-position 为 fixed，以防止内容很少时底部栏会显示在界面的中央。

 在图 9.11 的右侧可以看到一个滑动条，这对页面整体的美观性造成了一定的影响，实际上页面侧面的滑动条只是在 PC 端浏览器上会很明显，在手机浏览器上对视觉的影响几乎可以忽略。读者可以在自己的手机上打开一个网页来进行验证。

读者可以尝试将代码第 16~27 行重复的部分去掉，只留下一行文字，使页面留下大量的空白，运行结果如图 9.12 所示。

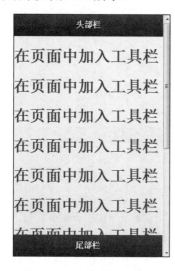

图 9.11　固定位置的工具栏　　　　图 9.12　页面大量留空后工具栏依然固定

从图 9.12 中不难看出，在页面缺少内容、存在大量空白的情况下，尾部栏顶端与页面内容底部的空白被自动填充了相应主题的背景色，可以确认工具栏确实是被固定在屏幕中了。

9.3.2　使用按钮实现菜单界面

提到图形界面，恐怕用户最熟悉的就是按钮了。链接和按钮都能实现类似的按钮功能，在 jQuery Mobile 中让按钮使用 HTML 中链接的标签 "<a>" 正说明了这一点。

要创建一组按钮，需在页面中插入如下代码：

```
<a href="i#" data-role="button" data-theme="a">Theme a</a>
```

jQuery Mobile 中的按钮样式如图 9.13 所示。

图 9.13　按钮样式

下面创建一个简单的菜单应用，新建页面 jqm_button.html，内容如下：

```
01  <!DOCTYPE html>
02  <html>
03  <head>
04  <meta http-equiv="Content-Type" content="text/html; charset=utf-8" />
05  <title>使用按钮</title>
06  <meta name="viewport" content="width=device-width, initial-scale=1">
07  <link rel="stylesheet" href="jquery.mobile-1.4.5.css" />
08  <script src="jquery-3.3.1.js"></script>
09  <script src="jquery.mobile-1.4.5.js"></script>
10  </head>
11  <body>
12      <div data-role="page">
13          <div data-role="header" data-position="fixed" data-fullscreen=
"true">
14              <a href="#">返回</a>
15              <h1>头部栏</h1>
16              <a href="#">设置</a>
17          </div>
18          <div data-role="content">
19              <a href="#" data-role="button">这是一个按钮</a>
20              <!--可以加入图标，但是在此处先不对它们做任何修改-->
21              <a href="#" data-role="button">这是一个按钮</a>
22              <a href="#" data-role="button">这是一个按钮</a>
23              <a href="#" data-role="button">这是一个按钮</a>
24              <a href="#" data-role="button">这是一个按钮</a>
25              <a href="#" data-role="button">这是一个按钮</a>
26              <a href="#" data-role="button">这是一个按钮</a>
27              <a href="#" data-role="button">这是一个按钮</a>
28              <a href="#" data-role="button">这是一个按钮</a>
29              <a href="#" data-role="button">这是一个按钮</a>
30              <a href="#" data-role="button">这是一个按钮</a>
31              <a href="#" data-role="button">这是一个按钮</a>
32              <a href="#" data-role="button">这是一个按钮</a>
33          </div>
34          <div data-role="footer" data-position="fixed" data-fullscreen=
"true">
35              <div data-role="navbar">
36                  <ul>
37                      <li><a id="chat" href="#" data-icon="info">微信
</a></li>
38  <!--在此处加入图标 data-icon="info"-->
39                      <li><a id="email" href="#" data-icon="home">通讯录</a></li>
```

```
40                      <!--data-icon="home"图标样式为"主页" -->
41                      <li><a id="skull" href="#" data-icon="star">找朋友
</a></li>
42                      <!--data-icon="star"图标样式为"星星" -->
43                      <li><a id="beer" href="#" data-icon="gear">设置
</a></li>
44                      <!--data-icon="gear"图标样式为"齿轮" -->
45                  </ul>
46              </div><!-- /navbar -->
47          </div><!-- /footer -->
48      </div>
49  </body>
50  </html>
```

本例将界面分为三部分：头部栏、主体和底部栏。其中代码第 19 行是使用按钮的一种最基本的方法，除了要使用标签<a>之外，还要为按钮加入属性 data-role=button，只有这样才能将元素渲染为按钮的样式。在标签之间的内容（如"这是一个按钮"）会显示为按钮的标题。另外，在默认的情况下，一个按钮单独占用一行，因此按钮看上去会比较长。第 37～44 行的代码中使用了 data-icon 属性，用来指定按钮的图标，如果使用默认图标，则 data-icon="custom"。

 jQuery Mobile 默认会为按钮加入被按下时的阴影效果。

本例效果如图 9.14 所示。

图 9.14　菜单界面

除了这些图标之外，jQuery Mobile 还为开发者准备了其他的图标样式，如表 9.1 所示。

表 9.1　jQuery Mobile 自带的图标

编　号	名　称	描　述	图标示例
1	左箭头	arrow-l	❮
2	右箭头	arrow-r	❯
3	上箭头	arrow-u	︿
4	下箭头	arrow-d	﹀
5	删除	delete	✕
6	添加	plus	✚
7	减少	minus	─
8	检查	check	✔
9	齿轮	gear	✿
10	前进	forward	↻
11	后退	back	↺
12	网格	grid	▦
13	五角星	star	★
14	警告	alert	⚠
15	信息	info	ℹ
16	首页	home	⌂
17	搜索	search	🔍

9.3.3　使用表单做一个手机版 QQ 登录

表单控件源自于 HTML 中的<form>标签，并且起到相同的作用，用以提交文本、数据等无法仅仅靠按钮来完成的内容，包括文本框、滑动条、文本域、开关、下拉列表等，如图 9.15~图 9.20 所示。

图 9.15　文本输入框

图 9.16　文本域

图 9.17　滑动条　　　　　　　　　　　图 9.18　开关

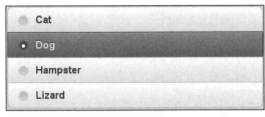

图 9.19　单选按钮　　　　　　　　　　图 9.20　下拉列表

安卓版 QQ 的登录界面一直是 UI 设计者必学的一个例子，因为它结构简单且美观大气，如图 9.21 所示。首先可以对该界面做一个简单的分析，即页面由一个图片、两个文本编辑框、一个按钮以及若干个复选框组成。本节将对这个界面做进一步简化（简化掉页面中的复选框），具体实现如下（jqm_login.html）。

图 9.21　手机 QQ 登录界面

```
01  <!DOCTYPE html>                                        <!--声明 HTML 5-->
02  <html>
03  <head>
04  <meta http-equiv="Content-Type" content="text/html; charset=utf-8" />
05  <title>简单的 QQ 登录页面</title>
06  <meta name="viewport" content="width=device-width, initial-scale=1">
07  <link rel="stylesheet" href="jquery.mobile-1.4.5.css" />
08  <script src="jquery-3.3.1.js"></script>
```

```
09    <script src="jquery.mobile-1.4.5.js"></script>
10    </head>
11    <body>
12        <div data-role="page">
13            <div data-role="content">
14                <!--此处图片用来引入企鹅 LOGO 并设置其大小-->
15                <img src="images/qq.jpg" style="width:50%;
margin-left:25%;"/>
16                <!--表单元素均要被放置在 form 标签中-->
17                <form action="#" method="post">
18                    <!--这是一个文本编辑框，使用 type="text" 来进行标识-->
19                    <input type="text" name="zhanghao" id="zhanghao" value="
账号: "/>
20                    <input type="text" name="mima" id="mima" value="密码: "/>
21                    <!--这是一个按钮-->
22                    <a href="#" data-role="button" data-theme="b">登录</a>
23                </form>
24            </div>
25        </div>
26    </body>
27    </html>
```

运行结果如图 9.22 所示。本例使用了表单控件中的文本编辑框。文本编辑框是表单元素中最简单的一种，笔者将以它为例来介绍表单元素的使用方法。

图 9.22　QQ 登录界面

在使用表单元素前，首先需要在页面中加入一个表单标签：

```
<form action="#" method="post"><!--中间插入数据--></form>
```

只有这样，标签内的控件才会被 jQuery Mobile 默认读取为表单元素，action 属性指向的是接受提交数据的地址，当数据被提交时，就会发送到这里。method 属性标注了数据提交的方法，有 post 和 get 两种方法可供选用。

188

在 form 中的所有表单元素都是使用 input 标签来表示的，利用 type 属性来对它们加以区别，如本例中的文本编辑框的 type 属性是 text。另外，还要给每个控件加入相应的 name 和 id，用于对提交的数据进行处理。

 为了便于维护，最好将 name 和 id 设为相同的值。

由于篇幅的限制，笔者将提交数据的后台代码省略了（可以用 PHP 或 ASP.NET 等后台语言实现），现在给出一段利用 jQuery 获取表单内容的脚本。加入脚本后的代码为：

```
01  <!DOCTYPE html>                          <!--声明 HTML 5-->
02  <html>
03  <head>
04  <meta http-equiv="Content-Type" content="text/html; charset=utf-8" />
05  <meta name="viewport" content="width=device-width, initial-scale=1">
06  <link rel="stylesheet" href="jquery.mobile-1.4.5.css" />
07  <script src="jquery-3.3.1.js"></script>
08  <script src="jquery.mobile-1.4.5.js"></script>
10  <script>
11  function but_click()
12  {
13      var temp1=$("#zhanghao").val();            //获取输入的账号内容
14      if(temp1=="账号：")                         //判断输入账号是否为空
15      {
16          alert("请输入 QQ 号码！")
17      }
18      else
19      {
20          var zhanghao=temp1.substring(3,temp1.length);
                                          //去掉文本框中的"账号"二字及冒号
21          var temp2=$("#mima").val();       //判断密码输入是否为空
22          if(temp2=="密码：")
23          {
24              alert("请输入密码！");
25          }
26          else
27          {
28              var mima=temp2.substring(3,temp2.length);
29              alert("提交成功"+"你的QQ号码为"+zhanghao+"你的QQ密码为"+mima);
30          }
31      }
32  }
33  </script>
34  </head>
```

```
35  <body>
36    <div data-role="page">
37      <div data-role="content">
38        <img src="images/qq.jpg" style="width:50%;
margin-left:25%;"/>
39        <form action="#" method="post">
40          <input type="number " name="zhanghao" id="zhanghao"
value="账号："  />
41          <input type="text" name="mima" id="mima" value="密码："/>
42          <!--当按钮被单击时,触发 onclick()事件,调用 but_click()方法-->
43          <a href="#" data-role="button" data-theme="b" id="login"
onclick="but_click();">登录</a>
44        </form>
45      </div>
46    </div>
47  </body>
48  </html>
```

单击"登录"按钮，将会弹出一个对话框，其中显示了编辑框中的账号密码信息，如图 9.23 所示。

图 9.23　利用脚本获取编辑框中的内容

可以利用编辑框的 id 来获取控件，然后再利用 val()方法获取编辑框中的内容，在这里限制了编辑框中的值不能为空，实际上还应该利用正则表达式来限制账号只能为数字，并且使密码内容隐藏，但是由于这些内容与本节内容关系不大，因此不做过多讲解。

有一个知识点是不得不提的，那就是 jQuery Mobile 实际上已经为开发者封装了一些用来限制编辑框中内容的控件。例如，将本例中的"账号"编辑框的 type 修改成了 number，虽然外表看不出有什么区别，但当在手机中运行该页面并对该编辑框进行输入时，将会自动切换到数字键盘；而当将 type 属性修改为 password 时，则会自动将编辑框中的内容转化为圆点，防止你的密码被旁边的人看到。

另外，还可以将 type 的属性设置为 tel 或 email。可以查看一下会产生什么样的效果，这里就不一一赘述了。

虽然 jQuery Mobile 已经为开发者封装了可以控制内容的编辑框，但是为了保证应用的安全性，防止部分别有用心的用户绕过内容过滤而可能造成的潜在破坏，必须保证在后台对提交的数据进行二次过滤，确保没有恶意数据被提交。

9.3.4　使用列表做一个类贴吧的应用

页面上的内容并不全都是零星排列布局的，很多时候需要一个列表来包含大量的信息，比如说音乐的播放列表、新闻列表、文章列表等。图 9.24~图 9.26 是一些在 jQuery Mobile 中使用列表的例子。

图 9.24　列表 1

图 9.25　列表 2

图 9.26　列表 3

列表具有比较多的样式，在某种意义上它可以作为一种容器，在里面放置各种布局，因此比较灵活，但是也比较复杂。

百度贴吧的标题实际上就是一组列表。图 9.27 就是 jQuery Mobile 贴吧的一张截图。

图 9.27　百度 jQuery Mobile 吧的帖子列表

除了这些之外，一些新闻网站也会将重要的新闻在主页上展示出来，如图 9.28 所示。

图 9.28　火狐资讯站上的一组新闻列表

相比之下，图 9.28 所示的列表非常简单，只有一个标题，而图 9.27 所示的帖子列表就比较复杂了。本节介绍列表控件的简单用法，用来实现一个简单的新闻列表。创建一个页面 jqm_list.html，代码如下：

```
01  <!DOCTYPE html>
02  <html>
03  <head>
04  <meta http-equiv="Content-Type" content="text/html; charset=utf-8" />
05  <title>简单的新闻列表</title>
06  <meta name="viewport" content="width=device-width, initial-scale=0.5">
```

```
07  <link rel="stylesheet" href="jquery.mobile-1.4.5.css" />
08  <script src="jquery-3.3.1.js"></script>
09  <script src="jquery.mobile-1.4.5.js"></script>
10  </head>
11  <body>
12      <div data-role="page">
13      <div data-role="header" data-position="fixed"
data-fullscreen="true">
14          <a href="#">返回</a>
15          <h1>今日新闻</h1>
16          <a href="#">设置</a>
17      </div>
18          <!--注意，在本例中仅用了头部栏和尾部栏而没有内容栏-->
19          <!--使用 ul 标签声明列表控件-->
20          <ul data-role="listview">
21              <!--列表中的每一项用 li 来声明，其中加入 a 标签使列表可单击-->
22              <li><a href="#">中美海军举行联合反海盗演习 首次演练实弹射击
</a></li>
23              <li><a href="#">安徽回应警察目睹少女被杀:不护短已提请检方介入
</a></li>
24              <!---以下代码雷同，读者可自行复制粘贴-->
25              <li><a href="#">美"51区"雇员称内有9架飞碟 曾见灰色外星人
</a></li>
26              <li><a href="#">巴基斯坦释放337名印度在押人员</a></li>
27          </ul>
28      <div data-role="footer" data-position="fixed"
data-fullscreen="true">
29          <div data-role="navbar">
30              <ul>
31                  <li><a id="chat" href="#" data-icon="custom">今日新
闻</a></li>
32                  <li><a id="email" href="#" data-icon="custom">国内新
闻</a></li>
33                  <li><a id="skull" href="#" data-icon="custom">国际新
闻</a></li>
34                  <li><a id="beer" href="#" data-icon="custom">设置
</a></li>
35              </ul>
36          </div>
37      </div>
38      </div>
39  </body>
40  </html>
```

193

运行结果如图 9.29 所示。在使用标签时，首先要在页面中加入一个标签<ul data-role="listview"></ul>，之后在其中加入任意数量的<li>标签，其中的内容就会以一种类似按钮的形式显示出来。

> 细心的读者会发现在<ul>标签处的缩进有点不正常，这是由于列表控件在内容栏中显示会不正常，笔者特意在此处留出一段空白来提醒读者一定要注意。图 9.30 就是将列表放在内容栏中的效果。

图 9.29　简单的新闻列表

图 9.30　将列表放在内容栏中显示效果不佳

9.3.5　使用对话框实现一个相册

通过前面的例子，我们可以熟悉 jQuery Mobile 的基本用法，这里创建一个基于 jQuery Mobile 对话框实现的相册，让读者也了解一下对话框的使用。

创建一个页面 jqm_dialogPhoto.html，内容如下：

```
01  <!DOCTYPE html>
02  <html>
03  <head>
04  <meta http-equiv="Content-Type" content="text/html; charset=utf-8" />
05  <meta name="viewport" content="width=device-width, initial-scale=1">
06  <link rel="stylesheet" href="jquery.mobile-1.4.5.css" />
07  <script src="jquery-3.3.1.js"></script>
08  <script src="jquery.mobile-1.4.5.js"></script>
09  </head>
10  <body>
11      <div data-role="page">
12          <a href="#popup_1" data-rel="popup" data-position-to="window">
```

194

```
13              <img src="images/p1.jpg" style="width:49%">        <!--在标签 a
中加入 img 标签-->
14          </a>
15          <a href="#popup_2" data-rel="popup" data-position-to="window">
16              <img src="images/p2.jpg" style="width:49%">
17          </a>
18          <a href="#popup_3" data-rel="popup" data-position-to="window">
19              <img src="images/p3.jpg" style="width:49%">
20          </a>
21          <a href="#popup_4" data-rel="popup" data-position-to="window">
22              <img src="images/p4.jpg" style="width:49%">
23          </a>
24          <a href="#popup_5" data-rel="popup" data-position-to="window">
25              <img src="images/p5.jpg" style="width:49%">
26          </a>
27          <a href="#popup_6" data-rel="popup" data-position-to="window">
28              <img src="images/p6.jpg" style="width:49%">
29          </a>
30          <div data-role="popup" id="popup_1">
31              <a href="#" data-rel="back" data-role="button"
data-icon="delete" data-iconpos="notext" class="ui-btn-right">Close</a>
32              <img src="images/p1.jpg" style="max-height:512px;">
33          </div>
34          <div data-role="popup" id="popup_2">
35              <a href="#" data-rel="back" data-role="button"
data-icon="delete" data-iconpos="notext" class="ui-btn-right">Close</a>
36              <img src="images/p2.jpg" style="max-height:512px;"
alt="Sydney, Australia">
37          </div>
38          <div data-role="popup" id="popup_3">
39              <a href="#" data-rel="back" data-role="button"
data-icon="delete" data-iconpos="notext" class="ui-btn-right">Close</a>
40              <img src="images/p3.jpg" style="max-height:512px;" alt="New
York, USA">
41          </div>
42          <div data-role="popup" id="popup_4">
43              <a href="#" data-rel="back" data-role="button"
data-icon="delete" data-iconpos="notext" class="ui-btn-right">Close</a>
44              <img src="images/p4.jpg" style="max-height:512px;">
45          </div>
46          <div data-role="popup" id="popup_5">
47              <a href="#" data-rel="back" data-role="button"
data-icon="delete" data-iconpos="notext" class="ui-btn-right">Close</a>
```

```
48                <img src="images/p5.jpg" style="max-height:512px;"
alt="Sydney, Australia">
49            </div>
50            <div data-role="popup" id="popup_6">
51                <a href="#" data-rel="back" data-role="button"
data-icon="delete" data-iconpos="notext" class="ui-btn-right">Close</a>
52                <img src="images/p6.jpg" style="max-height:512px;" alt="New
York, USA">
53            </div>
54        </div>
55    </body>
56    </html>
```

其中，p1.jpg~p6.jpg 均是笔者在百度图片中找到的图片，只是将它们下载到了源代码目录下的 images 文件夹中，运行后的效果如图 9.31 所示。

图 9.31　相册界面

 图片名称一定要是 p(n).jpg，其中（n）表示的是 1~6 中的某个数字。

单击页面中的某张图片，该图片将会以对话框的形式被放大显示，如图 9.32 所示。代码第 12~14 行展示了页面中一个图片的显示，它利用一对 a 标签将一个图片包裹在其中，这就使得其中的图片具有了按钮的某些功能，如在本例中就是靠单击图片来调出对话框的。

另外，有心的读者也许已经注意到，在代码第 12 行中出现了一个新的属性 data-position-to="window"，它的作用是使弹出的对话框位于屏幕正中，而不再是位于调出这个对话框的按钮附近。图 9.33 所示为取消该属性后的效果。

图 9.32　对话框中的图片

图 9.33　对话框不再位于页面的中央

9.4 实例 1：利用 jQuery Mobile 实现电子书阅读器

很多常坐地铁的人都非常喜欢用手机看小说，因此网络上出现了各种各样的电子书阅读器。可以说电子书阅读器是最基础的一种界面，只需要将内容堆叠在屏幕中，就可以实现阅读的功能。本例将把章节列表以及阅读内容放在同一个页面 jqm_book.html 中，用来说明页面中有多个 page 控件的使用方法。

```
01  <!DOCTYPE html>
02  <html>
03  <head>
04  <meta http-equiv="Content-Type" content="text/html; charset=utf-8" />
05  <meta name="viewport" content="width=device-width, initial-scale=1">
06  <link rel="stylesheet" href=" jquery.mobile-1.4.5.css" />
07  <script src="jquery-3.3.1.js"></script>
08  <script src="jquery.mobile-1.4.5.js"></script>
09  </head>
10  <body>·
11      <!--用属性 id="home" 表明该 page 在首页显示-->
12      <div data-role="page" id="home" data-title="首页">
13          <!--这里是头部栏-->
14          <div data-role="header" data-position="fixed">
15              <a href="#">返回</a>
```

```
16              <h1>电子书阅读器</h1>
17             <a href="#">设置</a>
18         </div>
19         <!--这里是内容栏-->
20         <div data-role="content">
21             <ul data-role="listview">
22                 <!--使用列表链接到各个章节的内容页中-->
23                 <li><a href="#page_1">jQuery Mobile 实战 第一章</a></li>
24                 <li><a href="#page_2">jQuery Mobile 实战 第二章</a></li>
25                 <li><a href="#page_3">jQuery Mobile 实战 第三章</a></li>
26                 <li><a href="#page_4">jQuery Mobile 实战 第四章</a></li>
27                 <li><a href="#page_5">jQuery Mobile 实战 第五章</a></li>
28                 <li><a href="#page_6">jQuery Mobile 实战 第六章</a></li>
29                 <li><a href="#page_7">jQuery Mobile 实战 第七章</a></li>
30                 <li><a href="#page_8">jQuery Mobile 实战 第八章</a></li>
31                 <li><a href="#page_9">jQuery Mobile 实战 第九章</a></li>
32                 <li><a href="#page_10">jQuery Mobile 实战 第十章</a></li>
33             </ul>
34         </div>
35         <!--这里是尾部栏-->
36         <div data-role="footer" data-position="fixed">
37             <h1>书籍列表</h1>
38         </div>
39     </div>
40     <!--首页-->
41     <div data-role="page" id="page_1" data-title="第一章">
42         <div data-role="header" data-position="fixed">
43             <a href="#home">返回</a>
44             <h1>第一章</h1>
45             <a href="#">设置</a>
46         </div>
47         <div data-role="content">
48             <h1>jQuery Mobile 实战第一章</h1>
49             <h4>
50                 <!--第一章的内容，笔者已省略，请读者自由发挥-->
51             </h4>
52         </div>
53         <div data-role="footer" data-position="fixed">
54             <h1>jQuery Mobile 实战</h1>
55         </div>
56     </div>
57     <!--以下省略了部分内容，请读者仿照 page_1的内容自行补充 page_2~page_10的页面
-->
```

```
58  </body>
59  </html>
```

本例运行结果如图 9.34、图 9.35 所示。当需要将应用借助 PhoneGap 进行打包时，这种在一个页面中加入多个 page 控件的方式能够有效地提高应用运行的效率。但是，在开发传统的 Web 应用时不推荐使用这种方法，这是由于从服务端读取数据的时间远比页面加载的时间要长，因此提高的一点效率完全可以忽略。另外，对于新手来说，多个 page 嵌套就意味着更加复杂的逻辑，尤其是一些需要频繁对数据库进行读取的应用，很容易使初学者手忙脚乱。

图 9.34　电子书阅读器的列表　　　　　图 9.35　电子书阅读器的内容

 可以用这种方法来实现主题的切换，比如说可以在一个页面内分别加入 5 个 page，保持它们的内容相同，但是设为不同的 data-theme。这样就可以简单地实现切换主题的效果了。

这里还有一个小技巧，就是当一个页面中有多个 page 时，可以利用注释来区分它们，比如在两个相邻的 page 控件之间加入空白注释：

```
<div data-role="page" id="page_1">
    <!--此处正常插入内容-->
</div>
<!---->                 <!--左侧的注释用来当作两个page控件之间的分隔符使用-->
<div data-role="page" id="page_2">
    <!--此处正常插入内容-->
</div>
```

这样就不会因为页面内容太多而造成混乱了。

9.5 实例 2：利用 jQuery Mobile 实现开发印象笔记

最近非常流行印象笔记，它为开发者提供了开放的 API。本节将使用 jQuery Mobile 和 PhoneGap 来实现一款简单的类似印象笔记的记事本应用，这里仅仅给出它的部分前端页面 jqm_notepad.html 的实现。

```
01  <!DOCTYPE html>
02  <html>
03  <head>
04  <meta http-equiv="Content-Type" content="text/html; charset=utf-8" />
05  <meta name="viewport" content="width=device-width, initial-scale=1">
06  <link rel="stylesheet" href=" jquery.mobile-1.4.5.css" />
07  <script src="jquery-3.3.1.js"></script>
08  <script src=" jquery.mobile-1.4.5.js"></script>
09  </head>
10  <body>
11      <!--第一个页面-->
12      <div data-role="page" id="home" data-title="我的记事本">
13          <div data-role="header" data-position="fixed">
14              <h1>我的记事本</h1>
15              <a href="#new" data-icon="custom">新建</a>
16          </div>
17          <!--显示记事列表-->
18          <div data-role="content">
19              <ul data-role="listview">
20                  <li><a href="#">
21                      <h1>记事本一</h1>              <!--显示记事本题目-->
22                      <p>2013/11/3 星期日</p>       <!--换行显示日期-->
23                  </a></li>
24                  <!--··················-->
25                  <!--模仿第一个 li 标签实现列表中的其他项-->
26              </ul>
27          </div>
28          <div data-role="footer" data-position="fixed">
29          </div>
30      </div>
31      <!---->
32      <div data-role="page" id="new" data-title="新建记事本">
```

```
33              <!--头部栏-->
34              <div data-role="header" data-position="fixed">
35                  <h1>新建记事本</h1>
36                  <a href="#home" data-icon="back">返回</a>
37              </div>
38              <div data-role="content">
39                  <form>                <!--form 标签-->
40                      <!--使用 for 属性与文本框进行绑定-->
41                      <label for="note">请输入内容:</label>
42                      <textarea name="note" id="note"></textarea>
43                  </form>
44              </div>
45              <div data-role="footer" data-position="fixed">
46                  <div data-role="navbar">
47                      <ul>
48                          <li><a href="#" data-icon="arrow-u">提交</a></li>
49                      </ul>
50                  </div>
51              </div>
52          </div>
53  </body>
54  </html>
```

运行结果如图 9.36、图 9.37 所示。图 9.37 底部设计了"提交"按钮,有需要设计页面中提交数据或者类似功能的读者可以参考一下,还是比较有创意的。

图 9.36　记事本列表页面

图 9.37　新建记事本界面

提 示　其实已经有不少应用在使用类似的界面了，其中 QQ 2016 就采用了类似的"退出"按钮。

9.6　常见问题

9.6.1　jQuery Mobile 为什么在切换页面时会出现白屏现象

使用 jQuery Mobile 开发应用时，在切换页面的过程中总是出现白屏的现象，这是因为切换的过程中使用了特效，下面给出一个比较好的解决方法：

```
$(document).on("mobileinit",function(){
    $.extend( $.mobile , {
        defaultPageTransition:'none' ,
        //defaultPageTransition:'none'
    });
});
```

为什么会出现白屏呢？这是因为默认 jQuery Mobile 的页面和对话框的效果都是通过 Ajax 实现的，默认的页面切换效果是幻灯片切换，默认的对话框出现的效果是弹出，所以在跳转页面的时候会有一个特效。但是，有些设备又不支持这些特效，导致了白屏现象。因此，设置 $.mobile 对象的 defaultPageTransition 和 defaultDialogTransition 属性就能更改特效效果，解决这个跳转页面白屏的问题。

9.6.2　data-rel="back"和 data-direction="reverse"有什么区别

如果对链接标签<a>使用了 data-rel="back"属性，而且<a>也有 src 属性，那么<a>会具备"后退"按钮的功能，就像我们浏览器上的历史按钮一样。当我们这个<a>的操作并不需要回到上一页时，就必须使用 data-direction="reverse"属性了，比如在相册应用中我们预览图片时会用到"上一页""下一页"这些按钮，但实际完成的操作还是在本页面，此时这个属性就非常有用了。

第 10 章

◀ 实战1：实现QQ邮箱附件的拖放 上传功能 ▶

从 HTML5 现有标准能够被各大浏览器无差别支持这个特性上就能看出业界对 HTML5 的欢迎与喜爱程度，估计其在未来几年内会达到相对普及的程度。当然，HTML5 标准如何在未来的市场上体现强大的竞争力，还需拭目以待。本章利用 HTML5 的一些特色结合 jQuery 实现一个类似 QQ 邮箱的文件拖放上传功能，效果如图 10.1 所示。

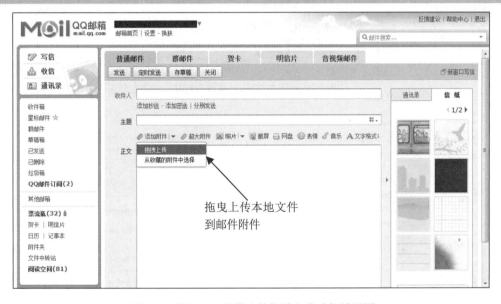

图 10.1　腾讯 QQ 邮箱文件拖放上传功能效果图

本章主要内容：

- 学会使用基于 jQuery 框架的 FileDrop.js 插件
- 了解如何利用 FileDrop.js 插件实现文件拖放式上传

10.1　认识 FileDrop.js 插件

FileDrop.js 是一个纯 JavaScript 类库，可以用来快速创建拖曳式的 HTML5 文件上传界面。

FileDrop.js 插件不依赖任何 JavaScript 框架，并且可以在多个浏览器中运行，包括 IE6+、Firefox 与 Chrome 等主流浏览器。

10.1.1　下载 FileDrop.js 插件

FileDrop.js 插件的官方网址如下：

```
http://filedropjs.org/
```

在浏览器中打开该网址，用户可以了解到 FileDrop.js 插件的特性介绍、下载链接、使用说明、Demo 链接等信息，如图 10.2 所示。

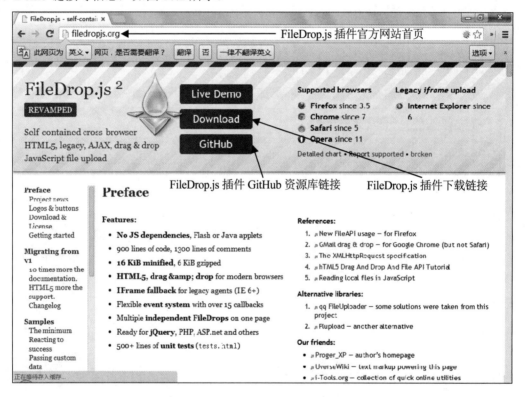

图 10.2　FileDrop.js 插件官方网站

如图 10.2 所示，在 FileDrop.js 插件官方首页下载链接的下方有该插件在 GitHub 资源库中的链接地址，具体如下：

```
https://github.com/ProgerXP/FileDrop
```

用户可以从 GitHub 中了解到 FileDrop.js 插件的最新版本更新情况、开发进度、设计人员反馈等信息，并可以下载其源代码压缩包，如图 10.3 所示。

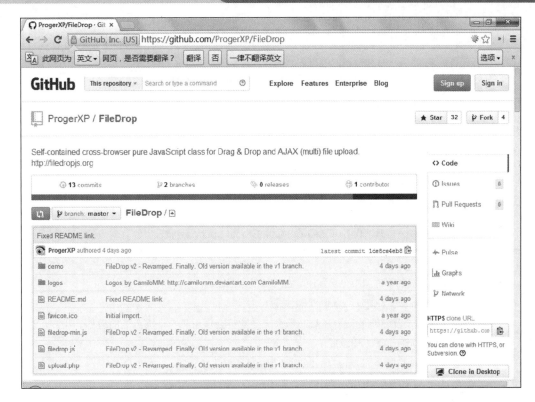

图 10.3　FileDrop.js 插件 GitHub 资源库

FileDrop.js 插件具有以下一些显著特性：

- 跨浏览器支持，支持 Firefox 3.6+、Internet Explorer 6+、Google Chrome 7+、Apple Safari 5 和 Opera 11+等。
- 插件无须其他 JavaScript 框架支持、无须 Flash 或 Java 小部件支持。
- 插件全部 900 行代码，500 行测试代码，1300 行注释。
- Zip 压缩文件大小为 16KB，gzipped 压缩文件大小为 6KB。
- HTML5 标准下拖放实现，支持大多数主流浏览器。
- 支持 IE6+下 iFrame 控件。
- 支持超过 15 个灵活的事件回调函数。
- 支持单页面多个独立的文件拖放操作。
- 支持 jQuery、PHP、ASP.Net 等语言。

FileDrop.js 插件的全部功能是通过 window.fd 对象实现的，该对象包括 global options、utility functions 和 classes（主要就是 FileDrop 本身）等重要组成部件。一般来说，window.fd 对象是在 FileDrop.js 插件库文件（filedrop.js 或 filedrop-min.js）中定义的，因此如果需要使用 window.fd 对象，则需要将 filedrop.js 或 filedrop-min.js 脚本文件在页面文件头中引用，具体代码如下：

```
<html>
<head>
<script type="text/javascript" src="filedrop.js"></script>
<script type="text/javascript">
```

```
window.fd={logging:false};
</script>
</head>
// 省略部分代码
</html>
```

FileDrop 插件在使用自身事件的同时，还允许用户在自定义的拖放或上传过程中通过拦截来重写默认事件的处理程序。

（1）FileDrop 插件 Global options

window.fd 中设置的 Global options 如表 10.1 所示。

表 10.1　FileDrop 插件 Global options 列表

名　　称	属性描述
logging	表示将所有的事件调用记录到控制台（如果存在该调用）
hasConsole	表示 console.log、info、warn 和 dir 是否可用
onObjectCall	表示如果设置必须是一个函数，那么该参数将会调用每一个被激活的事件。用户可以参考 callAllOfObject()的工作原理
all	表示该页面内的全部 DropHandle 对象都会被实例化
isIE6	测试 IE 浏览器版本，IE6+版本将会返回 true，否则返回 false
isChrome	测试是否是 Chrome 浏览器版本
nsProp	事件命名空间中的函数对象属性名称，参考 funcNS()、splitNS()、DropHandle 的事件

（2）FileDrop 插件 Global functions

window.fd 中设置的 Global functions 如表 10.2 所示。

表 10.2　FileDrop插件Global functions列表

名　　称	属性描述
randomID	产生随机 ID
uniqueID	产生随机 DOM 节点 ID
byID	通过 ID 属性检索其 DOM 元素或者返回其自身 ID
isTag	function(element,tag) 检查给定的对象是否是正确的 DOM 节点，如果 tag 通过了检查，还要检查 DOM 节点是否是同一个 tag（区分大小写），返回 true 或者 false
newXHR	创建新的 XMLHttpRequest 对象
isArray	检查给定值是否是本地数组对象
toArray	function(value,skipFirst) 转换给定值到一个数组
addEvent	function(element,type,callback) 添加一个事件监听到一个 DOM 元素
stopEvent	停止事件的传播与默认浏览活动

（续表）

名　称	属性描述
setClass	function(element,className,append) 添加或移除一个 DOM 对象的 HTML 类
hasClass	function(element,className) 确定给定的元素是否包含 className 类，接受 DOM 元素或 ID 字符串，返回 true 或 false
classRegExp	通过正则表达式测试给定的字符串，来找出其中是否包含给定词语
extend	function(child,base,overwrite) 将基础对象的属性复制到该对象的子对象
toBinary	用于转换通过 FileReader 读取的字符串到正确的原生二进制数据，该参数对于 IE 浏览器仅仅支持 IE9 版本以上的
callAll	function(list,args,obj) 调用在给定的参数和对象上下文条件下的每一个回调函数的处理程序
callAllOfObject	function(obj,event,args) 调用通过事件名称参数被附加给 FileDrop 对象的事件处理程序
appendEventsToObject	function(events,funcs) 根据传递的参数附加事件侦听器来给定对象与事件的属性
previewToObject	function(events,funcs) 根据传递参数预先考虑事件侦听器来给定对象与事件的属性
addEventsToObject	function(obj,prepend,args) 根据传递的参数以给定的对象与事件属性添加事件侦听器
funcNS	function(func,ns)添加了命名空间标识符的函数对象
splitNS	提取命名空间标识符的字符串

（3）FileDrop class

此对象定义在 window.fd 之中，别名为 window.FileDrop，具体如下：

```
new FileDrop(zone,opt);
// Example:
new FileDrop(document.body,{zoneClass:'with-filedrop'});
```

FileDrop.js 插件还提供了许多实用的方法参数，感兴趣的用户可以参考其官方网站提供的文档，里面有完整详细的描述。

10.1.2　使用插件实现文件拖拽上传

从 FileDrop.js 文件拖拽上传插件官方网站下载的最新版源代码包是一个 184 KB 的压缩包，解压缩后就可以引用其中包含的 filedrop.js 或 filedrop.min.js 类库文件来实现 HTML5 页面拖拽上传文件功能了。接下来，通过一系列简单的步骤来看一看如何在网页上快速应用 FileDrop.js 文件拖拽上传插件，具体步骤如下：

207

步骤 01 打开任一款目前流行的文本编辑器，如UltraEdit、EditPlus等，新建一个名称为FileDropDemo.html的网页。

步骤 02 打开最新版本的FileDrop.js插件源文件夹，将filedrop.js或filedrop.min.js类库文件复制到刚刚创建的FileDropDemo.html页面文件目录下，便于页面文件添加引用FileDrop.js插件类库文件。然后，在FileDropDemo.html页面文件中添加对FileDrop.js类库文件的引用，如下所示。

```html
<html>
<head>
<meta charset="utf-8">
<title>基于 FileDrop.js 插件实现文件拖拽上传应用</title>
<!-- FileDrop.js 插件类库文件-->
<script type="text/javascript" src=" js/filedrop.js"></script>
<script type="text/javascript" src="js/filedrop.min.js"></script>
// 省略部分代码
</head>
```

步骤 03 然后，添加FileDrop.js插件文件上传页面CSS样式，如下所示。

```css
<head>
// 省略部分代码
<style type="text/css">
/* Essential FileDrop zone element configuration: */
.fd-zone{
position: relative;
overflow: hidden;
/* The following are not required but create a pretty box: */
width: 15em;
margin: 0 auto;
text-align: center;
}

/* Hides <input type="file"> while simulating "Browse" button: */
.fd-file{
opacity: 0;
font-size: 118px;
position: absolute;
right: 0;
top: 0;
z-index: 1;
padding: 0;
margin: 0;
cursor: pointer;
filter: alpha(opacity=0);
```

```
font-family: sans-serif;
}

/* Provides visible feedback when use drags a file over the drop zone: */
.fd-zone.over{ border-color: maroon; background: #eee; }
</style>
</head>
```

步骤 04 由于本例仅仅作为FileDrop.js插件的基本介绍，因此在FileDropDemo.html页面中添加一些基本的拖拽文件上传所需的元素，如下所示。

```
<body>
<noscript style="color: maroon">
<h2>JavaScript is disabled in your browser. How do you expect FileDrop to
work?</h2>
</noscript>
<h2 style="text-align: center">
基于<a href="http://filedropjs.org">FileDrop</a>插件实现文件拖拽上传应用
</h2>
<!-- A FileDrop area. Can contain any text or elements, or be empty.
Can be of any HTML tag too, not necessary fieldset. -->
<fieldset id="zone">
<legend>Drop a file inside&hellip;</legend>
<p>Or click here to <em>Browse</em>..</p>
<!-- Putting another element on top of file input so it overlays it and user
can interact with it freely. -->
<p style="z-index: 10; position: relative">
<input type="checkbox" id="multiple">
<label for="multiple">Allow multiple selection</label>
</p>
</fieldset>
// 省略部分代码
</body>
```

在上面的代码中，实现了一个<fieldset>元素的拖拽层控件和一个隐藏的<input type="file">的文件浏览控件，其中拖拽层控件用于放置拖拽上传的文件。

步骤 05 页面元素构建好后，添加如下js代码对FileDrop.js插件进行初始化，完成文件上传功能与显示效果，具体如下：

```
01  <script type="text/javascript">
02  var options = {iframe: {url: 'upload.php'}};
03  var zone = new FileDrop('zone', options);  // FileDrop.js 插件初始化过程
04  zone.event('send', function(files){
05  files.each(function(file){
```

```
06  file.event('done', function(xhr){
07  alert('Done uploading ' + this.name + ', response:\n\n' +
xhr.responseText);
08  });
09  file.sendTo('upload.php');
10  });
11  });
12  zone.event('iframeDone', function(xhr){
13  alert('Done uploading via <iframe>, response:\n\n' + xhr.responseText);
14  });
15  fd.addEvent(fd.byID('multiple'), 'change', function(e){
16  zone.multiple(e.currentTarget || e.srcElement.checked);
17  });
18  </script>
```

在上面的 js 代码中，通过 new FileDrop('zone',options)获取 id 值等于"zone"的拖拽层控件，设置"options"选项参数定义服务器端操作的 upload.php 文件，并完成 FileDrop.js 插件初始化工作；然后依次定义 FileDrop.js 插件的几个事件：send 事件描述了当一个文件准备通过拖放发送时激活的事件；iframeDone 事件描述了当一个文件上传服务器成功后激活的事件；最后，通过 FileDrop 对象的.addEvent()方法添加"multiple"事件控制多文件上传。

至此，使用 FileDrop.js 插件进行拖拽文件上传的简单示例就完成了，运行这个示例可以看到一个带文件浏览链接、拖拽区域和文字说明的简单页面，如图 10.4、图 10.5 所示。

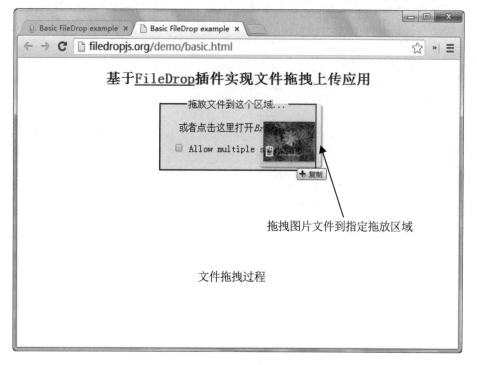

图 10.4　FileDrop.js 插件应用效果（1）

图 10.5　FileDrop.js 插件应用效果（2）

可以看到，用户将图片拖放进页面指定的拖拽区后，FileDrop.js 插件自动将图片上传到服务器中，这就是 FileDrop.js 插件在 HTML5 标准下的优势体现，设计人员可以根据实际需要将 FileDrop.js 插件应用在自己的项目之中。

10.2　开发图片拖拽上传 Web 应用

本节将基于 jQuery 框架、HTML5 标准与 FileDrop.js 插件创建一个完整的、多功能的图片拖拽上传 Web 应用。该示例图片将会有一个预览和进度条，全部由客户端控制，图片都保存在服务器上的一个目录里，当然设计人员也可以根据需要加强相关功能。

10.2.1　HTML5 文件上传功能

使用 HTML5 标准上传文件综合使用了 3 种技术，包括全新的 File Reader API、Drag&Drop API 以及 AJAX 技术（包含二进制的数据传输）。下面是一个 HTML5 文件功能的简单描述：

- 用户拖放一个或者多个文件到浏览器窗口。
- 浏览器在 Drap&Drop API 的支持下将会触发一个事件以及相关的其他信息，包括一个拖拽文件列表等。
- 浏览器使用 File Reader API 以二进制方式读取文件，保存在内存中。

- 浏览器内置的 AJAX 技术使用 XMLHttpRequest 对象的 sendAsBinary 方法，将文件数据发送到服务器端。

目前，HTML 标准下文件上传功能可以在 IE10+、Firefox 和 Chrome 上正常工作，未来将发布的主流浏览器也会支持这些功能。

10.2.2 图片拖拽上传 HTML 代码

打开任一款目前流行的文本编辑器，比如 UltraEdit、EditPlus 等，新建一个名称为 HTML5DragFileUpload.html 的网页。将网页的标题命名为"jQuery+HTML5 图片拖拽上传 Web 应用"。本应用基于 jQuery 开发框架、HTM5 标准和 FileDrop.js 插件进行开发，需要添加一些必要的类库文件、样式文件和 HTML 代码，具体如下所示。

```
01   <!DOCTYPE html>
02   <html>
03   <head>
04   <meta charset="utf-8" />
05   <title>jQuery+HTML5图片拖拽上传Web应用</title>
06   <!-- 本地 CSS stylesheet file -->
07   <link rel="stylesheet" href="assets/css/styles.css" />
08   <!-- 判断 IE 浏览器版本 -->
09   <!--[if lt IE 9]>
10   <script src="http://html5shiv.googlecode.com/svn/trunk/html5.js">
</script>
11   <![endif]-->
12   </head>
13   <body>
14   <header>
15   <h1>jQuery+HTML5图片拖拽上传Web应用</h1>
16   </header>
17   <div id="dropbox">
18   <span class="message">将图片文件拖放到此进行上传<br/>
19   <i>(仅仅对用户本身可见)</i>
20   </span>
21   </div>
22   <footer>
23   <h2>基于 jQuery 和 PHP 的 HTML5文件上传应用</h2>
24   <a class="tzine"
href="http://tutorialzine.com/2011/09/html5-file-upload-jquery-php/">Read
25   &amp; Download on</a>
26   </footer>
27   <-- 添加 jQuery 框架支持 -->
28   <script src="http://code.jquery.com/jquery-1.6.3.min.js"></script>
29   <-- 添加 FileDrop.js 插件支持 -->
```

```
30  <script src="assets/js/jquery.filedrop.js"></script>
31  <-- 本地 js 文件 -->
32  <!-- The main script file -->
33  <script src="assets/js/script.js"></script>
34  </body>
35  </html>
```

可以看到，在引用的支持文件中包括 jQuery 框架类库文件、FileDrop.js 插件类库文件及本地相应的 js 文件与 CSS 样式文件，以及对 IE 浏览器版本的判断支持。代码中和 FileDrop.js 插件有关的唯一元素是 id 值为"dropbox"的<div>层元素，通过 js 脚本语言将 FileDrop.js 插件传入这个元素。FileDrop.js 插件将会判断一个文件是否被拖放到上面，当发现有错误的时候，信息<span>的内容将会被更新（例如，当浏览器不支持和这个应用有关的 HTML5 API 的时候）。

当用户拖放一个文件到上述的<div id="dropbox">的拖放区域时，通过 jQuery 代码逻辑将会自动生成一个预览区，代码如下所示。

```
<div class="preview done">
<span class="imageHolder">
<img src="" />
<span class="uploaded"></span>
</span>
<div class="progressHolder">
<div class="progress"></div>
</div>
</div>
</div>
```

以上代码片断包含了一个图片预览和一个进度条，整个预览含有名称为".done"的 CSS 样式类，可以让名称为".upload"的<span>元素得以显示，而这个<span>将有绿色的背景标示，通过颜色的不同来暗示上传是否成功完成了。

10.2.3　图片拖拽上传 CSS 代码

为了尽量让 HTML 页面美观，添加一些 CSS 样式表进行修饰，具体如下所示。

```
/*----------------------- Dropbox Element ------------------------*/
#dropbox{
background:url('img/background.jpg');
border-radius:2px;
position: relative;
margin:64px auto 92px;
min-height: 320px;
overflow: hidden;
padding-bottom:32px;
width:800px;
box-shadow:0 0 4px rgba(0,0,0,0.3) inset,0 -3px 2px rgba(0,0,0,0.1);
```

```
}
// 省略部分代码
/*----------------------- Image Previews -------------------------*/
#dropbox .preview{
width:360px;
height: 240px;
float:left;
margin: 64px 0 0 64px;
position: relative;
text-align: center;
}
// 省略部分代码
/*----------------------- Progress Bars -------------------------*/
#dropbox .progressHolder{
position: absolute;
background-color:#252f38;
height:12px;
width:100%;
left:0;
bottom: 0;
box-shadow:0 0 2px #000;
}
#dropbox .progress{
background-color:#2586d0;
position: absolute;
height:100%;
left:0;
width:0;
box-shadow: 0 0 1px rgba(255, 255, 255, 0.4) inset;
-moz-transition:0.25s;
-webkit-transition:0.25s;
-o-transition:0.25s;
transition:0.25s;
}
#dropbox .preview.done .progress{
width:100% !important;
}
```

CSS 类名称为.progress 的<div>是绝对定位的，修改 width 大小来形成一个自然进度的标识，使用 0.25s 的 transition 效果，用户会看到一个动画的增量效果。

10.2.4　图片拖拽上传 JS 代码

实际文件拖拽上传功能是通过 FileDrop.js 插件来完成的，具体操作是调用并且设置 fallback 参数，另外还需要写一个 PHP 脚本处理服务器端的文件上传功能。

首先编写一个辅助功能来接受一个文件对象（一个特别的由浏览器创建的对象，包含名字、路径和大小），以及预览用的标签；然后调用 FileDrop.js 插件进行图片拖拽上传功能初始化操作，具体如下所示。

```
01  $(function(){
02    var dropbox = $('#dropbox'), message = $('.message', dropbox);
03    dropbox.filedrop({                          // FileDrop,js 插件初始化操作
04    // The name of the $_FILES entry:
05      paramname:'pic',
06      maxfiles: 5,                              // 最多文件上传个数
07      maxfilesize: 2,                           // 最大文件上传限制为2MB
08      url: 'post_file.php',                     //
09      uploadFinished:function(i,file,response){
10      $.data(file).addClass('done');
11      // 处理服务器端 post_file.php 文件返回的 JSON 对象数据
12      },
13    error:function(err,file){
14    switch(err){
15    case 'BrowserNotSupported':
16      showMessage('当前用户浏览器不支持 HTML5文件上传功能!');
17      break;
18    case 'TooManyFiles':
19      alert('选择文件太多,请选择5个文件以内进行上传!');
20      break;
21    case 'FileTooLarge':
22      alert(file.name+'大小超过限制!请上传2MB 以内文件');
23      break;
24    default:
25      break;
26    }
27    },
28    // 当每个上传发生之前调用此事件
29  beforeEach:function(file){
30    if(!file.type.match(/^image//)){
31    alert('仅仅图片格式文件可以上传!');
32    // 返回值 false 将会导致文件上传被拒绝
33    return false;
34    }
```

```
35    },
36    // 当上传开始时调用此事件
37    uploadStarted:function(i,file,len){
38      createImage(file);
39    },
40    // 上传进程中调用此事件
41    progressUpdated:function(i,file,progress){
42      $.data(file).find('.progress').width(progress);
43    }
44    });
45    // 定义预览用 HTML 模板
46    var template = '<div class="preview">'+
47    '<span class="imageHolder">'+'<img/>'+'<span class="uploaded"></span>'+
'</span>'+
48    '<div class="progressHolder">'+
49    '<div class="progress"></div>'+
50    '</div>'+
51    '</div>';
52    // 定义创建图像函数过程
53    function createImage(file){
54      var preview = $(template),
55      image = $('img', preview);
56      var reader = new FileReader();
57      image.width = 100;
58      image.height = 100;
59      reader.onload = function(e){
60        // e.target.result 控制 DataURL，该 DataURL 用于图片文件源地址
61        image.attr('src',e.target.result);
62      };
63      // 读取文件 DataURL，当完成时会激活上面的 onload 函数
64      reader.readAsDataURL(file);
65      message.hide();
66      preview.appendTo(dropbox);
67      // 进行图片文件预览，使用 jQuery's $.data()
68      $.data(file,preview);
69    }
70    });
```

上面这段 JS 代码通过 FileDrop.js 插件实现了拖放文件上传功能，这里需要特别说明的主要有以下几点：

- 通过定义 dropbox 变量指定拖放区对象。
- 通过 FileDrop.js 插件初始化拖放区对象变量 dropbox。
- 在初始化函数内部，定义 FileDrop.js 插件的相关参数。

- ➢ paramname:'pic'，定义文件格式为图片格式。
- ➢ maxfiles:5，定义最多文件上传个数。
- ➢ maxfilesize:2，定义最大文件上传限制 2 MB。
- ➢ url: 'post_file.php'，定义服务器端处理文件。
- 在初始化函数内部，定义 FileDrop.js 插件的相关事件。
  - ➢ uploadFinished:function(i,file,response)：定义上传完毕后回调处理事件过程。
  - ➢ error:function(err,file)：定义错误事件处理过程。
  - ➢ beforeEach:function(file)：在每个上传发生之前调用此事件。
  - ➢ uploadStarted:function(i,file,len)：在上传开始时调用此事件。
  - ➢ progressUpdated:function(i,file,progress)：在上传进程中调用此事件。
- 通过 template 变量定义预览用 HTML 模板。
- 定义 createImage() 创建图片函数。

经过以上 js 代码，每一个正确的图片文件被拖放到 id 值为"dropbox"的<div>拖放区中后，都会被上传到服务器端 post_file.php 文件进行处理。

10.2.5　图片拖拽上传服务器端 PHP 代码

服务器端的 PHP 代码与常规的表单上传没有太多区别，这也就意味着用户可以简单地提供 fallback 来重用这些后台功能，具体如下所示。

```
01  $(function(){
02  $demo_mode = false;
03  $upload_dir = 'uploads/';
04  $allowed_ext = array('jpg','jpeg','png','gif');
05
06  if(strtolower($_SERVER['REQUEST_METHOD']) != 'post'){
07  exit_status('Error! Wrong HTTP method!');
08  }
09
10  if(array_key_exists('pic',$_FILES) && $_FILES['pic']['error'] == 0 ){
11  $pic = $_FILES['pic'];
12  if(!in_array(get_extension($pic['name']),$allowed_ext)){
13  exit_status('Only '.implode(',',$allowed_ext).' files are allowed!');
14  }
15  if($demo_mode){
16  // File uploads are ignored. We only log them.
17  $line = implode('        ', array( date('r'), $_SERVER['REMOTE_ADDR'],
$pic['size'],
18  $pic['name']));
19  file_put_contents('log.txt', $line.PHP_EOL, FILE_APPEND);
20  exit_status('Uploads are ignored in demo mode.');
21  }
```

```
22  // Move the uploaded file from the temporary directory to the uploads
folder:
23  if(move_uploaded_file($pic['tmp_name'], $upload_dir.$pic['name'])){
24  exit_status('File was uploaded successfuly!');
25  }
26  }
27
28  exit_status('Something went wrong with your upload!');
29  // Helper functions
30  function exit_status($str){
31  echo json_encode(array('status'=>$str));
32  exit;
33  }
34
35  function get_extension($file_name){
36  $ext = explode('.', $file_name);
37  $ext = array_pop($ext);
38  return strtolower($ext);
39  }
```

这段 PHP 代码运行了一些 HTTP 协议检查，并且验证了上传文件扩展名，由于服务器端不想保存任何文件，因此就将上传文件直接删除了。

10.2.6　图片拖拽上传 Web 应用最终效果

上述代码编写完成后，用户运行 html5dragfileupload.html 页面，可以看到如图 10.6 所示的页面效果。

图 10.6　图片拖拽上传 Web 应用页面效果（1）

　　用户在桌面系统中使用鼠标选择多个图片文件，拖拽到图 10.6 指定的区域中并释放鼠标按键，之后就可以完成图片拖放上传服务器的功能了，最终页面效果如图 10.7 所示。

图 10.7　图片拖拽上传 Web 应用页面效果（2）

第 11 章

◀ 实战2：利用jQuery Mobile开发
一个手机博客 ▶

本章将介绍一个个人博客系统，目的是使原本静态的内容升级，抓取来自于网络的信息，为应用增加更多的交互性。

本章主要内容：

- 在 jQuery Mobile 中使用 PHP 的方法
- 使用 PHP 连接数据库的方法
- 使用 jQuery Mobile 开发应用的基本流程

11.1 项目规划

本章这个示例项目严格来说并不是一款针对安卓的应用，而是一款不折不扣的 Web 应用，这个项目更多地偏向于开发一款手机版的博客系统。

由于开发的是 Web 系统，因此需要更多的背景知识支持，笔者在这里选择了 PHP 语言。由于 PHP 并不是本书的重点，笔者就假设读者已经有了现成的后台管理程序，本章仅展示利用 jQuery Mobile 和 PHP 显示数据库中文章的部分。

本项目是一个个人博客系统，因此文章列表是必不可少的一部分，于是在开始该项目之前，首先参考一些同类型的应用，如 QQ 空间的日志模块，如图 11.1 所示。

再如斯坦福大学手机版新闻网的文章列表，如图 11.2 所示，还有新浪体育 wap 版的部分列表，如图 11.3 所示。

当然，类似的网站实在是太多了，这里就不一一列举了。从人机交互可用性的角度上来说，QQ 空间的文章列表无疑是最好的，有一个很重要的原因是 PC 端 Web 所包含的信息量更大，且较大的屏幕能够包含更多的内容。最差的无疑是新浪体育的 wap 端了，这倒不是因为新浪水平低或不肯投入精力，主要在于 wap 端确实无法承载太多的信息，为了节省用户流量而不得不放弃一部分美观性。

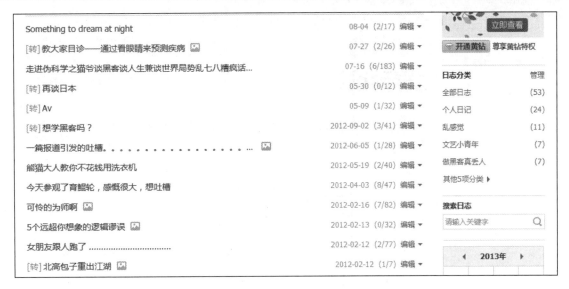

图 11.1　QQ 空间的日志模块

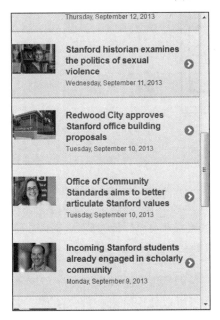

图 11.2　斯坦福大学手机网

图 11.3　新浪体育网 wap 版新闻列表

再看斯坦福大学新闻网的图片，这无疑是美观多了，甚至比 QQ 空间那个列表还要漂亮，可是为什么感觉仍然有很大不足呢？

注意图 11.1 右侧部分，有一个文章列表的项目，笔者认为差距应该在这里。本章就模仿 QQ 控件在文章列表的一侧加入一个文章列表项，由于移动设备屏幕空间有限，因此该模块必须是可隐藏的，而具体文章页可以仍然像上一章中介绍的内容页一样，仅仅使用简单的内容显示就可以了。除此之外还应该有一个主页面，单击主页面可以进入文章列表，在文章列表界面可以调出侧面的文章分类。

11.2 主界面设计

在完成了项目的规划之后，开始对页面的前端进行设计，首先是主界面的设计。主界面的设计比较简单，可以将屏幕分为上、两部分，顶部显示一张大图，大图下面则是栏目列表，如图 11.4 所示。

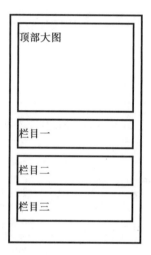

图 11.4　主页的设计

由于是 Web 版，因此不需要过多考虑纵向高度与屏幕的关系。

 实际上，许多优秀的应用还是需要考虑这一点的，只不过在本例中，由于文章列表的数量是未知的，因此也无法对此做过多要求。如果一定要对此要求的话，可以限制栏目的数量，如规定本博客中仅有 4 个栏目，或者在有限数目的栏目中加入二级栏目。

相信读者对顶部大图已经比较熟悉了，首先获取屏幕的宽度，使大图的宽度与屏幕宽度相同，然后按照一定比例设置图片的高度。下方的栏目列表可以使用列表控件来实现，实现方法如下所示。

```
//12_1.html
01  <!DOCTYPE html>
02  <html>
03  <head>
04  <meta http-equiv="Content-Type" content="text/html; charset=utf-8" />
05  <meta name="viewport" content="width=device-width, initial-scale=1"/>
06  <!--<script src="cordova.js"></script>-->
07  <link rel="stylesheet" href="jquery.mobile-1.4.5.css" />
08  <script src="jquery-1.11.2.js"></script>
```

```
09  <script src="jquery.mobile-1.4.5.js"></script>
10  <script type="text/javascript">
11  $(document).ready(function()
12  {
13      $screen_width=$(window).width();              //获取屏幕宽度
14      $pic_height=$screen_width*2/3;                //图片高度为屏幕宽度的倍数
15      $pic_height=$pic_height+"px";
16      $("div[data-role=top_pic]").width("100%").height($pic_height);
                                                      //设定顶部图片尺寸
17  });
18  </script>
19  </head>
20  <body>
21      <div data-role="page" data-theme="c">         <!---使用 C 主题-->
22          <!--顶部图片-->
23          <div data-role="top_pic" style="background-color:#000;
width:100%;">
24              <!--使用宽度和高度都为外部格子的100%来填充-->
25              <img src="images/top.jpg" width="100%" height="100%"/>
26          </div>
27          <div data-role="content">
28          <ul data-role="listview" data-inset="true">
29              <!--栏目列表-->
30              <li><a href="#"><h1>jQuery Mobile 实战1</h1></a></li>
31              <li><a href="#"><h1>jQuery Mobile 实战2</h1></a></li>
32              <li><a href="#"><h1>jQuery Mobile 实战3</h1></a></li>
33          </ul>
34          </div>
35      </div>
36  </body>
37  </html>
```

本例使用了 jQuery 1.11.2 版本，因为 jQuery Mobile 1.4.5 版本对 jQuery 3.x 的支持不够好，如果读者看到本书时，jQuery Mobile 已经更新到支持 3.x，则下载最新版本。

运行结果如图 11.5 所示。

本例假设访问该博客的人均使用 wifi 而不用担心流量的困扰，如果纯粹为了节省流量，那么还是使用简单的 wap 最为实惠。因为无论是大图还是纯粹的 jQuery Mobile，均会在页面加载时产生大量的流量。

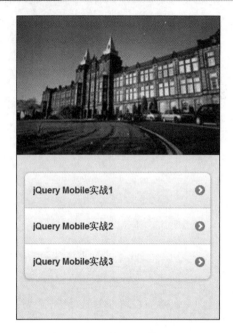

图 11.5　项目主页的设计

　　这一次非常幸运，因为 3 个栏目正好可以使布局完整，而且显得非常有条理，可是在实际使用时就不一定这样了，如图 11.1 所示的 QQ 空间就包含了 9 个栏目。想一想就知道一个屏幕是装不下它们的，但是读者可以尝试一下，这并不影响页面的和谐，就像图 11.2 所示的那样。

11.3　文章列表的设计

　　11.1 节已经给出了文章列表的设计思路，这里不再重复，仅仅画出布局样式，如图 11.6 与图 11.7 所示。从图 11.6 可以看出，单纯的文章列表仅仅使用了一个列表控件将文章标题平铺下来，非常简单。图 11.7 则展示了当栏目列表被调出时的样子，依然是使用了列表控件，但由于界面中并没有多余的空间来放置按钮使该面板显示，因此必须使用 jQuery Mobile 的滑动事件将其调出。由于使用习惯，本例选择了当手指向右滑动时将面板调出。

　　实际上目前更加流行的是使用底部的选项卡来实现栏目间的切换，但是笔者经过认真思考后决定还是舍弃这一方案。虽然使用 jQuery Mobile 可以非常容易地在底部栏中实现选项卡的样式，但是也限制了底部最多仅能容纳 5 项栏目，并且一些栏目会由于字数过多而无法正常显示，因此不得不舍弃。

 　　在一些复杂的博客项目中使用选项卡其实也是一个非常不错的思路，因为这样的博客系统通常包含了日志、图片、留言板等不同的功能，可以依照这些来对栏目进行分类。

图 11.6　单纯的文章列表　　　　　　图 11.7　隐藏的栏目列表弹出

实现代码如下所示。

```
//12_2.html
01  <!DOCTYPE html>
02  <html>
03  <head>
04  <meta http-equiv="Content-Type" content="text/html; charset=utf-8" />
05  <meta name="viewport" content="width=device-width, initial-scale=1"/>
06  <!--<script src="cordova.js"></script>-->
07  <link rel="stylesheet" href="jquery.mobile-1.4.5.css" />
08  <script src="jquery-1.11.2.js"></script>
09  <script src="jquery.mobile-1.4.5.js"></script>
10  <script>
11      $( "#mypanel" ).trigger( "updatelayout" );      <!--生命面板控件
"#mypanel"-->
12  </script>
13  <script type="text/javascript">
14      $(document).ready(function(){
15        $("div").bind("swiperight", function(event) { //监听向右滑动事件
16          $( "#mypanel" ).panel( "open" );              //向右滑动时，面板展开
17        });
18      });
19  </script>
20  </head>
21  <body>
22      <div data-role="page" data-theme="c">
23          <!--面板控件，使用黑色主题"A"，增强与背景的对比度-->
24          <div data-role="panel" id="mypanel" data-theme="a">
```

225

```
25            <ul data-role="listview" data-inset="true" data-theme="a">
26                <li><a href="#">jQuery Mobile 实战1</a></li>
27                <li><a href="#">jQuery Mobile 实战2</a></li>
28                <li><a href="#">jQuery Mobile 实战3</a></li>
29            </ul>
30          </div>
31          <!--内容栏-->
32          <div data-role="content">
33              <ul data-role="listview" data-inset="true">
34              <!--章节内容列表-->
35                <li><a href="#">jQuery Mobile 实战1</a></li>
36                <li><a href="#">jQuery Mobile 实战2</a></li>
37                <li><a href="#">jQuery Mobile 实战3</a></li>
38                <!--重复列表中各项，笔者已省略，请自行添加-->
39                <li><a href="#">jQuery Mobile 实战21</a></li>
40                <li><a href="#">jQuery Mobile 实战22</a></li>
41              </ul>
42          </div>
43        </div>
44  </body>
45  </html>
```

运行效果如图 11.8 所示。在页面中向右滑动屏幕即可调出栏目列表，如图 11.9 所示。这里特意多加了一些内容，使页面看上去更充实一些。

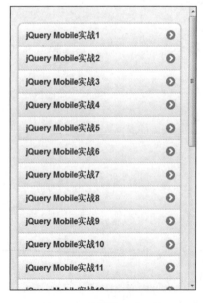

图 11.8　纯粹的文章列表

图 11.9　弹出的栏目列表

刚刚完成时笔者发现了一个问题，就是如果栏目列表使用了和文章列表相同的颜色会造成混淆，无法突出重点，因此笔者给栏目列表加入了另一种主题，使之显示为黑色。

本例使用 swiperight 来监听向右滑动屏幕的事件，按照这个设计，还应当有相应的 swipeleft 事件来使栏目面板再度消失，但是在实际使用中发现，在面板弹出状态下，单击右侧内容能自动使面板隐藏，因此就偷懒少写了几行代码。

虽然特意多加了许多行的内容，使内容超出了屏幕范围，但是由于每行中仅包含了标题，因此远远不够完美，下面对该页面做出新的修改。

```
//12_3.html
01  <!DOCTYPE html>
02  <html>
03  <head>
04  <meta http-equiv="Content-Type" content="text/html; charset=utf-8" />
05  <meta name="viewport" content="width=device-width, initial-scale=1"/>
06  <!--<script src="cordova.js"></script>-->
07  <link rel="stylesheet" href="jquery.mobile-1.4.5.css" />
08  <script src="jquery-1.11.2.js"></script>
09  <script src="jquery.mobile-1.4.5.js"></script>
10  <script>
11      $( "#mypanel" ).trigger( "updatelayout" );      <!--生命面板控件
"#mypanel"-->
12  </script>
13  <script type="text/javascript">
14      $(document).ready(function(){
15      $("div").bind("swiperight", function(event) { //监听向右滑动事件
16       $( "#mypanel" ).panel( "open" );               //向右滑动时，面板展开
17      });
18      });
19  </script>
20  </head>
21  <body>
22      <div data-role="page" data-theme="c">
23          <!--面板控件，使用黑色主题"A"，增强与背景的对比度-->
24          <div data-role="panel" id="mypanel" data-theme="a">
25              <ul data-role="listview" data-inset="true" data-theme="a">
26                  <li><a href="#">jQuery Mobile 实战1</a></li>
27                  <li><a href="#">jQuery Mobile 实战2</a></li>
28                  <li><a href="#">jQuery Mobile 实战3</a></li>
29          </ul>
30          </div>
31          <div data-role="content">
32              <ul data-role="listview" data-inset="true">
33                  <li>
34                      <a href="#"><h4>jQuery Mobile 实战1</h4>
35                      <p>一本介绍 jQuery Mobile 实际项目开发的书</p>
```

```
36                            </a>
37                      </li>
38                      <!--为节约篇幅，省略列表中部分项目，读者可自行添加-->
39                      <li>
40                          <a href="#"><h4>jQuery Mobile 实战10</h4>
41                          <p>一本介绍 jQuery Mobile 实际项目开发的书</p>
42                          </a>
43                      </li>
44                  </ul>
45              </div>
46          </div>
47      </body>
48  </html>
```

运行结果如图 11.10、图 11.11 所示。

图 11.10　单纯的文章列表

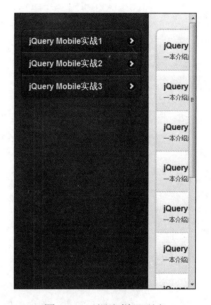

图 11.11　调出栏目列表

这样看上去就舒服多了，当然也可以再在列表的左侧插入一些图片，但是本例只想开发一个轻量级的博客系统，不准备加入太复杂的功能。仅仅是纯文字的文章就已经能够达到演示的目的了，因此更复杂的功能还要靠读者自己去摸索。

11.4　文章内容页的实现

与文章列表的设计与实现相比，文章内容的页面可就简单多了，因为本身没有太多内容要加载。下面还是在上面代码的基础上进行修改。首先是给文章页的头部栏加入一个返回按钮，然后在底部栏中加入"上一篇"和"下一篇"两个按钮，最后需要在阅读文章时可以随时调出文章列表，这就又用到了面板控件。修改设计方案，如图 11.12 所示。

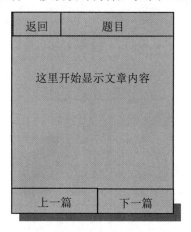

图 11.12　文章内容页的设计

 有没有发现用到的知识全是之前的范例组合起来的呢？

与 11.3 节一样，当在屏幕上向右滑动时会有文章列表从左侧滑出，由于这里仅仅需要题目，因此列表的副标题可以省略，这样看上去会比较简洁。

另外，还需要附加一项功能就是文章的作者和发布时间。由于在手机屏幕上空间有限，如果单独为它们留出两行空间的话，未免有些太奢侈了，于是本例决定只用一行，在一个空间中将它们全部显示出来。

提示 在移动应用开发时，要时刻考虑到内容与屏幕面积的关系，并从中寻找平衡点。

下面给出内容页的代码。

```
//12_4.html 文章内容页的前端实现
01  <!DOCTYPE html>
02  <html>
03  <head>
04  <meta http-equiv="Content-Type" content="text/html; charset=utf-8"/>
05  <meta name="viewport" content="width=device-width, initial-scale=1"/>
06  <!--<script src="cordova.js"></script>-->
07  <link rel="stylesheet" href="jquery.mobile-1.4.5.css" />
08  <script src="jquery-1.11.2.js"></script>
09  <script src="jquery.mobile-1.4.5.js"></script>
10  <script>
11      $( "#mypanel" ).trigger( "updatelayout" );
12  </script>
13  <script type="text/javascript">
14      $(document).ready(function(){
```

```
15        $("div").bind("swiperight", function(event) {
16          $( "#mypanel" ).panel( "open" );
17        });
18      });
19  </script>
20  </head>
21  <body>
22      <div data-role="page" data-theme="c">
23        <div data-role="panel" id="mypanel" data-theme="a">
24          <ul data-role="listview" data-inset="true" data-theme="a">
25              <li><a href="#">jQuery Mobile 实战1</a></li>
26              <li><a href="#">jQuery Mobile 实战2</a></li>
27              <li><a href="#">jQuery Mobile 实战3</a></li>
28              <li><a href="#">jQuery Mobile 实战4</a></li>
29              <li><a href="#">jQuery Mobile 实战5</a></li>
30              <li><a href="#">jQuery Mobile 实战6</a></li>
31              <li><a href="#">jQuery Mobile 实战7</a></li>
32              <li><a href="#">jQuery Mobile 实战8</a></li>
33              <li><a href="#">jQuery Mobile 实战9</a></li>
34          </ul>
35        </div>
36        <div data-role="header" data-position="fixed" data-theme="c">
37        <a href="#" data-icon="back">返回</a>
38        <h1>文章题目</h1>
39      </div>
40      <div data-role="content">
41        <h4 style="text-align:center;"><small>作者：李柯泉 发表日期：
2013/9/18 19:27</small></h4>
42          <h4>这里是内容……这里是内容</h4>
43      </div>
44      <div data-role="footer" data-position="fixed" data-theme="c">
45        <div data-role="navbar">
46          <ul>
47              <li><a id="chat" href="#" data-icon="arrow-l">上一篇
</a></li>
48              <li><a id="email" href="#" data-icon="arrow-r">下一篇
</a></li>
49          </ul>
50        </div>
51      </div>
52  </div>
53  </body>
54  </html>
```

230

这样很容易就实现了非常华丽的效果，运行结果如图 11.13、图 11.14 所示。打开之后将会直接看到文章的内容，当内容超出屏幕范围时，可以通过上下拖动来进行阅读，利用底部的"上一篇"和"下一篇"链接来进行文章的切换，也可以单击顶部的返回键回到 11.3 节所完成的页面。

在第 22 行与第 44 行代码中，专门为头部栏和底部栏设置了主题 C，这样是为了文章内容页的颜色能够与侧面板的黑色形成对比，以便能够更好地区分。

为了让文章内容能够以一种统一的字体来展示，本例统一为它们加入了 h4 标签，这样既能保证字体不会太大，又能保证字体在任何设备上都能被肉眼清楚地辨认。为了让日期和作者信息更加突出，本例为这两项加入了小字体（如第 41 行的 small 标签）。

同样的，这些内容应当是居中展示的，因此又加入了 text-align 属性。

> 虽然在传统前端开发时，将属性全部写在 CSS 中是一个非常好的习惯，但是当使用像 jQuery Mobile 这样的插件进行开发时，如果仅需要使用极少量的 CSS 样式时，将它们直接用 style 属性写在 HTML 中会大大降低读代码的难度。

至此，该个人博客系统的前端制作就可以先告一段落了，在下一节中，将开始进行功能的实现。

图 11.13　文章内容页

图 11.14　向右滑动屏幕调出文章列表

11.5　文章类的设计

本章的个人博客虽然可以称为一个"项目"，但它在本质上也仅仅是一个先利用 PHP 读取数据库内容再用 jQuery Mobile 美化的小小 demo。因此即使之前从来没有接触过 PHP，也没

什么好害怕的，因为本章的分析绝对足够详细，以至于没有接触过 PHP 和数据库的人也能够
轻松看懂。本项目原理如图 11.15 所示。

对于一些之前没有接触过数据库的读者，如果图 11.15 的内容看不懂也没关系，请先硬着
头皮跳过这里，想一想一篇文章都要包括哪些内容？

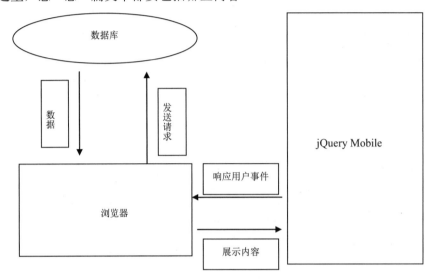

图 11.15　jQuery Mobile 实现的个人博客系统原理

一篇文章要具有标题和作者，还要有内容。如果有相同名称的文章，还需要有一个 id 来
区分它们，这就好比有人姓名、年龄甚至生日都一模一样，但是他们的身份证号却不同。另外
还有一个之前提到过的内容，就是文章的发布日期 date。

这样就设计出一个类，这里用中文拼音称为 wenzhang。该类包括了以下属性，即编号 id、
文章题目 title、作者 author、文章内容 neirong、发布日期 date。考虑到 date 是数据库保留字，
因此改为 pubdate。为了使维护更加便利，还应创建几个相应的方法 get_id、get_title、get_author、
get_pubdate 和 get_neirong，用来获取属性的值。另外，在设计时还考虑到应将文章分类为各
个不同的栏目，因此还要加入一个标示文章属于哪个栏目的 pid 属性才对。

新建一个文件 wenzhang.php，内容如下所示。

```php
<?php
class WENZHANG
{
    public $id;                    //文章编号
    public $pid;                   //栏目编号
    public $title;                 //文章题目
    public $author;                //作者
    public $neirong;               //文章内容
    public $pubdate;               //发布日期

    public function get_id()       //获取文章编号
    {
```

232

```
        return $this->id;
    }
    public function get_pid()              //获取栏目编号
    {
        return $this->pid;
    }
    public function get_title()            //获取文章题目
    {
        return $this->title;
    }
    public function get_author()           //获取作者名称
    {
        return $this->author;
    }
    public function get_neirong()          //获取文章内容
    {
        return $this->neirong;
    }
    public function get_pubdate()          //获取发布日期
    {
        return $this->pubdate;
    }

}
?>
```

11.6 测试环境的搭建

让新手去配置一台 Apache+PHP 的服务器还是有一定难度的，现在有了一款叫作 XAMPP 的软件可以解决新手的配置难题。为了方便读者，这里给出一个 XAMPP 软件下载地址：http://www.onlinedown.net/soft/50127.htm。

许多人通过他们自己的经验认识到安装 Apache 服务器是一件不容易的事儿，如果想添加 MySQL、PHP 和 Perl，那就更难了。XAMPP 是一个易于安装且包含 MySQL、PHP 和 Perl 的 Apache 发行版。XAMPP 的确非常容易安装和使用，只需下载、解压缩、启动即可。到目前为止，XAMPP 共支持 Windows、Linux、Mac OS X、Solaris 四种平台。

有了 XAMPP 这样的软件确实是方便了不少，下面直接介绍如何安装 XAMPP。

（1）下载完 XAMPP 后就可以开始安装了，双击运行压缩包中的文件开始安装，如图 11.16 所示。

图 11.16　安装语言竟然只有一种

（2）直接单击 OK 按钮，如图 11.17 所示。

图 11.17　正式安装界面

（3）之后基本上就是一直单击 Next 按钮了，其中还要选择安装路径，不过随便将安装路径设置在哪里都无所谓，不影响最后的结果，但是要注意不要用中文路径。

（4）到了如图 11.18 所示的界面，将每一个选项都勾上（默认 SERVICE SECTION 中的3 项是没有被选中的），单击 Install 按钮继续进行安装。

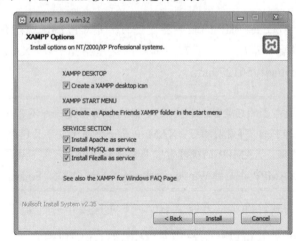

图 11.18　安装选项设置中将每一项都勾选

（5）接下来就是一个短暂的等待，如图 11.19 所示。对 Apache 比较了解的读者可以从窗口中看到正在安装的是哪一部分的组件，当然即使完全不了解也没有关系。

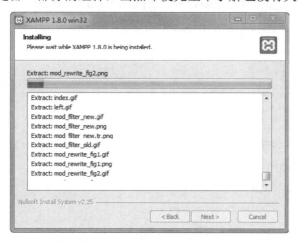

图 11.19　XAMPP 在安装中

（6）安装完成后会弹出一个控制台窗口，一定不要对它进行操作，过一小会它会自动关闭。然后就可以看到安装完成的界面，如图 11.20 所示。

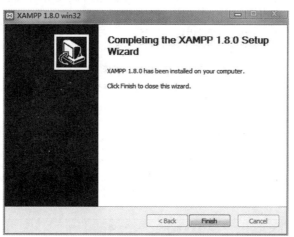

图 11.20　安装完成

（7）单击 Finish 按钮后又会弹出一个控制台窗口，依然不要对它进行操作，稍等一会，会弹出如图 11.21 所示的对话框。

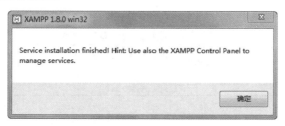

图 11.21　看到它就算是成功了

（8）单击"确定"按钮，接着又会弹出一个对话框，如图 11.22 所示。

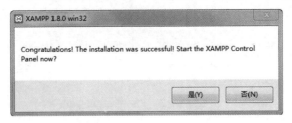

图 11.22　XAMPP 表示祝贺

（9）这里祝贺用户安装成功，询问要不要现在打开 XAMPP 的控制面板。果断单击"是"按钮，打开的面板界面如图 11.23 所示。

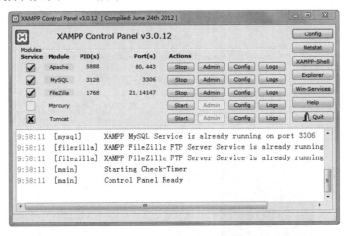

图 11.23　XAMPP 控制面板

（10）左侧的对勾和叉叉表示紧随其后的服务是否被安装，首先要确定 Apache 和 MySQL 是否被选中，如果没有选中就要单击中间 Action 一栏中对应的 Start 按钮来启动服务。

（11）单击 Apache 对应的 Admin 按钮或者直接在浏览器中输入 127.0.0.1，即可进入管理页面，如图 11.24 所示。

图 11.24　管理界面

（12）可以看到在"XAMPP"下面有两排橙色的文字链接，可以通过它们选择进入系统使用的语言。英语从小就没学好的笔者果断选择了中文。单击"中文"链接后的界面如图 11.25 所示。

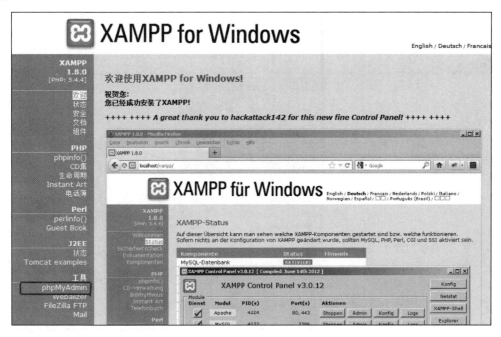

图 11.25 真正进入管理界面

里面有很多东西，这里只用到数据库的操作，单击图 11.25 中圈出的 phpMyAdmin，进入 phpMyAdmin 的管理界面，如图 11.26 所示，可以在圈出的地方设置语言，依然选择中文，这样看上去会比较舒服。

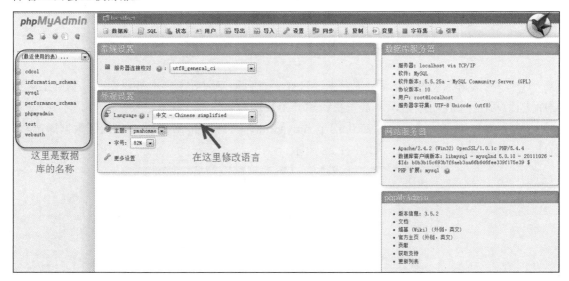

图 11.26 MySQL 管理界面

现在还有一个重要的任务需要完成，将做好的页面放到 Apache 的 www 目录中。

首先要找到 Apache 的根目录，笔者将 XAMPP 装在了路径 D:\xampp 中，那么 Apache 的根目录为 D:\xampp\htdocs，在其中新建一个文件夹 myblog，将 11.2 节创建的页面 12_1.html 命名为 index.html 放入其中，在浏览器中打开链接 http://127.0.0.1/myblog/index.html，发现与直接运行该页面效果相同，如图 11.27 所示，即可认为是成功的。

> 这一步骤的关键在于新手如何找到站点的根目录。

图 11.27　通过 Apache 运行发现与直接运行完全一样

> 为什么不测试 PHP 脚本能正常运行呢？看似粗心忘记了这一步，实际上是前面测试的 phpMyAdmin 就是利用 PHP 脚本写成的，既然它都可以正常运行，就说明 PHP 脚本是正常的，不需要再多费工夫了。

11.7　数据库的设计

上一节安装好 XAMPP 之后，数据库 MySQL 也自动安装好了。本节我们在此基础上对数据库进行设计。要使用数据库，首先要新建一个数据库。

在浏览器中输入网址 http://127.0.0.1/phpmyadmin/，打开 phpMyAdmin。找到数据库选项，新建一个数据库名为 myblog，如图 11.28 所示。

图 11.28　创建一个数据库

单击"创建"按钮会提示数据库创建成功，在页面左侧的面板中多出一个名为 myblog 的

238

选项，如图 11.29 所示。

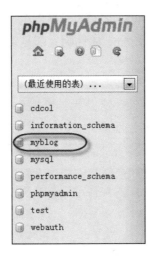

图 11.29　新创建的数据库

　　单击 myblog，出现如图 11.30 所示的界面，在"新建数据表"一栏的"名字"处填入
"WENZHANG"，并将"字段数"设为 4，单击"执行"按钮，出现如图 11.31 所示的界面，
按照图中的内容填入数据。

图 11.30　新建一个表

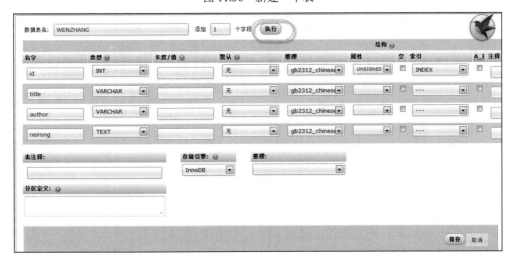

图 11.31　为数据表加入字段

这些字段是哪里来的呢？

11.5 节曾经用 PHP 实现了一个 WENZHANG 类，在这个类中有 5 个属性，这 4 个字段名就是其中的 4 个属性，为什么忘记了 date 属性呢？那是因为后面要顺便演示一下怎么向数据库中添加字段。

按照图 11.31 所示填入内容，单击"执行"按钮，如图 11.32 所示。但是单击之后会弹出一个警告："这不是一个数字"。这是为什么呢？因为还没有设置表中内容的长度，在图 11.32 所示的"长度/值"栏中全部填入 20，之后再单击"保存"按钮，终于成功了。

图 11.32　新插入的 date 字段

单击上方的"插入"按钮，为这个数据库插入一点内容，如图 11.33 所示。单击"执行"按钮保存成功。但是一组数据是远远不够的，所以还要再随意插入几组内容，这里就不一一复述了。

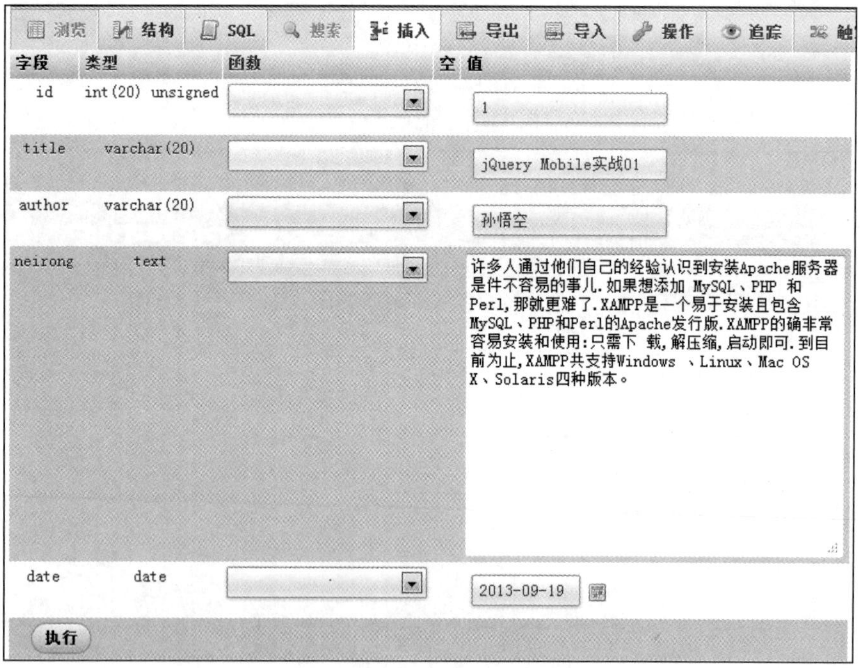

图 11.33　向数据库中插入内容

　　另外，由于还需要实现栏目的功能，因此还要创建一个新的表名为 lanmu，其中有两个字段，分别为 pid 和 name。在其中插入 3 组数据，id 的值分别为 1、2 和 3，而 name 字段的内容则可以发挥想象（反正只是测试数据）。

　　本例在其中一共插入了 4 组数据，如果读者嫌麻烦的话可以直接从配套的资源中导入它们，导入的文件列在下面代码中。

```
//脚本.txt
01  -- phpMyAdmin SQL Dump
02  -- version 3.5.2
03  -- http://www.phpmyadmin.net
04  --
05  -- 主机: localhost
06  -- 生成日期: 2018年 09 月 19 日 09:06
07  -- 服务器版本: 5.5.25a
08  -- PHP 版本: 5.4.4
09
10  SET SQL_MODE="NO_AUTO_VALUE_ON_ZERO";
11  SET time_zone = "+00:00";
12  --创建表""栏目
13  CREATE TABLE IF NOT EXISTS 'lanmu' (
14    'pid' int(10) unsigned NOT NULL,
15    'name' varchar(20) CHARACTER SET utf8 COLLATE utf8_bin NOT NULL,
16    KEY 'pid' ('pid')
17  ) ENGINE=InnoDB DEFAULT CHARSET=latin1;
18  -将数据插入到表中
19  INSERT INTO 'lanmu' ('pid', 'name') VALUES
20  (1, '栏目1'),
21  (2, 'jQuery 很厉害'),
22  (3, '火车头');
23  CREATE TABLE IF NOT EXISTS 'wenzhang' (
24    'id' int(20) unsigned NOT NULL,
25    'title' varchar(20) CHARACTER SET utf8NOT NULL,
26    'author' varchar(20) CHARACTER SET utf8 NOT NULL,
27    'neirong' text CHARACTER SET utf8 NOT NULL,
28    'date' date NOT NULL,
29    KEY 'id' ('id')
30  ) ENGINE=InnoDB DEFAULT CHARSET=latin1;
31  --插入一些文章的内容
32  INSERT INTO 'wenzhang' ('id','title','author','neirong','date') VALUES
33  (1, 'jQuery Mobile 实战01', '孙悟空', '许多………版本。', '2018-09-19'),
34  (2, 'jQuery Mobile 实战02', '黑猫警长', '现如……一个问题。', '2018-09-18'),
35  (3, 'jQuery Mobile 实战03', '乱入小五郎', 'PHP …… 平台。\r\n\r\n\r\n',
'2018-09-17'),
```

```
36   (4,'测试用的题目','其实我是作者','HTML ……负起了 HTML 标准化的使命，并在 HTML
4.0 之外创造出样式（Style）。\r\n\r\n 所有的主流浏览器均支持层叠样式表。\r\n',
'2018-09-06');
```

之所以将这么一大段内容发出来，是因为有一点需要读者必须了解。在数据库中保存的文章内容只是字符串，它们本身是不带有任何样式的，但是为什么网站上（如 QQ 空间的日志）会存有许多样式呢？

再回头来看范例的最后几行，能看到一些标签如\r\n\r\n 或者<h1>这样的内容，这些内容将会与 HTML 一样在页面上被显示出来，因此在本章的开头假设读者已经有了可用的后台编辑器，这里对此不做深究。

数据表名可能比较好理解，那字段名又是什么呢？

不知读者对上学时的学生考试成绩名单列表还有没有印象。成绩名单列表的每一行会写有如学号、学生姓名、数学成绩、语文成绩这样的内容，而竖着的一行如学号以及它下面的许多学生的学号就组成了一个字段，那么学号这两个字就是这个字段的字段名。而数据表名就是这张成绩名单列表的名称，如 2018 年 jQuery Mobile 实战考试成绩单。

 利用数据库的特性可以实现一些有趣的小 bug，在本章的最后将会展示出来。

完成了数据库之后，本节的内容还没有结束，在本节的最后再来学习一下用 PHP 连接数据库的方法。

数据库并不是建好了就能用的，在使用它之前首先要进行连接，这就用到了一个函数：

```
mysqli_connect(servername,username,password);
```

在本例中由于都是使用的 XAMPP 的默认配置，因此默认的 servername 为 localhost、用户名为 root，而密码则为空。

 这一步非常重要，假如没有这一步就可以直接连接数据库的话，随便一个人就能查到你的银行账号和余额甚至能进行修改，这是一件多么恐怖的事情！

在连接上数据库之后，还要选择已经创建的数据库，如本节创建的 myblog。具体实现方法来看一下代码。

```php
//12_7.php
01   <!DOCTYPE html>
02   <html>
03   <head>
04   <meta http-equiv="Content-Type" content="text/html; charset=utf-8" />
05   <meta name="viewport" content="width=device-width, initial-scale=1">
06   </head>
07   <body>
08       <?php
09           $con=mysqli_connect("localhost","root","");    //建立到数据库的连
接命令
```

```
10          mysqli_query($con,"set names utf8");      //执行连接命令
11          if(!$con)
12          {
13              echo "failed connect to database";    //如果连接失败则输出信息
14          }else
15          {
16              echo "succeed connect to database";    //连接成功
17              echo "</br>";
18              mysqli_select_db($con ,"myblog");       //选择数据库
19              //从表 wenzhang 中读取数据
20              $result=mysqli_query($con,"SELECT * FROM 'wenzhang' ");
21              //将读取到的数据进行整理
22              while($row = mysqli_fetch_array($result, MYSQL_NUM))
23              {
24                  echo "id     ==>";                  //输出文章编号
25                  echo $row[0];
26                  echo "</br>";
27
28                  echo "题目    ==>";                 //输出文章题目
29                  echo $row[1];
30                  echo "</br>";
31
32                  echo "作者    ==>";                 //输出文章作者
33                  echo $row[2];
34                  echo "</br>";
35
36                  echo "内容    ==>";                 //输出文章内容
37                  echo $row[3];
38                  echo "</br>";
39
40                  echo "日期    ==>";                 //输出文章发表日期
41                  echo $row[4];
42                  echo "</br>";
43              }
44              mysqli_close($con);                    //终止对数据库的连接
45          }
46      ?>
47  </body>
48  </html>
```

运行结果如图 11.34 所示。

```
succeed connect to database
id ==>1
题目 ==>jQuery Mobile实战01
作者 ==>孙悟空
内容 ==>许多人通过他们自己的经验认识到安装Apache服务器是件不容易的事儿.如果想添加 MySQL、P HP 和Perl,那就更难了.XAMPP是一个易于安装且包含MySQL、PHP和Perl的Apache发行
版.XAMPP的确非常容易安装和使用:只需下 载,解压缩,启动即可.到目前为止,XAMPP共支持Windows、Linux、Mac OS X、Solaris四种版本.
日期 ==>2013-09-19
id ==>2
题目 ==>jQuery Mobile实战02
作者 ==>黑猫警长
内容 ==>现如今,移动开发已经成了互联网热门话题之一,尤其是近几年安卓的出现,使智能手机越来越平民化,随处可见几百元的智能手机。同时,在地铁公车上,也可以看到越来越多
的人在刷人人刷微博,这一切都预示着,移动互联网时代已经来到了.商同时作为一名移动开发者,也面临着越来越强大的竞争与压力,怎样才能在这样的竞争中立于不败之地,是读者在阅
读本章时需要思考的一个问题.
日期 ==>2013-09-18
id ==>3
题目 ==>jQuery Mobile实战03
作者 ==>私人小云郎
内容 ==>PHP 是一种创建动态交互性站点的强有力的服务器端脚本语言。PHP 是免费的,并且使用非常广泛。同时,对于像微软 ASP 这样的竞争者来说,PHP 无疑是另一种高效率的选择.
PHP 极其适合网络开发,其代码可以直接嵌入 HTML 代码。PHP 语法非常类似于 Perl 和 C.PHP 常常搭配 Apache (web 服务器) 一起使用。不过它也支持 ISAPI,并且可以运行于
Windows 的微软 IIS 平台.
日期 ==>2013-09-17
id ==>4
题目 ==>测试用的题目
作者 ==>其实我是作者
内容 ==>HTML 标签原本被设计为用于定义文档内容。通过使用


`


`

这样的标签,HTML 的初衷是表达"这是标题"、"这是段落"、"这是表格"之类的信
息。同时文档布局由浏览器来完成,而不使用任何的格式化标签。  由于两种主要的浏览器
(Netscape 和 Internet Explorer)不断地将新的 HTML 标签和属性(比如字体标签和颜
色属性)添加到 HTML 规范中,创建文档内容清晰地独立于文档表现层的站点变得越来越困
难。 为了解决这个问题,万维网联盟(W3C),这个非营利的标准化联盟,肩负起了 HTML
标准化的使命,并在 HTML 4.0 之外创造出样式(Style)。 所有的主流浏览器均支持层叠
样式表.
日期 ==>2013-09-06
```

图 11.34　PHP 读出数据库中的内容

代码第 9 行在前面已经介绍过了，使用 mysqli_connect()函数连接到数据库，但是由于不知道能不能成功，如可能因为密码被改掉这类的原因而无法连接，因此需要第 11 行处的 if 语句来判断是否成功连接。如果不成功就会输出连接失败的字样；如果成功则继续操作，在如图11.34 所示的第 1 行处可以看到 succeed connect to database 的字样，就说明已经成功了。

数据库连接成功后，进行下一步的操作。第 18 行中选择了刚刚创建的 myblog 数据库。在第 20 行有一句话"SELECT * FROM wenzhang"也许让许多读者摸不到头绪。其实只要看字面意思就很容易理解了。"*"表示任何字符，SELECT 是选择的意思，wenzhang 是数据表名，那么合起来的意思就是在一个叫作 wenzhang 的表格中选择所有内容。

再看第 22 行 while($row = mysqli_fetch_array($result))。fetch 有取来、拿来的意思，array 是数组的意思，再结合前面可知$result 中包含了表中的所有内容，那么就很有可能是取一个数组中的内容，即每次取数组中的一个元素，在第 23~43 行中将它们显示出来，如果还有下一条则继续取，直到全部取完为止。

第 44 行的作用是关闭数据库。这就好比打开了一个 Excel 表格查看自己学习 jQuery Mobile的成绩，但是查完之后却没有关上它，到了下一次想查的时候又重新打开一个，结果打开了无数个 Excel 表格，总有将电脑内存耗尽的一天。在 PHP 中也是一样，PHP 是不会自动断开与MySQL 的连接的，而当重新刷新页面的时候则会又建立一个连接，服务器总有挂掉的一天，因此及时地与 MySQL 断开连接是一个好习惯。

这里还有一个问题，不知道有没有读者发现第 4 组数据中的文字变大了呢？回顾一下本节前面的内容，记不记得在一组数据中多出了一组<h1>标签？没错，是它被浏览器解析成样式显示出来了。为什么后面所有文字都变大了呢？因为插入的文字中仅有一个<h1>，而没有相应的</h1>与它对应，这就导致了浏览器解析为使用<h1>的样式直至结尾。

为了保证页面的和谐，可以先将那个 h1 以及一些其他标签都删掉。

实际上在本节故意忘掉了一个步骤，即没有在数据库中加入 pid 这一项，请读者自行尝试，并为数据库中的第 1 项和第 2 项数据指定 pid=1，数据库中的第 3 项和第 4 项分别指定 pid=2 与 pid=3。

11.8　内容页功能的实现

经过了上一节的学习，读者应该已经能掌握利用 PHP 在数据库中读出数据并显示的方法了，那么本节将要开始实现这个博客系统的功能了。

找到 12_4.html，将它改名为 neirong.php，并在 Apache 中打开，然后按照以下代码做出修改。

```
01  <!DOCTYPE html>
02  <html>
03  <head>
04  <meta http-equiv="Content-Type" content="text/html; charset=utf-8" />
05  <meta name="viewport" content="width=device-width, initial-scale=1"/>
06  <!--<script src="cordova.js"></script>-->
07  <link rel="stylesheet" href="jquery.mobile-1.4.5.css" />
08  <script src="jquery-1.11.2.js"></script>
09  <script src="jquery.mobile-1.4.5.js"></script>
10  <script>
11    $( "#mypanel" ).trigger( "updatelayout" );    <!--声明一个面板控件-->
12  </script>
13  <script type="text/javascript">
14    $(document).ready(function(){
15     $("div").bind("swiperight", function(event) {    //监听向右滑动操作
16       $( "#mypanel" ).panel( "open" );               //面板展开
17     });
18    });
19  </script>
20  </head>
21  <body>
22  <?php include("wenzhang.php"); ?>
23  <?php
24    $id=$_GET["id"];                                //获取来自 URL 选择
25    $pid=$_GET["pid"];
26    //连接到数据库
27    $con=mysqli_connect("localhost","root","");
28    if(!$con)
```

```
29      {
30          echo "failed";                              //连接失败
31      }else
32      {
33          mysqli_query($con,"set names utf8");        //设置页面编码方式
34          mysqli_select_db($con ,"myblog");
35          //生成数据库查询指令
36          $sql_query="SELECT * FROM wenzhang WHERE id=$id";
37          $result=mysqli_query($con ,$sql_query);
38          //获取查询到的数据
39          $row = mysqli_fetch_array($result, MYSQLI_ASSOC);
40          //将查询到的内容封装到 wenzhang 类中
41          $show=new wenzhang();
42          $show->id=$row["id"];
43          $show->pid=$row["pid"];
44          $show->title=$row["title"];
45          $show->neirong=$row["neirong"];
46          $show->pubdate=$row["date"];
47          $show->author=$row["author"];
48          //文章显示部分
49      }
50  ?>
51      <div data-role="page" data-theme="c">
52          <div data-role="panel" id="mypanel" data-theme="a">
53              <ul data-role="listview" data-inset="true" data-theme="a">
54              <?php
55                  $sql_query="SELECT * FROM wenzhang WHERE id=$pid";
56                  $result=mysqli_query($con ,$sql_query);
57                  while($row = mysqli_fetch_array($result, MYSQLI_ASSOC))
58                  {
59                  echo "<li><a href='neirong.php?id=";
60                  echo $row["id"];
61                  echo "&pid=";
62                  echo $row["pid"];
63                  echo "'>";
64                  echo $row["title"];
64                  echo "</a></li>";
66                  }
67              ?>
68              </ul>
69          </div>
70          <div data-role="header" data-position="fixed" data-theme="c">
```

```php
71              <a href="list.php?pid=<?php echo $show->get_pid(); ?>"
data-icon="back">返回</a>
72                  <h1><?php echo $show->get_title(); ?></h1>
73          </div>
74          <div data-role="content">
75              <h4 style="text-align:center;"><small>作者：<?php echo
$show->get_author(); ?> 发表日期：<?php echo $show->get_pubdate(); ?></small></h4>
76              <h4>
77                  <?php echo $show->get_neirong(); ?>
78              </h4>
79          </div>
80          <div data-role="footer" data-position="fixed" data-theme="c">
81              <div data-role="navbar">
82                  <ul>
83                  <?php
84                      //选择 id 小的，因此要逆序排列
85                      $sql_query="SELECT * FROM wenzhang WHERE
id=$show->pid and id<$show->id ORDER BY id DESC";
86                      $result=mysqli_query($con,$sql_query);
87                      $row = mysqli_fetch_array($result, MYSQLI_ASSOC);
88
89                      if(!$row)
90                      {
91                          echo "<li><a id='chat' href='#'
data-icon='arrow-l'>没有上一篇</a></li>";
92                      }else
93                      {
94                          echo "<li><a id='pre' href='neirong.php?id=";
95                          echo $row["id"];
96                          echo "&pid=";
97                          echo $row["pid"];
98                          echo "' data-icon='arrow-l'>上一篇</a></li>";
99                      }
100                 ?>
101                 <?php
102                     //选择大的，因此顺序排列
103                     $sql_query="SELECT * FROM wenzhang WHERE id=$show->
pid and id>$show->id ORDER BY id";
104                     $result=mysqli_query($con,$sql_query);
105                     $row = mysqli_fetch_array($result, MYSQLI_ASSOC);
106
107                     if(!$row)
108                     {
```

```
109                          echo "<li><a id='chat' href='#' data-icon=
'arrow-l'>没有下一篇</a></li>";
110                      }else
111                      {
112                          echo "<li><a id='pre' href='neirong.php?id=";
113                          echo $row["id"];
114                          echo "&pid=";
115                          echo $row["pid"];
116                          echo "' data-icon='arrow-r'>下一篇</a></li>";
117                      }
118                  ?>
119                  </ul>
120              </div>
121          </div>
122      </div>
123 </body>
124 </html>
```

在浏览器中输入网址 http://127.0.0.1/myblog/neirong.php?id=1&pid=1，结果如图 11.35、图 11.36 所示。

图 11.35　文章内容页面

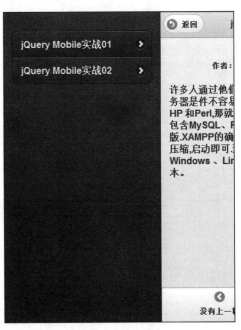

图 11.36　文章内容列表

本节范例给出的代码比较长，所实现的功能也相对之前达到了一个新的高度，总之就是难度比较大，因此要格外仔细。重点要注意代码第 24~25 行，还记得之前要在浏览器中输入的地址么，后面加了一串奇怪的字符 id=1&pid=1。这两行的作用就是获取 id 和 pid 两个参数的值。

第 27 行的作用是连接数据库，如果正常就继续进行。第 41~47 行是利用之前建立好的类 wenzhang 实例化一个对象，并将数据库中取出的一条数据的内容填充到这个对象中。

第 72 行的<?php echo $show->get_title(); ?>则是引用建立好的对象来将内容显示出来。其他的也与之类似，都是将数据库中的内容读出并显示。

稍微复杂的内容在第 83~118 行之间，由于要用按钮操纵链接到上一篇和下一篇的链接，但是又要保证文章在同一栏目下，这就导致了两篇文章的 id 很有可能并不是连续的，因此就构造了这样的 SQL 语句（第 85 行）。

```
$sql_query="SELECT * FROM wenzhang WHERE id=$show->pid and id<$show->id ORDER
BY id DESC";
```

$show->pid 和$show->id 是当前页面所显示文章的 id 和 pid，由于要查找前一篇文章，因此它的 id 就一定是小于当前文章的，而且应当在同一栏目下，所以就必然要有相同的 pid，但是后面的 ORDER BY id DESC 又是什么呢？

举个例子，假如说栏目一中有 4 篇文章，它们的 id 分别是 1、2、4、13。如果要在数据库中查找 id 为 13 的这篇文章前面的文章，则会查到 id 为 1、2、4 的这 3 篇文章。显然首先会取到 id 为 1 的那一篇，但事实上 id=13 的这篇文章的上一篇 id 为 4，这明显是不对的。ORDER BY DESC 的意思是逆序排列，这样取到的就是 id 为 4 的这篇文章了。

第 103 行的 SQL 语句也是类似的道理，只不过由于是正序排列，因此默认省略了排序关键字而已。

另外在第 71 行的返回键处：

```
<a href="list.php?pid=<?php echo $show->get_pid(); ?>
```

链接到了一个地址 list.php?pid=XXX，这个地址用来链接到文章列表页面，下一节我们将讲述文章列表的实现。

11.9　文章列表的实现

上一节已经实现了文章的显示功能，在前端设计时，文章内容的显示页是最简单的，但是在实现功能时，它却是最复杂的一部分，而本节将要实现的文章列表模块相对就比较简单了。

将 12_2.html 的内容另存为 list.php，放置于 Apache 根目录下。

```
01  <!DOCTYPE html>
02  <html>
03  <head>
04  <meta http-equiv="Content-Type" content="text/html; charset=utf-8" />
05  <meta name="viewport" content="width=device-width, initial-scale=1"/>
06  <!--<script src="cordova.js"></script>-->
07  <link rel="stylesheet" href="jquery.mobile-1.4.5.css" />
08  <script src="jquery-1.11.2.js"></script>
```

```
09  <script src="jquery.mobile-1.4.5.js"></script>
10  <script>
11      $( "#mypanel" ).trigger( "updatelayout" );   <!--声明一个面板控件-->
12  </script>
13  <script type="text/javascript">
14      $(document).ready(function(){
15      $("div").bind("swiperight", function(event) {     //监听向右滑动操作
16        $( "#mypanel" ).panel( "open" );                //面板展开
17      });
18      });
19  </script>
20  </head>
21  <body>
22  <?php
23      $pid=$_GET["pid"];                              //获取来自 URL 的参数
24      //连接到数据库
25      $con=mysqli_connect("localhost","root","");
26      if(!$con)
27      {
28          echo "failed";                             //连接失败则输出
29      }else
30      {
31          mysqli_query($con ,"set names utf8");      //设置页面编码方式
32          mysqli_select_db($con ,"myblog");          //选择数据库
33          //生成数据库查询指令
34          $sql_query="SELECT * FROM lanmu";
35          $result=mysqli_query($con ,$sql_query);
36      }
37  ?>
38      <div data-role="page" data-theme="c">
39          <div data-role="panel" id="mypanel" data-theme="a">
40          <ul data-role="listview" data-inset="true" data-theme="a">
41              <?php
42                  while($row = mysqli_fetch_array($result))
43                  {                                  //生成链接指向文章
44                      echo "<li><a href='";
45                      echo "list.php?pid=";
46                      echo $row['pid'];
47                      echo "'>";
48                      echo $row['name'];
49                      echo "</a></li>";
50                  }
51              ?>
```

```
52              </ul>
53          </div>
54      <div data-role="content">
55      <ul data-role="listview" data-inset="true">
56      <?php
57              $sql_query="SELECT * FROM wenzhang WHERE id=$pid";
58              $result=mysqli_query($con ,$sql_query);
59              while($row = mysqli_fetch_array($result, MYSQLI_ASSOC))
60              {    //显示文章内容
61                  echo "<li>";
62                  echo "<a href='";
63                  echo "neirong.php?id=";
64                  echo $row['id'];
65                  echo "&pid=";
66                  echo "$pid";
67                  echo "'><h4>";
68                  echo $row['title'];
69                  echo "</h4>";
70                  echo "<p>";
71                  echo $row['neirong'];;
72                  echo "</p>";
73                  echo "</a>";
74                  echo "</li>";
75              }
76          ?>
77          </ul>
78      </div>
79  </div>
80  <?php
81      mysqli_close($con);
82  ?>
83 </body>
84 </html>
```

在地址栏中输入 http://127.0.0.1/myblog/list.php?pid=1，运行结果如图 11.37、图 11.38 所示。

由于链接部分比较难以调试，并且要用到单引号和双引号的转换，以至于许多新手都觉得很难掌握。而且链接错误是无法在页面上显示出来的，只有单击了才知道是否正确，这无疑又增加了开发的难度，这里就以本例的第 61~74 行为例来讲解链接设置的技巧。

图 11.37　文章列表　　　　　图 11.38　　侧面滑出的栏目列表

原本设计要输出的语句为：

```
<li>
    <a href="neirong.php?id=1&pid=1">
        <h4>jQuery Mobile 实战01</h4>
        <p>许多人通过他们自己的经验认识到安装 Apache 服务器是件不容易的事儿
        </p>
    </a>
</li>
```

在使用时应当先用<?php　　?>将上面的所有语句包裹起来，并逐句使用 echo 将页面上的内容输出：

```
<?php
echo "<li>";
    echo "<a href="neirong.php?id=1&pid=1">";
        echo "<h4>jQuery Mobile 实战01</h4>";
        echo "<p>许多人通过他们自己的经验认识到安装 Apache 服务器是件不容易的事儿";
        echo "</p>";
    echo "</a>";
echo "</li>";
?>
```

这时先运行页面会发现页面出错，因为 echo "<a href="neirong.php?id=1&pid=1">";这一句中出现了多次双引号，所以需要将原句中的双引号替换成单引号。

```
<?php
echo "<li>";
    echo "<a href='neirong.php?id=1&pid=1'>";
```

```php
        echo "<h4>jQuery Mobile 实战01</h4>";
        echo "<p>许多人通过他们自己的经验认识到安装 Apache 服务器是件不容易的事儿";
        echo "</p>";
    echo "</a>";
echo "</li>";
?>
```

再运行发现页面可以正常打开了。

 可以在打开页面后右击空白处，然后选择快捷菜单中的"查看源文件"功能来查询链接部分是否显示正确。

在这里假设所需要的内容都已经通过数组$row 获得了（就像本节范例中那样），现在要做的就是将$row 中的内容显示出来。

对 echo 中的内容做进一步拆分，将要从后台获取的内容分离开来：

```php
<?php
echo "<li>";
    echo "<a href='neirong.php?id=";
echo "1";
echo "&pid=";
echo "1'>";
        echo "<h4>";
echo "jQuery Mobile 实战01";
echo "</h4>";
        echo "<p>";
echo "许多人通过他们自己的经验认识到安装 Apache 服务器是件不容易的事儿";
        echo "</p>";
    echo "</a>";
echo "</li>";
?>
```

这时就可以很轻松地将$row 的内容嵌入到页面中了：

```php
<?php
echo "<li>";
    echo "<a href='neirong.php?id=";
echo $row['id'];
echo "&pid=";
echo $row['pid'];
echo ">";
        echo "<h4>";
echo $row['title'];
echo "</h4>";
        echo "<p>";
```

```
echo $row['neirong'];
        echo "</p>";
    echo "</a>";
echo "</li>";
?>
```

这样就算是完成了链接地址的配置。按照这样的顺序，原本麻烦而且困难的步骤就变得非常轻松和愉快了，当然其实也是可以再简单一点的，因为在 PHP 中，双引号中的变量会自动被转义，因此像下面这句代码：

```
<a href="neirong.php?id=1&pid=1">
```

可以直接写成如下两种样式：

```
echo "<a href='neirong.php?id="+$row['id']+"&pid="+$row['pid'] +"'>";
```

或

```
echo "<a href='neirong.php?id=$row[id]&pid=$row[pid]'>"
```

建议读者还是尽量不要使用这两种方法，因为虽然代码较短、看起来非常简洁，但是当参数比较多的时候会显得很混乱。

11.10 首页的实现

项目进行到这里可以说是基本大功告成了，只需要再加入最初的主页，把上面实现的文章列表和文章内容页链接上就可以了。经过文章内容页和文章列表的学习，相信首页的制作对读者来说简直就是"小菜一碟"。

将本章实现的首页界面重命名为 index.php，然后放到 Apache 目录下。

```
01  <!DOCTYPE html>
02  <html>
03  <head>
04  <meta http-equiv="Content-Type" content="text/html; charset=utf-8" />
05  <meta name="viewport" content="width=device-width, initial-scale=1"/>
06  <!--<script src="cordova.js"></script>-->
07  <link rel="stylesheet" href="jquery.mobile-1.4.5.css" />
08  <script src="jquery-1.11.2.js"></script>
09  <script src="jquery.mobile-1.4.5.js"></script>
10  <script type="text/javascript">
11  $(document).ready(function()
12  {
13      $screen_width=$(window).width();           //获取屏幕宽度
14      $pic_height=$screen_width*2/3;             //图片高度为屏幕宽度的倍数
```

```
15      $pic_height=$pic_height+"px";
16      $("div[data-role=top_pic]").width("100%").height($pic_height);
                                                    //设置图片尺寸
17   });
18   </script>
19   </head>
20   <body>
21      <div data-role="page" data-theme="c">
22         <div data-role="top_pic" style="background-color:#000;
width:100%;">
23            <img src="images/top.jpg" width="100%" height="100%"/>
24         </div>
25         <div data-role="content">
26            <ul data-role="listview" data-inset="true">
27            <?php
28               //连接到数据库
29               $con=mysqli_connect("localhost","root","");
30               if(!$con)
31               {
32                  echo "failed";                    //连接失败则报错
33               }else
34               {   //设置页面编码方式
35                  mysqli_query($con ,"set names utf8");
36                  //选择数据库
37                  mysqli_select_db($con ,"myblog");
38                  //生成查询命令
39                  $sql_query="SELECT * FROM lanmu";
40                  //执行查询操作
41                  $result=mysqli_query($con ,$sql_query);
42               }
43               while($row = mysqli_fetch_array($result, MYSQLI_ASSOC))
44               {
45                  //显示栏目列表
46                  echo "<li><a href='list.php?pid=";
47                  echo $row['pid'];
48                  echo "'><h1>";
49                  echo $row['name'];
50                  echo "</h1></a></li>";
51               }
52            ?>
53            </ul>
54         </div>
55      </div>
```

```
56    </body>
57    </html>
```

在浏览器中输入 http://127.0.0.1/myblog/index.php，运行效果如图 11.39 所示。

图 11.39　项目的首页

本节实现了一个简单的个人博客系统，但这个系统仅仅是作为学习使用，因此还是有不少缺陷的，主要表现在以下几个方面：

- 仅仅包含了显示模块，并没有涉及文章的上传、发布等内容。
- 文章的表现方式单一，仅仅能对文字进行展示，缺少图片、音乐等元素。
- 后台缺少对异常的处理，如没有考虑到连接数据库失败的情况。
- 列表的逻辑过于简单，实际应用时还应考虑到异步加载等功能。

总的来说，本示例项目还是非常实用而且值得学习的，之后的许多项目都可以通过对本章的内容进行修改来完成。

第 12 章

◀ 实战3：打造在线播放器 ▶

以往很多平时最喜欢上网看视频、玩游戏的网友经常抱怨不爽，因为网上好多视频和游戏都需要安装 Flash 插件，并且速度慢的出奇！HTML5 标准的出现解决了这一难题，HTML5 提供了音频视频的标准接口，而无须任何插件的支持，只需用户浏览器支持相应的 HTML5 标签即可。难怪业内都坚信 HTML5 标准会是 Flash 的终结者！目前，IE9+、Safari、Firefox 和 Chrome 等主流浏览器均支持 HTML5 标注，用户可以免除 Flash 插件安装的烦琐而直接在网页中播放音视频！

图 12.1 所示是 Youtube 视频网站的 HTML5 视频播放器页面。

图 12.1　HTML5 视频播放器

本章主要内容：

- 使用 MediaElement.js 音视频播放器插件
- 熟悉 HTML5 音视频技术
- 制作 HTML5 页面音视频播放器

12.1 认识 MediaElement.js 插件

MediaElement.js 音视频播放器插件是一个 HTML5 音频和视频的解决方案，该插件支持使用 HTML5 的音频和视频标签及其 CSS 生成音视频播放器。对于老的浏览器，MediaElement.js 插件使用自定义的 Flash 或 Silverlight 播放器来模拟 HTML5 音视频技术。总体上，MediaElement.js 是一款支持众多应用的音视频播放器插件，包括 jQuery、Wordpress、Drupel、Joomla 等，同时还完全兼容目前主流浏览器，包括 IE9+、Safari、Firefox 和 Chrome 等。

12.1.1 下载音视频播放器插件

MediaElement.js 音视频播放器插件的官方网址如下：

```
http://www.mediaelementjs.com/
```

在 MediaElement.js 插件的官网页面，用户可以看到 MediaElement.js 插件的产品介绍、样例演示链接、源代码下载链接、开发向导链接、官方博客链接、支持文档以及网站版权信息等内容，如图 12.2 所示。

图 12.2　MediaElement.js 音视频播放器插件官方网站（1）

用户继续向下浏览，可以看到 MediaElement.js 插件的特性介绍、浏览器支持与 Demo 演示链接等信息，如图 12.3 所示。

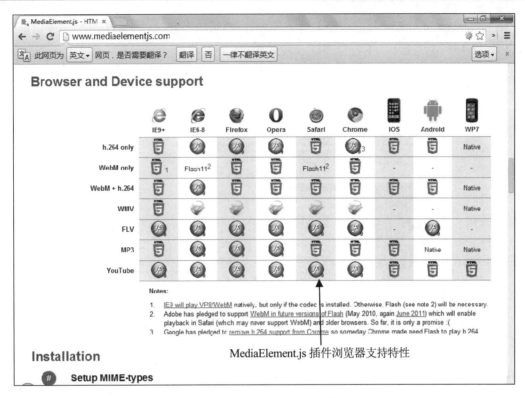

图 12.3　MediaElement.js 音视频播放器插件官方网站（2）

目前来看，选择 MediaElement.js 音视频播放器插件是一个很不错的选择，MediaElement.js 插件具有以下一些优秀的特性，全方位支持设计人员开发：

- 自由联盟和开放源码支持，无许可限制。
- 上手容易，安装部署简单快捷。
- 使用纯 HTML 与 CSS 开发。
- 完全支持 HTML5 标准下<audio>与<video>标签。
- 广泛的平台支持：多编解码器，跨浏览器和跨平台。
- 全面支持 WordPress、Drupal、Joomla、jQuery、BlogEngine.NET、ruby gem、plone、typo3 等流行 Web 技术。
- 为早期浏览器的 Adobe®Flash™标准与 Silverlight 技术提供一致的 API 接口。
- 可扩展的体系结构，方便开发人员完善改进。
- 为积极的和不断增长的开源社区提供支持。
- 提供全面的文档和入门指南。

MediaElement.js 音视频播放器插件具有很好的跨浏览器支持特性，全面兼容目前的各款主流浏览器与设备，下面是浏览器支持情况一览：

- Windows：Firefox、Chrome、Opera、Safari、IE9+。
- Windows Phone：Windows Phone Browser。
- iOS：Mobile Safari、iPad、iPhone、iPod Touch。
- Android：Android 2.3 Browser+。

MediaElement.js 音视频播放器插件官方网站还提供了相当丰富的 API 文档与样例说明，具体如图 12.4 所示。

图 12.4　MediaElement.js 音视频播放器插件官方网站（3）

用户从 MediaElement.js 插件官方网站可以下载到一个大约 10MB 大小的源文件压缩包，最新版文件名为 johndyer-mediaelement-2.12.2.zip。用户解压缩后就可以得到 MediaElement.js 插件完整的源代码，其中包括其所需 jQuery 框架支持的类库文件、MediaElement.js 插件的相关类库文件，以及 MediaElement.js 插件的全部资源文件。

同时，MediaElement.js 插件开发方还将其源代码提交到了 GitHub 资源库，便于设计人员学习交流使用。MediaElement.js 插件的 GitHub 资源库链接地址如下所示，页面如图 12.5 所示。

```
https://github.com/johndyer/mediaelement/
```

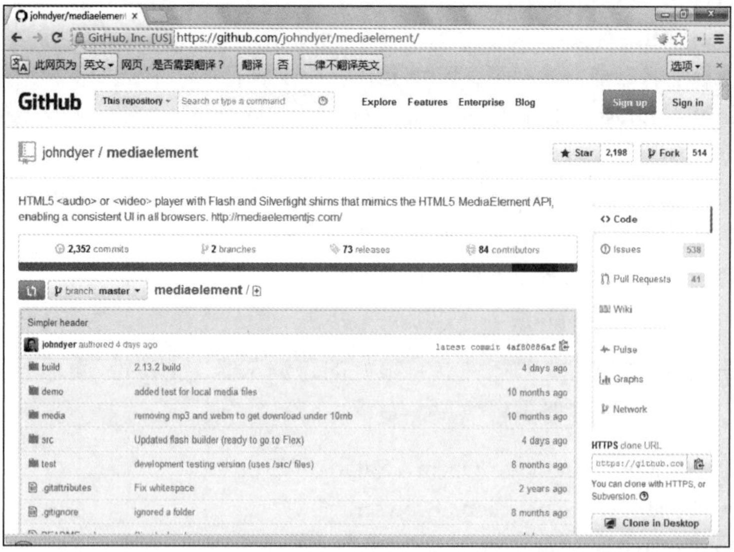

图 12.5　MediaElement.js 音视频播放器插件 GitHub 页面

12.1.2　开发一个简单的播放器应用

接下来通过几个简单的步骤来看一下，如何快速应用 MediaElement.js 音视频播放器插件开发一个简单的播放器应用，具体方法如下：

（1）新建一个名称为 MediaElementJSDemo.html 的网页。

（2）打开 MediaElement.js 插件源代码文件夹，将其中包含的 build 文件夹与 media 文件夹全部复制到刚刚创建的 MediaElementJSDemo.html 页面文件目录下。其中 build 文件夹包含了使用 MediaElement.js 插件所必需的类库文件支持，media 文件夹包含了几个官方提供的免费音视频资源文件。将 MediaElementJSDemo.html 页面标题命名为"基于 MediaElement.js 插件的 HTML5 播放器应用"，如下所示。

```
01  <!DOCTYPE html>
02  <head>
03  <meta http-equiv="Content-Type" content="text/html; charset=utf-8"/>
04  <title>基于 MediaElement.js 插件的 HTML5播放器应用</title>
05  <script src="build/jquery.js"></script>
06  <script src="build/mediaelement.js"></script>
07  <script src="testforfiles.js"></script>
08  </head>
```

（3）然后，在 MediaElementJSDemo.html 页面中添加相关 HTML 页面元素，用于构建页面播放器，如下所示。

```
01  <body>
02  // 省略部分代码
03  <h1>MediaElement.js - 基于 MediaElement.js 插件的 HTML5播放器应用</h1>
04  <p>这仅仅是一个支持 Flash/Silverlight Shim 的早期浏览器页面</p>
05  <p>本页面无须任何一款 codec 解码器插件也可以播放音视频文件</p>
06  <p>仅仅是一个简单测试，不提供音视频播放器功能</p>
07  // MP4视频
08  <h2>MP4 video (as src)</h2>
09  <video width="360" height="300" id="player1"
src="media/echo-hereweare.mp4"
    type="video/mp4" controls="controls"></video>
10  <br>
11  // 暂停/重启播放功能
12  <input type="button" id="pp" value="toggle"/>
13  // 时间轴
14  <span id="time"></span>
15  // 省略部分代码
16  </body>
```

（4）页面元素构建好后，添加如下 js 代码对 MediaElement.js 插件进行初始化，完成 HTML5 视频播放器功能，如下所示。

```
01  <script>
02  MediaElement(
03      'player1',                          // 音视频播放器 id
04      {
05      success:function(me)                // success 回调过程函数
06          {
07              me.play();                  // 自动开始播放
08              me.addEventListener(        // 添加事件监听函数
09              'timeupdate',
10              function(){
11              document.getElementById('time').innerHTML=me.currentTime;
                                            //绑定视频时间到页面控件
12              },
13          false
14          );
15          document.getElementById('pp')['onclick']=function(){
                                            //绑定暂停/重启播放功能页面控件
16          if(me.paused)
17              me.play();
18          else
19              me.pause();
20          };
21      }
22  });
23  </script>
```

上面 js 代码通过 MediaElement.js 插件的命名空间方法进行初始化。其中，具体初始化过程包括：定义音视频播放器控件的页面 id 值为'player1'；通过"success"回调过程函数完成了视频自动播放功能；并在"success"回调过程函数中完成绑定视频时间到页面控件、绑定控制视频暂停和重启播放的页面控件等操作。至此，使用 MediaElement.js 插件开发的 HTML5 音视频播放器示例就完成了，运行时的效果如图 12.6 所示。

MediaElement.js 音视频播放器插件初始化方法是使用其命名空间方法 —— MediaElement()，并在该过程中定义其属性，具体语法如下：

```
MediaElement(
//属性定义…
Object:options
):jQuery
```

图 12.6　MediaElement.js 音视频播放器插件效果

其中，HTML5 标准与 MediaElement.js 音视频播放器插件均提供了类似可配置的关键属性，具体对比如表 12.1 所示。

表 12.1　HTML5 与 MediaElement.js 音视频播放器插件参数对比

HTML5 参数名称	MediaElement.js 插件参数名称
paused (get)	paused (get)
ended (get)	ended (get)
seeking (get)	seeking (get)
duration (get)	duration (get)
playbackRate	N/A
defaultPlaybackRate	N/A
seekable	N/A
played	N/A
muted (get/set)	muted (get), setMuted()
volume (get/set)	volume (get), setVolume()
currentTime (get/set)	currentTime (get), setCurrentTime()
src(get/set)	src (get), setSrc()

同时，HTML5 标准与 MediaElement.js 音视频播放器插件均提供了类似的过程方法函数，具体方法对比如表 12.2 所示。

表 12.2　HTML5 与 MediaElement.js 音视频播放器插件方法对比

HTML5 方法名称	MediaElement.js 插件方法名称
play()	play()
pause()	pause()
load()	load()
N/A	stop()*

　　HTML5 标准并没有提供"stop"方法，MediaElement.js 插件提供了该方法，如果要实现停止功能，可以使用"pause"方法进行代替操作。

　　最后，HTML5 标准与 MediaElement.js 音视频播放器插件均提供了类似的事件处理函数，具体事件对比如表 12.3 所示。

表 12.3　HTML5 与 MediaElement.js 音视频播放器插件事件对比

HTML5 事件名称	MediaElement.js 插件事件名称
loadeddata	loadeddata
progress	progress
timeupdate	timeupdate
seeked	seeked
canplay	canplay
play	play
playing	playing
pause	pause
loadedmetadata	loadedmetadata
ended	ended

　　除了以上属性，MediaElement.js 插件还提供了一些不太常用的属性与方法，感兴趣的用户可以访问 MediaElement.js 插件的官方网站参考学习，网址如下：

```
http://www.mediaelementjs.com/#options
```

12.1.3　使用 MediaElement.js 插件模仿 Windows Media Player

　　本节实现一个基于 MediaElement.js 音视频播放器插件的、模仿 Windows Media Player（WMP）播放器的应用，通过该应用向用户演示了如何使用 MediaElement.js 插件的基本属性和方法，具体过程如以下步骤所示。

步骤 01　新建一个名称为MediaElementJSWMPDemo.html的网页。

步骤 02　打开MediaElement.js插件源代码文件夹，将其中包含的build文件夹与media文件夹全部复制到刚刚创建的MediaElementJSWMPDemo.html页面文件目录下。其中build文件夹包含了使用MediaElement.js插件所必需的类库文件支持，media文件夹包含了几个官方提供的免费音视频资源文件。将MediaElementJSWMPDemo.html页面标题命名为"基于MediaElement.js插件模仿WMP的HTML5 播放器应用"，代码如下所示。

```
<!DOCTYPE html>
<head>
<meta http-equiv="Content-Type" content="text/html; charset=utf-8"/>
<title>基于 MediaElement.js 插件模仿 WMP 的 HTML5播放器应用</title>
<script src="build/jquery.js"></script>
<!-- 该插件用于提供模拟 WMP 播放器支持 -->
<script src="build/mediaelement-and-player.min.js"></script>
<script src="testforfiles.js"></script>
<link rel="stylesheet" href="build/mediaelementplayer.min.css"/>
<!-- 模拟 WMP 播放器皮肤 CSS 样式类 -->
<link rel="stylesheet" href="build/mejs-skins.css"/>
</head>
```

步骤03 在MediaElementJSWMPDemo.html页面中添加相关HTML页面元素，用于构建页面播放器，代码如下所示。

```
01 <body>
02  // 省略部分代码
03    <h1>MediaElementPlayer.js - 基于 MediaElement.js 插件模仿 WMP 的 HTML5播放器应用</h1>
04    <p>模拟 Windows Media Player 播放器样例</p>
05    <p>通过为 video 标签添加 CSS 样式类 class="mejs-myskin" 实现 WMP 播放器皮肤</p>
06    <p>"mejs-myskin" 样式名在 mejs-skins.css 文件中定义</p>
07    // WMP 风格播放器
08    <h2>Windows Media Player(WMP) 风格播放器</h2>
09    // HTML5 video 标签定义
10    <video class="mejs-wmp" width="640" height="360"
                                              // CSS 样式类、宽度与高度定义
11    src="media/echo-hereweare.mp4"          // MP4资源文件地址
12    type="video/mp4"                        // 播放器资源类型定义
13    id="player1"                            // 播放器 id 定义
14    poster="media/echo-hereweare.jpg"       // 图片资源海报地址
15    controls="controls"                     // 播放器控制定义
16    preload="none">                         // 是否预加载
17    </video>
18    // 省略部分代码
19  </body>
```

步骤04 页面元素构建好后，添加如下js代码对MediaElement.js插件进行初始化，完成模仿WMP视频播放器功能，代码如下所示。

```
<script>
$('audio,video').mediaelementplayer({
```

265

```
success:function(player,node){
$('#'+node.id+'-mode').html('mode:'+player.pluginType);
}
});
</script>
```

上面的 js 代码通过 MediaElement.js 插件的 mediaelementplayer 方法进行初始化。其中，具体初始化过程包括：通过对<video>标签调用 mediaelementplayer 方法初始化；通过"success"回调过程函数定义播放器节点参数；通过对节点参数 id 值连接字符串-mode 操作，并使用 jQuery 的$.html 方法定义播放器插件类型。至此，使用 MediaElement.js 插件模仿 WMP 开发的 HTML5 播放器示例就完成了，运行时效果如图 12.7 所示。

图 12.7　MediaElement.js 插件模仿 WMP 播放器效果图

12.2　实现在线播放器

本节将基于MediaElement.js音视频播放器插件开发具备事件处理功能的播放器应用页面。通过本应用，用户可以全面了解 MediaElement.js 插件的事件处理过程与使用方法，并可以将这些事件处理方法应用到 HTML5 播放器页面开发之中。

12.2.1　在页面中添加 MediaElement.js

新建一个名为 MediaElementJSEventsDemo.html 的网页, 将网页的标题指定为"基于 MediaElement.js 插件事件处理的播放器应用", 然后添加对 jQuery 框架类库文件以及 MediaElement.js 插件类库文件和 CSS 样式文件的引用, 如下所示。

```
<!DOCTYPE html>
<head>
<meta http-equiv="Content-Type" content="text/html; charset=utf-8"/>
<title>HTML5 MediaElement - 基于 MediaElement.js 插件事件处理的播放器应用</title>
<script src="build/jquery.js"></script>
<!-- 该插件用于提供事件处理支持 -->
<script src="build/mediaelement-and-player.min.js"></script>
<script src="testforfiles.js"></script>
<link rel="stylesheet" href="build/mediaelementplayer.min.css"/>
</head>
```

12.2.2　构建播放器页面布局

在 MediaElementJSEventsDemo.html 页面中, 添加相关的 HTML 页面元素, 用于创建事件处理播放器页面控件元素, 具体代码如下所示。

```
01  <body>
02  // 省略部分代码
03    <h1>HTML5 MediaElement - 基于 MediaElement.js 插件事件处理的播放器应用</h1>
04    <h2>Events - 事件处理样例</h2>
05    // HTML5 <video>标签与资源文件定义
06    <video width="640" height="360" id="player1">
07      <source src="media/echo-hereweare.mp4" type="video/mp4" title="mp4">
08      <source src="media/echo-hereweare.webm" type="video/webm"
title="webm">
09      <source src="media/echo-hereweare.ogv" type="video/ogg" title="ogg">
10      <p>Your browser leaves much to be desired.</p>
11    </video>
12    // 事件处理日志输出
13    <div id="output">
14    </div>
15    <span id="player1-mode"></span>
16  </body>
```

在上面的 HTML 页面代码中, 通过一个<div>元素定义了 MediaElement.js 插件事件处理过程的日志输出控件, 用于将用户操作回显于页面中。

12.2.3　播放器页面初始化

页面元素构建好后，添加如下 js 代码对 MediaElement.js 插件进行初始化，完成事件处理播放器应用页面功能。

```
01  <script>
02  $('video').mediaelementplayer({                    // MediaElement.js 插件初始化
03   success:function(media,node,player){
04   // 定义 MediaElement.js 插件事件变量数组
05   var events=[
06   'loadstart',
07   'loadeddata',
08   'play',
09   'pause',
10   'ended',
11   'progress',
12   'timeupdate',
13   'seeked',
14   'volumechange'
15   ];
16  for(var i=0,il=events.length;i<il;i++){
17   var eventName=events[i];
18    media.addEventListener(events[i],function(e){
19    $('#output').append($('<div>'+e.type+'</div>'));
20    });
21   }
22   }
23  });
24  </script>
```

上面的 js 代码通过 MediaElement.js 插件的'mediaelementplayer'方法进行初始化。其中，具体初始化过程如下：通过对<video>标签调用'mediaelementplayer'方法初始化；通过"success"回调过程函数定义播放器资源和节点参数；定义 MediaElement.js 插件的事件变量数组，包括'loadstart'、'loadeddata'、'play'、'pause'、'ended'、'progress'、'timeupdate'、'seeked'、'volumechange'等事件；通过 for 循环与 addEventListener 方法对播放器事件进行监听；通过 jQuery 方法将事件过程日志回显到页面<div id="output">控件内。至此，基于 MediaElement.js 插件事件处理的播放器应用页面就完成了，其运行时效果如图 12.8 与图 12.9 所示。

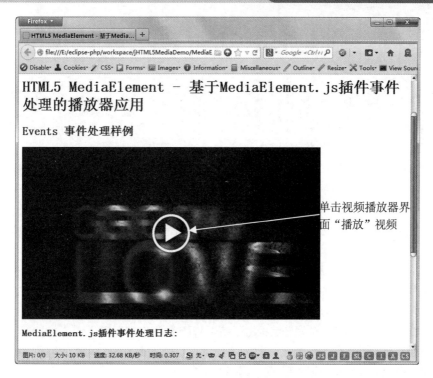

图 12.8　播放器应用页面效果（1）

图 12.9　播放器应用页面效果（2）

　　MediaElement.js 音视频播放器插件是 HTML5 标准下功能十分强大的开发利器，设计人员可以根据实际项目的需求，将 MediaElement.js 插件各种效果应用到 HTML5 页面功能之中。

第 13 章

◄ 实战4：构建股票实时走势图 ►

在一些相对专业性很强的互联网技术开发中，Web 图形和图表是一种很好的数据展现形式。根据经验，在有大量统计数据的情况下，传统表格数据的表现形式往往会让用户处于阅读起来没有头绪、无法获取所需信息的困难之中；而以图表方式提供的数据表现形式，就可以达到简单易懂、一目了然的良好效果。因此，利用好 Web 图形和图表是开发高性能 Web 应用的必备手段之一。

实际上，借助图形和图表来统计数据是一项具有悠久历史的统计技术。在桌面应用程序的开发中，如为广大用户所熟知的微软公司 Office 系列办公套件，就对图形和图表统计技术提供了完美的产品实现。随着互联网技术大行其道，传统桌面应用早已经无法满足互联网用户对信息处理的需要，因此许多互联网研发公司陆续推出了基于 Web 的图形和图表产品，这些产品均提供了良好的性能与用户体检，并在不断进化完善中。例如，著名的 Alexa.com 网站就应用了大量的图形与图表来统计互联网各类海量数据，页面效果如图 13.1 所示。

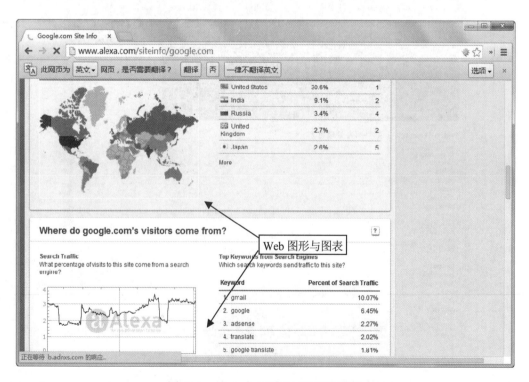

图 13.1　Alexa.com 图形与图表效果图

本章主要内容：

- 学习图表插件 jqChart
- 利用 jqChart 开发带图表的页面

13.1 准备 jqChart 图表插件

jqChart 是一款基于 jQuery 框架的图表插件，可用来绘制各种 Web 图表，包括各种形状的曲线图、折线图、柱状图、饼状图等，同时还支持动态地添加、编辑和删除图表对象，可以说是一款功能齐全、性能突出的 Web 图表插件。

13.1.1 下载 jqChart 图表插件

jqChart 图表插件采用纯 HTML5 标准与 jQuery 框架设计开发，支持跨浏览器兼容性、支持移动设备终端、支持视网膜准备等功能，其图表可以导出为图像或 PDF 格式，便于本地存储。可以说，jqChart 图表插件具有绝佳的效能、先进的图表展示功能。

总结一下，jqChart 图表插件具有如下主要特性：

- 只依赖 jQuery 框架开发。
- 采用纯 HTML5 的画布渲染，高性能典范。
- 最大程度支持图表快速反应和修复功能。
- 拥有先进的数据可视化控件，包括图表、仪表、地理地图等。
- 跨浏览器支持：支持 IE6+、火狐、Chrome、Opera、Safari 等浏览器。
- 支持苹果 iOS 系统和 Android 移动设备。
- 针对移动设备支持全触控操作。
- 提供丰富的文档帮助。

jqChart 图表插件的官方网址如下：http://www.jqchart.com/。

在 jqChart 图表插件的官网中，用户可以浏览到 jqChart 插件的产品介绍、Sample 演示案例、文档使用说明、源代码下载链接、使用版权与产品注册信息（jqChart 图表插件非完全免费使用）、设计人员反馈和支持等信息，官网如图 13.2 所示。

在图 13.2 所示的页面中，读者还可以看到 jqChart 图表插件的多款演示样例，如曲线图、柱状图、分时图、仪表盘等均是经常使用的图形图表插件。在这个页面上单击"DOWNLOAD"下载链接，进入 jqChart 图表插件下载页面，如图 13.3 所示。

图 13.2　jqChart 图表插件官方网站

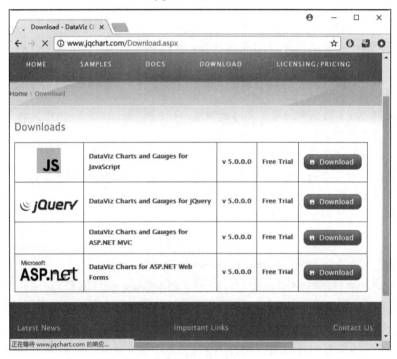

图 13.3　jqChart 图表插件下载页面

　　在 jqChart 图表插件下载页面，读者可以浏览多个不同功能版本的下载链接，选择所需的版本进行下载。一般进行 Web 开发的话，可以选择 jqChart for jQuery 版本，该版本是支持 jQuery 框架的开发包，有 30 天有效试用期。

　　在 jqChart 图表插件官方网站首页右上方为用户演示了一个模拟股指 K 线图的 Demo 样例。从示例演示图中，可以看到坐标系、双曲线、数据点参数信息、图像曲线缩放及局部放大等元素，基本上股指 K 线图应该包含的功能元素都涵盖其中了，如图 13.4 所示。

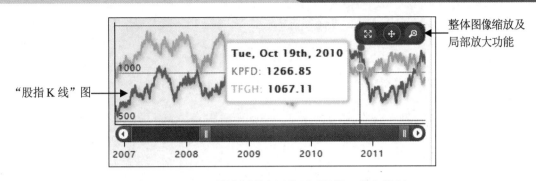

整体图像缩放及
局部放大功能

"股指 K 线"图

图 13.4　jqChart 图表插件官网首页"股指 K 线"样例

从官方网站选择 jqChart for jQuery 版本下载回来的是一个压缩包，解压后就可以引用其中包含的 jqChart 插件类库文件来实现自己的图表插件网页功能了。

13.1.2　开发一个柱状图应用

现在，通过应用 jqChart 图表插件开发一个简单的柱状图应用，演示一下使用 jqChart 图表插件的方法，具体步骤如下：

步骤 01　新建一个名称为 jqChartAxisSettings.html 的网页。

步骤 02　打开 jqChart 图表插件源文件夹，将其中的 js、css、theme 三个文件夹复制到刚刚创建的 jqChartAxisSettings.html 页面文件目录下。其中，js 文件夹包含有 jQuery 框架类库文件和 jqChart 图表插件类库文件，css 文件夹包含有 jqChart 图表插件样式文件，theme 文件夹包含有 jQuery-UI 框架库的 smoothness 样式资源文件。将库文件与样式文件分开管理，便于后期项目文件增多时能够有效进行管理。在 jqChartAxisSettings.html 页面文件中，添加对 jQuery 框架类库文件、jqChart 图表插件类库文件的引用，如下所示。

```
01  <html>
02  <head>
03  <meta http-equiv="Content-Type" content="text/html; charset=utf-8">
04  <title>基本柱状图应用 - 基于 HTML5 jqChart 图表插件</title>
05  <!-- 引用 jqChart 图表插件 CSS 样式文件 -->
06  <link rel="stylesheet" type="text/css" href="css/jquery.jqChart.css" />
07  <!-- 引用 jqRangeSlider 插件 CSS 样式文件 -->
08  <link rel="stylesheet" type="text/css"
href="css/jquery.jqRangeSlider.css" />
09  <!-- 引用 jQuery-UI 框架 smoothness 风格 CSS 样式文件 -->
10  <link rel="stylesheet" type="text/css" href="themes/smoothness/
jquery-ui-1.8.21.css" />
11  <!-- 引用 jQuery 框架类库文件 -->
12  <script src="js/jquery-3.3.1.js" type="text/javascript"></script>
13  <!-- 引用 jqChart 图表插件类库文件 -->
14  <script src="js/jquery.jqChart.min.js" type="text/javascript"></script>
```

273

```
15  <!-- 引用 jqRangeSlider 插件类库文件 -->
16  <script src="js/jquery.jqRangeSlider.min.js" type="text/javascript">
</script>
17  <!-- IE 浏览器类型判断-->
18  <!--[if IE]>
19  <script lang="javascript" type="text/javascript" src="js/excanvas.js">
</script>
20  <![endif]-->
21  </head>
```

由于 jqChart 图表插件完全支持 HTML5 标准，因此针对 HTML5 中新加入的<canvas>绘图元素，IE 9 以前的浏览器版本可能会无法很好地支持，所以这里引入了 excanvas.js 文件来提供<canvas>元素的支持，并加入了 if 条件语句进行判断。

步骤 03 为了应用 jqChart 图表插件在页面中绘制出柱状图，需要在 jqChartAxisSettings.html 页面中构建一个<div>元素用来做柱状图的容器，如下所示。

```
<body>
<div>
<h3>基于 jqChart 图表插件的基本柱状图应用</h3>
<div id="jqChart" style="width: 500px; height: 300px;">
</div>
// 省略部分代码
</div>
</body>
```

步骤 04 在页面静态元素构建好后，需添加以下 js 代码对 jqChart 图表插件进行初始化操作，具体如下所示。

```
01  <script lang="javascript" type="text/javascript">
02  $(document).ready(function(){
03  $('#jqChart').jqChart({                    // jqChart 图表插件命名空间构造函数
04  title: {text: '柱状图应用 - 坐标轴设定'},     // jqChart 图表标题
05  axes: [                                     // 坐标轴参数设定
06  {
07  location: 'left',                           // 坐标轴位置，设定在左
08  minimum: 10,                                // 坐标轴坐标最小值，值为10
09  maximum: 100,                               // 坐标轴坐标最大值，值为100
10  interval: 10                                // 坐标轴坐标间距
11  }
12  ],
13  series: [                                   // jqChart 图表类型设定
14  {
15  type: 'column',                             // 图表类型参数，'column'表示柱状图
16  data: [['a', 70], ['b', 40], ['c', 85], ['d', 50], ['e', 25], ['f', 40]]
```

```
                                                  // 柱状图参数，数组类型
17  }
18  ]
19  });
20  });
21  </script>
```

以上 js 代码执行了以下操作：

- 在页面文档开始加载时，通过 jQuery 框架选择器 $('#jqChart')方法获取 id 值等于 "jqChart" 的<div>元素，并通过 jqChart 图表插件定义的.jqChart()构造方法进行初始化。
- 在初始化函数内部，定义柱状图的 title 参数，title 可以理解为柱状图的标题。
- 在初始化函数内部，设定 axes 坐标轴参数：location:'left'，表示坐标轴位置在 "左"；minimum:10，表示坐标轴坐标最小值为 10；maximum:100，表示坐标轴坐标最大值为 100；interval:10，表示坐标轴坐标间隔为 10。
- 在初始化函数内部，设定 series 图表类型参数：type:'column'，表示图表类型为柱状图；data 参数用于设定柱状图数据，数据采用二维数组形式['a',70]，第一个参数表示该柱状图名称，第二个参数表示具体数值。

经过以上步骤，基于 jqChart 图表插件的基本柱状图应用的代码就编写完成了。默认状态下，jqChart 图表插件提供了激活与关闭图表数据、跟踪鼠标位置显示数据点信息等公共功能，设计人员无须在编写用户代码过程中进行设定。基本柱状图应用运行效果如图 13.5、图 13.6、图 13.7 所示。

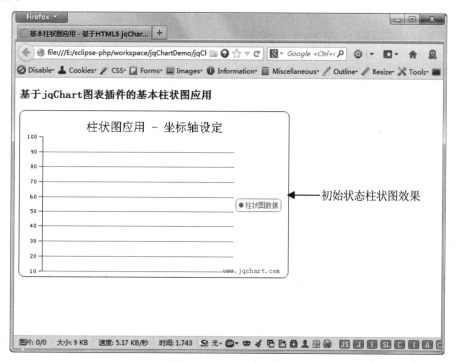

图 13.5　jqChart 图表插件基本柱状图应用效果图（1）

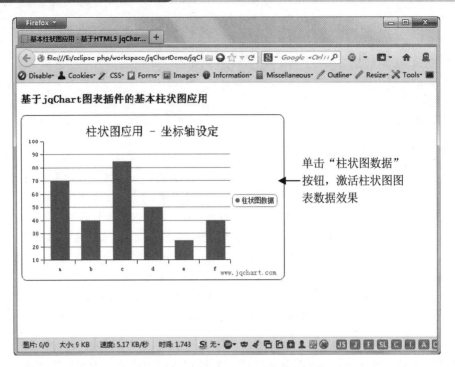

图 13.6　jqChart 图表插件基本柱状图应用效果图（2）

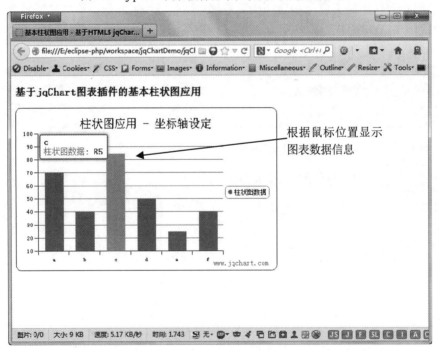

图 13.7　jqChart 图表插件基本柱状图应用效果图（3）

　　由例子可以看到，通过调用 jqChart 图表插件方法并设定其属性参数，可以开发页面图表应用。下面向读者详细讲述 jqChart 图表插件的方法与属性参数。

　　jqChart 图表插件的属性参数如表 13.1 所示。

表 13.1　jqChart图表插件属性参数列表

属性参数名称		属性参数描述
title	描述	该参数属性表示图表顶部的标题
	类型	字符串或者组合结构体
	用例	title: 'Chart Title'

		var title : {
		text: 'Chart Title',
		font: '40px sans-serif'　　　　// 字体设置
		}

border	描述	该参数属性描述图表边框
	类型	组合结构体

	用例	border : {
		visible: true,　　　　// Boolean 类型，表示图表边框是否可见
		strokeStyle: 'red',　　　　// 表示图表边框颜色
		lineWidth: 4,　　　　// 表示图表边框厚度
		cornerRadius: 12,　　　　// 表示图表边框 4 个顶角的圆弧曲率
		padding: 6　　　　// 表示图表边框内边距数值
		}

background	描述	该参数属性描述图表背景颜色
	类型	字符串或者组合结构体
	用例	background: 'red'

		background : {
		type: 'linearGradient',　　　　// 表示图表背景颜色线性渐变
		x0: 0,　　　　// 起点 x 坐标
		y0: 0,　　　　// 起点 y 坐标
		x1: 0,　　　　// 终点 x 坐标
		y1: 1,　　　　// 终点 y 坐标
		colorStops: [　　　　// 颜色设定值
		{ offset: 0, color: '#d2e6c9' },　　　　// 起点颜色
		{ offset: 1, color: 'white' }　　　　// 终点颜色
		]
		}

tooltips	描述	该参数属性用于显示图表数据点信息的消息提示框
	类型	组合结构体

	用例	tooltips : {
		disabled : false,　　　　// 表示是否禁用消息框
		type: 'normal',　　　　// 消息提示框类型
		borderColor: 'auto',　　　　// 边框颜色
		snapArea: 25,　　　　// 表示显示消息提示框快照的区域
		highlighting: true,　　　　// 表示该数据点是否需要被高亮显示
		highlightingFillStyle: 'rgba(204, 204, 204, 0.5)',　　　　// 高亮显示填充颜色风格
		highlightingStrokeStyle: 'rgba(204, 204, 204, 0.5)'　　　　// 高亮显示笔触颜色风格
		}

（续表）

属性参数名称	属性参数描述	
crosshairs	描述	该参数属性定义十字线连接数据点对应的轴值。默认情况下，十字线被禁用
	类型	组合结构体

	用例	crosshairs : {
		enabled: true, // 表示是否禁用十字线
		hLine: { strokeStyle: '#cc0a0c' }, // 表示水平十字线笔触颜色
		vLine: { strokeStyle: '#cc0a0c' } // 表示垂直十字线笔触颜色
		}

shadows	描述	该参数属性用于显示图表阴影效果
	类型	组合结构体

	用例	shadows : {
		enabled: true, // 表示是否允许阴影效果
		shadowColor: 'gray', // 表示阴影颜色
		shadowBlur: 10, // 表示阴影效果
		shadowOffsetX: 3, // 表示阴影 x 轴方向偏移值
		shadowOffsetY: 3 // 表示阴影 y 轴方向偏移值
		}

animation	描述	该参数属性用于显示图表动画效果
	类型	组合结构体

	用例	animation : {
		enabled : true, // 表示是否允许动画效果
		delayTime : 1, // 表示动画效果延迟时间
		duration : 2 // 表示动画效果持续时间
		}

watermark	描述	该参数属性用于显示图表水印效果
	类型	组合结构体
	用例	watermar : { text: 'Copyright Information', // 表示水印文本 fillStyle: 'red', // 表示水印文本颜色 font: '16px sans-serif', // 表示水印文本字体 hAlign: 'right', // 表示水印文本水平位置 vAlign: 'bottom' // 表示水印文本垂直位置 },

　　jqChart 图表插件有一些非常重要的属性参数，比如 axes 坐标轴属性、series:type 图表类型属性和 data 数据点属性等，都是设计图表必须使用到的。下面分别对这些属性参数进行讲解。

　　jqChart 图表插件的 Axes 属性是用来描述图表坐标轴的参数，图表插件根据它来绘制图表内的数据点曲线图形，每个图表（除了饼图）都包含了绘图区域的轴，大部分的图表使用 x 和 y 轴作图。jqChart 图表插件的 Axes 属性参数如表 13.2 所示。

表 13.2　jqChart 图表插件——Axes 属性参数列表

类型名称	类型描述	
Category Axis	描述	该类型坐标轴用于表示由一组沿轴离散值的分组数据，定义了一组沿图表轴出现的标签

	用例	axes:[
		{
		type: 'category',　　　　　　　　　　　　　// 坐标轴类型
		location: 'bottom',　　　　　　　　　　　　　// 坐标轴位置
		categories: ['Cat 1', 'Cat 2', 'Cat 3', 'Cat 4', 'Cat 5', 'Cat 6']//坐标轴标签
		}
		]

Linear Axis	描述	该类型称为直线坐标轴，映射数值的最小值和最大值沿图表轴之间均匀分布。默认情况下，它决定了最小值、最大值和间隔值图表数据，以适应所有屏幕上的图表元素。用户也可以显式地设置这些属性的特定值

	用例	axes:[
		{
		type: 'linear',　　　　　　　　　　　　　　// 坐标轴类型
		location: 'left',　　　　　　　　　　　　　　// 坐标轴位置
		minimum: 10,　　　　　　　　　　　　　　// 坐标轴最小值
		maximum: 100,　　　　　　　　　　　　　// 坐标轴最大值
		interval: 10　　　　　　　　　　　　　　// 坐标轴间隔
		}
		]

DateTime Axis	描述	该类型称为时间坐标轴，映射时间值的最小值和最大值沿图表轴之间均匀分布。默认情况下，它决定了图表数据的最小值、最大值、间隔值，以适应屏幕上所有的图表数据元素。用户也可以显式地设置这些属性的特定值
	用例	axes:[{ type: 'dateTime',　　　　　　　　　　　　// 坐标轴类型 location: 'bottom', minimum: new Date(2013, 1, 4), maximum: new Date(2013, 1, 18), interval: 1, intervalType: 'days' // 'years'	'months'	'weeks'	'days'	'minutes'	'seconds'	'millisecond' }]

　　jqChart 图表插件的 series:type 属性是用来描述图表类型的参数。图表插件根据 series:type 属性来绘制不同风格类型的图表。jqChart 图表插件的 series:type 属性参数如表 13.3 所示。

表 13.3　jqChart 图表插件——series:type 属性参数列表

类型名称		类型描述
Area Chart	描述	该类型基于折线图、面积图之轴和线之间的区域，重点使用不同的颜色和纹理来表现。其通常强调随时间变化的程度，并显示部分与整体的关系

	用例	series: [
		{
		type: 'area',　　　　　　　　　　　　　　　　// 图表类型
		title: 'Area 1',
		fillStyle: '#418CF0',
		data: [
		['A', 56], ['B', 30], ['C', 62],['D', 65], ['E', 40], ['F', 36], ['G', 70]　// 数据点数组
		]
		}
		]

Bar Chart	描述	该类型称为条形图，说明了各个项目之间的比较。其图表矩形条为了更加注重比较值（而不太注重时间）而呈水平显示，并与长度成正比

	用例	series: [
		{
		type: 'bar',　　　　　　　　　　　　　　　　// 图表类型
		title: 'Bar 1',
		fillStyle: '#418CF0',
		data: [
		['A', 56], ['B', 30], ['C', 62], ['D', 65], ['E', 40], ['F', 36], ['G', 70]　// 数据点数组
		]
		}
		]

Column Chart	描述	该类型称为柱状图，使用列（垂直矩形）的顺序来显示。与其他类别相比，其具有单独的参考值

	用例	series: [
		{
		type: 'column',　　　　　　　　　　　　　　　// 图表类型
		title: 'Column 1',
		fillStyle: '#418CF0',
		data: [
		['A', 56], ['B', 30], ['C', 62], ['D', 65], ['E', 40], ['F', 36], ['G', 70]]　// 数据点数组
		}
		]

类型名称		类型描述
Line Chart	描述	该类型称为折线图（或线图），是所有图类型中最普通的一个成员，其原理是通过由数据点连接线来显示定量信息，折线图往往说明随着时间推移的趋势

	用例	series: [
		{
		type: 'line', // 图表类型
		title: 'Line 1',
		fillStyle: '#418CF0',
		data: [
		['A', 56], ['B', 30], ['C', 62], ['D', 65], ['E', 40], ['F', 36], ['G', 70]] // 数据点数组
		}
		]

Pie Chart	描述	该类型称为饼图、圆图、扇形图、分段图等，并且是最广泛使用的图表类型之一。饼图是将圆分成扇区，显示百分比或相对值来进行相互比较，有助于分析统计数据类型的整体趋势

	用例	series: [
		{
		type: 'pie', // 图表类型
		labels: { // 图表字体风格
		stringFormat: '%.1f%%',
		valueType: 'percentage',
		font: '15px sans-serif',
		fillStyle: 'white'
		},
		explodedRadius: 10, // 图饼半径
		explodedSlices: [5], // 图饼分割区域数量
		data: [// 数据点数组
		['United States', 65], ['United Kingdom', 58], ['Germany', 30],
		['India', 60], ['Russia', 65], ['China', 75]
		]
		}
		]

Range Chart	描述	该类型称为范围图表，其通过在每个数据点绘制两个 Y 值来显示一个数据范围，每个 Y 值被绘制为一个折线图，然后可以用颜色或图像填充 Y 值之间的范围

类型名称		类型描述

Range Chart	用例	series: [
		{
		type: 'range', // 图表类型
		title: 'Series 1',
		data: [// 数据点数组
		['A', 33, 43], ['B', 57, 62], ['C', 13, 30],
		 ['D', 12, 40], ['E', 35, 70], ['F', 7, 30], ['G', 24, 30]
		]
		}
		]

Scatter Chart	描述	该类型称为散点图，用来显示两组值之间的相关性，经常被用于定性实验数据和科学数据建模。一般散点图不与时间相关的数据组合使用（因为线路图会更适合此种与实践相关的情况）

	用例	series: [
		{
		type: 'scatter', // 图表类型
		title: 'Scatter',
		data: [
		[1, 62], [2, 60], [3, 68], [4, 58], [5, 52], [6, 60], [7, 48]// 数据点数组
		]
		}
		]

Spline Chart	描述	该类型称为样条曲线图表，其通过一系列数据点的相对位置来绘制并拟合成曲线折线图表

	用例	series: [
		{
		type: 'spline', // 图表类型
		title: 'Spline 1',
		fillStyle: '#418CF0',
		data: [
		['A', 56], ['B', 30], ['C', 62], ['D', 65], ['E', 40], ['F', 36], ['G', 70] // 数据点数组
		]
		}
		]

（续表）

类型名称		类型描述
Stock Chart	描述	该类型称为股票图，通常用来说明股票价格，包括股票的打开、关闭以及高、低价格点等。同时，这种类型的图表也可用于分析科学数据，因为每个系列的数据均可以显示高值、低值、开盘值和收盘值。股票图的开盘值显示在左侧，并且在右侧显示收盘值

	用例	series: [
		{
		type: 'stock',　　　　// 图表类型
		data: data　　　　// 数据点数组，一般通过编程获取
		}
		]

Trendline Chart	描述	该类型称为趋势线图表，是用来描述数据趋势的图表系列。例如：向上倾斜的线可以表示在数月内销售数值增加的趋势。趋势线一般用于预测问题的研究，因此又称为回归分析

	用例	series: [
		{
		type: 'trendline',　　　　// 图表类型
		title: 'Trendline',
		data: data,　　　　// 数据点数组，一般通过编程获取
		trendlineType: 'linear',　　　　// 趋势线类型，值为'linear' 或者 'exponential'
		}
		]

以上就是 jqChart 图表插件属性参数的说明，其中还有一些不常使用的属性参数没有在此列举，感兴趣的读者可以阅读 jqChart 图表插件官网上的产品文档了解一下。

13.1.3　开发一个折线图应用

本小节使用 jqChart 图表插件实现一个分类-折线图表应用，该应用演示了将 jqChart 图表插件中分类图、折线图组合使用的方法，具体实现过程如下：

（1）使用文本编辑器新建一个名为 jqChartBasicChart.html 的网页，将网页的标题指定为"基于 jqChart 图表插件实现分类-折线图表应用"，然后添加对 jQuery 类库文件、jqChart 图表插件类库文件和 CSS 样式文件的引用，代码如下所示。

```
01  <!DOCTYPE html PUBLIC "-//W3C//DTD XHTML 1.0 Transitional//EN"
02  "http://www.w3.org/TR/xhtml1/DTD/xhtml1-transitional.dtd">
03  <html xmlns="http://www.w3.org/1999/xhtml">
04  <head>
05  <meta http-equiv="Content-Type" content="text/html; charset=utf-8">
```

```
06  <title>基于 jqChart 图表插件实现分类-折线图表应用 -基于 HTML5 jqChart 图表插件
</title>
07  <!-- 引用 jqChart 图表插件 CSS 样式文件 -->
08  <link rel="stylesheet" type="text/css" href="css/jquery.jqChart.css" />
09  <!-- 引用 jqRangeSlider 插件 CSS 样式文件 -->
10  <link rel="stylesheet" type="text/css"
href="css/jquery.jqRangeSlider.css" />
11  <!-- 引用 jQuery-UI 框架 smoothness 风格 CSS 样式文件 -->
12  <link rel="stylesheet" type="text/css"
href="themes/smoothness/jquery-ui-1.8.21.css" />
13  <!-- 引用 jQuery 框架类库文件 -->
14  <script src="js/jquery-3.3.1.js" type="text/javascript"></script>
15  <!-- 引用 jQuery MouseWheel 类库文件 -->
16  <script src="js/jquery.mousewheel.js" type="text/javascript"></script>
17  <!-- 引用 jqChart 图表插件类库文件 -->
18  <script src="js/jquery.jqChart.min.js" type="text/javascript"></script>
19  <!-- 引用 jqRangeSlider 插件类库文件 -->
20  <script src="js/jquery.jqRangeSlider.min.js" type="text/javascript">
</script>
21  <!-- IE 浏览器类型判断-->
22  <!--[if IE]>
23  <script lang="javascript" type="text/javascript" src="js/excanvas.js">
</script>
24  <![endif]-->
25  </head>
```

（2）使用 jqChart 图表插件在页面中绘制分类图与折线图，需要在 jqChartBasicChart.html 页面中构建一个<div>元素用来做分类图与折线图的容器，如下所示。

```
<body>
<div>
<h3>基于 jqChart 图表插件实现分类-折线图表应用</h3>
<div id="jqChart" style="width: 500px; height: 300px;">
</div>
// 省略部分代码
</div>
</body>
```

（3）在页面静态元素构建好后，需添加以下 js 代码对 jqChart 图表插件进行初始化操作，具体如下所示。

```
01  <script lang="javascript" type="text/javascript">
02  $(document).ready(function () {
03  $('#jqChart').jqChart({              // jqChart 图表插件命名空间构造函数
04  title: { text: '分类-折线图表应用' },    // jqChart 图表标题
```

```
05  axes: [                                  // 坐标轴参数设定
06  {
07  type: 'category',                        // 坐标轴类型，设定为分类坐标
08  location: 'bottom',                      // 坐标轴位置，设定在底部
09  zoomEnabled: true                        // 支持图表缩放功能
10  }
11  ],
12  series: [                                // jqChart 图表类型设定
13  {
14  type: 'column',                          //图表类型参数, 'column'表示柱状图
15  data: [['A', 46], ['B', 35], ['C', 68], ['D', 30], ['E', 27], ['F', 85],
['D', 43], ['H', 29]]                        // 数据点数组
    },{type: 'line',                         //图表类型参数, 'line'表示折线图
    data: [['A', 69], ['B', 57], ['C', 86], ['D', 23], ['E', 70], ['F', 60], ['D',
88], ['H', 22]]                              // 数据点数组
16  }
17  ]
18  });
19  });
20  </script>
```

以上 js 代码执行了以下操作：

- 在页面文档开始加载时，通过 jQuery 框架选择器 $('#jqChart')方法获取 id 值等于"jqChart"的<div>元素，并通过 jqChart 图表插件定义的.jqChart()构造方法进行初始化。
- 在初始化函数内部，定义分类-折线图的 title 参数，title 定义图表的标题。
- 在初始化函数内部，设定 axes 坐标轴参数：type:'category', 表示坐标轴类型为分类坐标；location:'bottom', 表示坐标轴位置在"底部"；zoomEnabled:true，表示图表支持缩放。
- 在初始化函数内部，设定 series 图表类型参数：type:'column', 表示图表类型为柱状图；data 参数用于设定柱状图数据，数据采用二维数组形式['A',46]，第一个参数表示该分类柱状图名称，第二个参数表示具体数值。
- 在初始化函数内部，设定 series 图表类型参数：type:'line', 表示图表类型为折线图；data 参数用于设定折线图数据,数据采用二维数组形式['A',69]，第一个参数表示该折线图名称，第二个参数表示具体数值。

经过以上步骤，使用 jqChart 图表插件实现分类-折线图表应用的代码就编写完成了。该应用在 jqChart 图表插件初始化函数内部，通过定义图表类型参数为柱状图('column')与折线图('line')的组合形式实现了两种图形曲线的合集。其运行效果如图 13.8、图 13.9 和图 13.10 所示。

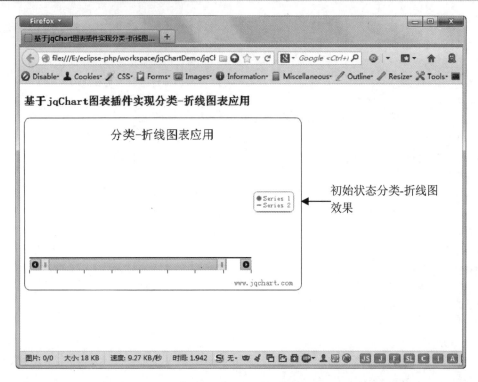

图 13.8　使用 jqChart 图表插件实现分类-折线图表应用效果图（1）

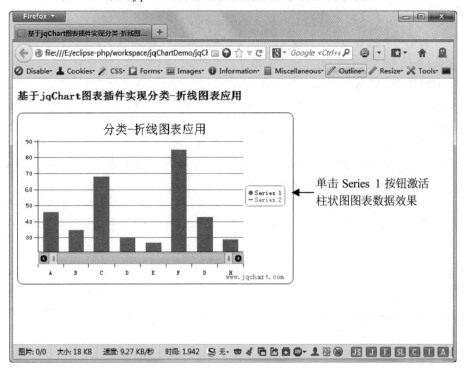

图 13.9　使用 jqChart 图表插件实现分类-折线图表应用效果图（2）

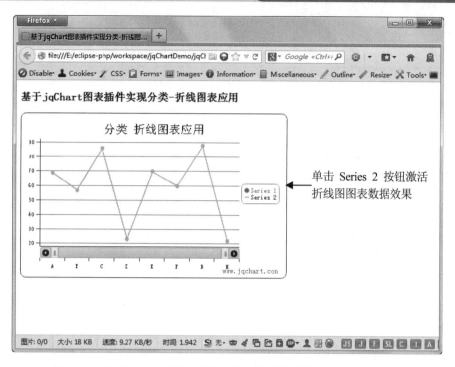

图 13.10　使用 jqChart 图表插件实现分类-折线图表应用效果图（3）

由图 13.9 和图 13.10 可见，柱状图与折线图可以通过 Series 按钮分别激活与关闭。当然，jqChart 图表插件支持同时显示多个图表数据，以达到实现组合图表数据的功能。分类-折线图表效果如图 13.11 所示。

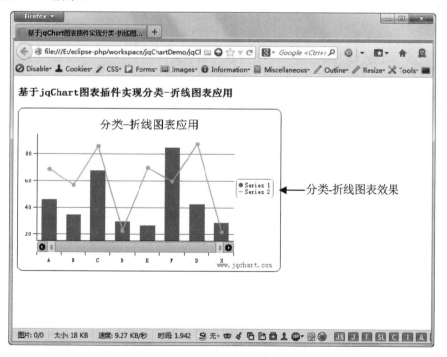

图 13.11　基于 jqChart 图表插件实现分类-折线图表应用效果图（4）

由于之前在 jqChart 图表插件初始化过程中设定了 zoomEnabled 属性为"true"，因此本应用支持图表的局部放大功能，其效果如图 13.12 所示。

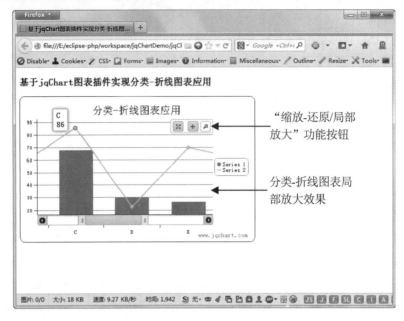

图 13.12　基于 jqChart 图表插件实现分类-折线图表应用效果图（5）

当鼠标移动到图形的右上角时，会显示如图 13.12 所示的"缩放-还原/局部放大"功能按钮，用户可以单击此缩放按钮浏览曲线图表。

13.2　构建股票实时走势图

本节将基于 jqChart 图表插件开发一个模拟股票实时图的应用，其中模拟了美国两大主要股指"道琼斯"与"纳斯达克"的组合曲线图。该例将演示如何组合多个实时股票指数曲线图的方法，及使用动画操作和曲线图的平移、缩放功能。通过这个样例的开发过程，向设计人员较为全面地演示应用 jqChart 图表插件的开发方法。

13.2.1　添加 jqChart 图表插件库文件

使用文本编辑器新建一个名为 jqChartStock.html 的网页，将网页的标题指定为"基于 jqChart 图表插件模拟股票实时图应用"。本应用基于 jQuery 框架和 jqChart 图表插件进行开发，需要添加一些必要的类库文件与 CSS 样式文件，具体如下所示。

```
01  <!DOCTYPE html PUBLIC "-//W3C//DTD XHTML 1.0 Transitional//EN"
02  "http://www.w3.org/TR/xhtml1/DTD/xhtml1-transitional.dtd">
03  <html xmlns="http://www.w3.org/1999/xhtml">
04  <head>
```

```
05  <meta http-equiv="Content-Type" content="text/html; charset=utf-8">
06  <title>基于 jqChart 图表插件模拟股票实时图应用 -基于 HTML5 jqChart 图表插件
</title>
07  <!-- 引用 jqChart 图表插件 CSS 样式文件 -->
08  <link rel="stylesheet" type="text/css" href="css/jquery.jqChart.css" />
09  <!-- 引用 jqRangeSlider 插件 CSS 样式文件 -->
10  <link rel="stylesheet" type="text/css"
href="css/jquery.jqRangeSlider.css" />
11  <!-- 引用 jQuery-UI 框架 smoothness 风格 CSS 样式文件 -->
12  <link rel="stylesheet" type="text/css" href="themes/smoothness/
jquery-ui-1.8.21.css" />
13  <link rel="stylesheet" type="text/css" href="css/prettify.css" />
14  <!-- 引用 jQuery 框架类库文件 -->
15  <script src="js/jquery-3.3.1.js" type="text/javascript"></script>
16  <!-- 引用 jQuery MouseWheel 类库文件 -->
17  <script src="js/jquery.mousewheel.js" type="text/javascript"></script>
18  <!-- 引用 jqChart 图表插件类库文件 -->
19  <script src="js/jquery.jqChart.min.js" type="text/javascript"></script>
20  <!-- 引用 jqRangeSlider 插件类库文件 -->
21  <script src="js/jquery.jqRangeSlider.min.js" type="text/javascript">
</script>
22  <script src="js/jquery.cycle.all.min.js" type="text/javascript">
</script>
23      <script src="js/prettify.js" type="text/javascript"></script>
24  <!-- IE 浏览器类型判断-->
25  <!--[if IE]>
26  <script lang="javascript" type="text/javascript" src="js/excanvas.js">
</script>
27  <![endif]-->
28  </head>
```

13.2.2　构建实时图页面的布局

使用 jqChart 图表插件在页面中绘制股票实时图，需要在 jqChartStock.html 页面中构建一个<div>元素用来做股票实时图的容器，如下所示。

```
<body>
<div>
<h3>基于 jqChart 图表插件模拟股票实时图应用</h3>
<div id="jqChart" style="width: 500px; height: 300px;">
</div>
// 省略部分代码
</div>
</body>
```

13.2.3　模拟股票实时图的初始化

在页面元素股票实时图容器构建好后，需添加以下 js 脚本代码对 jqChart 图表插件进行初始化操作，具体如下所示。

```
01  <script lang="javascript" type="text/javascript">
02  // 添加日期函数
03  function addDays(date, value) {
04  var newDate = new Date(date.getTime());
05  newDate.setDate(date.getDate() + value);
06  return newDate;
07  }
08  // 产生随机数函数
09  function round(d) {
10  return Math.round(100 * d) / 100;
11  }
12  // 定义全局变量
13  var data1 = [];              // 日期数组变量
14  var data2 = [];              // 日期数组变量
15  var yValue1 = 50;            // Y 坐标变量
16  var yValue2 = 200;           // Y 坐标变量
17  // 定义全局起点日期
18  var date = new Date(2013, 0, 1);
19  // 通过随机数函数生成随机股票指数数据
20  for (var i = 0; i < 200; i++) {
21  yValue1 += Math.random() * 10 - 5;
22  data1.push([date, round(yValue1)]);
23  yValue2 += Math.random() * 10 - 5;
24  data2.push([date, round(yValue2)]);
25  date = addDays(date, 1);
26  }
27  // HTML 文档初始化过程
28  $(document).ready(function() {
29  // 定义背景参数，linearGradient 渐变风格
30  var background = {
31  type: 'linearGradient',
32  x0: 0,
33  y0: 0,
34  x1: 0,
35  y1: 1,
36  colorStops: [
37  { offset: 0, color: '#d2e6c9' },
38  { offset: 1, color: 'white' }
```

```
39  ]
40  };
41  // jqChart 图表插件命名空间构造函数
42  $('#jqChart').jqChart({
43  title: '模拟股票实时图应用',              // jqChart 图表标题
44  legend: {                              // jqChart 图表 legend 属性参数
45  title: '激活/关闭'
46  },
47  border: {
48  strokeStyle: '#6ba851'                 // jqChart 图表边框颜色
49  },
50  background: background,                 // jqChart 图表背景
51  animation: {                           // jqChart 图表动画参数
52  duration: 2                            // jqChart 图表动画持续时间
53  },
54  tooltips
55  : {                                    // jqChart 图表消息提示框
56  type: 'shared'
57  },
58  shadows: {                             // jqChart 图表阴影效果
59  enabled: true
60  },
61  crosshairs: {                          // jqChart 图表十字线
62  enabled: true,
63  hLine: false,
64  vLine: {
65  strokeStyle: '#cc0a0c'
66  }
67  },
68  axes: [                                // jqChart 图表坐标轴定义
69  {
70  type: 'dateTime',                      // jqChart 图表坐标轴类型为时间轴
71  location: 'bottom',                    // 坐标轴位置为底部
72  zoomEnabled: true                      // 支持缩放功能
73  }
74  ],
75  series: [                              // jqChart 图表类型设定
76  {
77  title: '道琼斯',
78  type: 'line',                          // 图表类型参数，'line'表示折线图
79  data: data1,                           // 数据点数据源
80  markers: null
81  },{
```

```
82   title: '纳斯达克',
83   type: 'line',                              // 图表类型参数，'line'表示折线图
84   data: data2,                               // 数据点数据源
85   markers: null
86   }
87   ]
88   });
89   // 绑定消息提示框数据信息过程函数
90   $('#jqChart').bind('tooltipFormat', function (e, data) {
91   if ($.isArray(data) == false) {
92   var date = data.chart.stringFormat(data.x, "ddd, mmm dS, yyyy");
93   var tooltip = '<b>' + date + '</b><br />' + '<span style="color:' +
data.series.fillStyle + '">' + data.series.title + ': </span>' + '<b>' + data.y
+ '</b><br />';
94   return tooltip;
95   }
96   var date = data[0].chart.stringFormat(data[0].x, "ddd, mmm dS, yyyy");
97   var tooltip = '<b>' + date + '</b><br />' + '<span style="color:' +
data[0].series.fillStyle + '">' + data[0].series.title + ': </span>' + '<b>' +
data[0].y + '</b><br />' + '<span style="color:' + data[1].series.fillStyle + '">'
+ data[1].series.title + ': </span>' + '<b>' + data[1].y + '</b><br />';
98   return tooltip;
99   });
100  });
101  </script>
```

以上 js 代码执行了以下操作：

- 编写 js 自定义函数 addDays()用来实现获取日期功能。
- 编写 js 自定义函数 round()用来实现获取随机数。
- 定义一些全局变量，通过以上日期函数、随机数函数以及 for 循环语句生成随机股票指数数据，用于模拟股票指数曲线图，并将这些随机生成的数据保存在定义好的全局变量(yValue1，yValue2，data)之中。
- 在页面文档开始加载时，定义具有 linearGradient 渐变风格背景参数。
- 在页面文档开始加载时，通过 jQuery 选择器$('#jqChart')方法获取 id 值等于"jqChart"的\<div\>元素，并通过 jqChart 图表插件定义的.jqChart()构造方法进行初始化。
- 在初始化函数内部，定义模拟股票实时图的 title 参数，title 定义实时图的标题。
- 在初始化函数内部，定义模拟股票实时图的 border 参数，用来描述 jqChart 图表边框颜色。
- 在初始化函数内部，定义模拟股票实时图的 background 参数，通过定义具有 linearGradient 渐变风格背景参数的操作，用 background 变量对其赋值。
- 在初始化函数内部，定义模拟股票实时图的 animation 参数，用来确定 jqChart 图表动画效果持续时间。

- 在初始化函数内部，定义模拟股票实时图的 tooltips 参数，通过后面的绑定消息提示框函数来获取格式化的信息提示。
- 在初始化函数内部，定义模拟股票实时图的 shadows 参数，shadows 定义实时图的阴影效果。
- 在初始化函数内部，定义模拟股票实时图的 crosshairs 参数，crosshairs 定义实时图的十字线，此处 hLine:false 表示取消水平十字线，该处设计是依据股票指数特点而定的。
- 在初始化函数内部，设定 axes 坐标轴参数：type:'dateTime'，表示坐标轴类型为时间轴坐标；location:'bottom'，表示坐标轴位置在"底部"；zoomEnabled:true，表示图表支持缩放。
- 在初始化函数内部，设定 series 图表类型参数：type:'line'，表示两个图表类型均为折线图；data 参数用于设定折线图数据，数据源采用上面定义好的全局变量。

在初始化函数最后，通过绑定函数对消息提示框数据信息进行格式化，并提供给序号 10 步骤中的 tooltips 参数使用。

13.2.4　模拟股票实时走势图的最终效果

经过以上步骤，基于 jqChart 图表插件模拟股票实时图应用就完成了。该应用在 jqChart 图表插件初始化函数内部，定义了两个图表类型参数为折线图('line')的组合形式，实现了"道琼斯"指数与"纳斯达克"指数的合集。其运行效果如图 13.13 所示。当鼠标在图表框内的曲线上移动时，会显示红色的十字线，并且该数据点的信息将会以消息提示框的形式展现给用户，如图 13.14 所示。

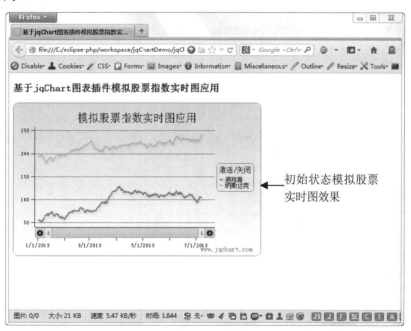

图 13.13　基于 jqChart 图表插件模拟股票实时图应用效果图（1）

通过单击"激活/关闭"按钮关闭"道琼斯"股指曲线图、单独显示"纳斯达克"股指曲线图，并通过右上角的"缩放-还原/局部放大"功能按钮将其中一段曲线局部放大显示，其效果如图 13.15 所示。

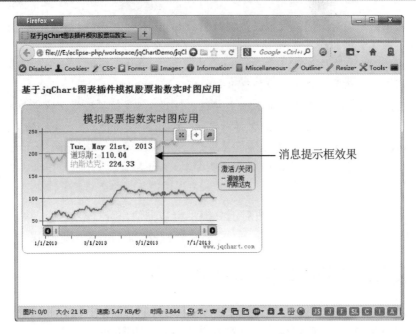

图 13.14　基于 jqChart 图表插件模拟股票实时图应用效果图（2）

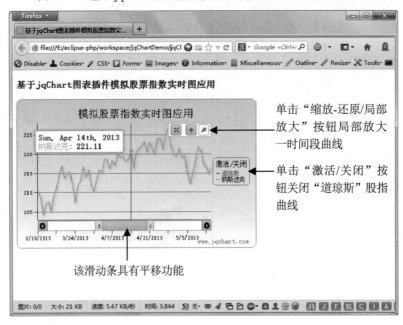

图 13.15　基于 jqChart 图表插件模拟股票实时图应用效果图（3）

　　另外，图 13.15 中的滑动条具有平移股指曲线的功能，用户可以自行测试。至此，基于
jqChart 图表插件模拟股票实时图应用的效果基本展示给读者了，感兴趣的读者可以依照前面
几个样例的编写方法，并结合 jqChart 图表插件的官方文档开发出不同功能的图表应用。